《“双高”产品名录制定：理论与方法》编写委员会

“双高”产品名录制定：理论与方法

Formulating the Products List with High Pollution and High Environmental Risk: Theory and Method

葛察忠　李晓亮　杜艳春　李婕旦　贾　真　等/著

中国环境出版集团・北京

图书在版编目（CIP）数据

“双高”产品名录制定：理论与方法/葛察忠等著. —北京：中国环境出版集团，2018.12

ISBN 978-7-5111-1891-2

Ⅰ. ①双… Ⅱ. ①葛… Ⅲ. ①环境保护－环境管理－产品目录－制定－中国 Ⅳ. ①N63②X321.2

中国版本图书馆 CIP 数据核字（2018）第 297047 号

出 版 人　武德凯
责任编辑　陈金华　宾银平
责任校对　任　丽
封面设计　宋　瑞

出版发行　中国环境出版集团
（100062　北京市东城区广渠门内大街 16 号）
网　　址：http://www.cesp.com.cn
电子邮箱：bjgl@cesp.com.cn
联系电话：010-67112765（编辑管理部）
010-67113412（第二分社）
发行热线：010-67125803，010-67113405（传真）

印　　刷　北京中科印刷有限公司
经　　销　各地新华书店
版　　次　2018 年 12 月第 1 版
印　　次　2018 年 12 月第 1 次印刷
开　　本　787×1092　1/16
印　　张　14.25
字　　数　310 千字
定　　价　50.00 元

前 言

“双高”产品名录制定是根据国务院有关文件要求开展的一项环境管理工作，其最初的目的是给财政、商务等经济部门制定出口退税等宏观调节政策提供“抓手”和“靶子”。自2007年开始实施以来，“双高”名录制定工作已经取得了积极成效，而且工作思路和内容也随着环境管理理念与模式的变化发生了很大变化。“双高”名录已拓展到环保综合名录，不仅包含“双高”产品名录，而且含有环保重点设备名录和环境友好工艺名录。2015年发布的环保综合名录包括837种“双高”产品，69项环保重点设备。“双高”产品也紧密服务环保重点工作，包含了50余种生产过程中产生二氧化硫、氮氧化物、化学需氧量、氨氮量大的产品，30多种产生大量挥发性有机污染物（VOCs）的产品，近200余种涉重金属污染的产品，500多种高环境风险产品。

“双高”产品名录为国家有关政策出台提供了很好的支持，在推动构建绿色税收、绿色贸易、绿色金融等环境经济政策方面发挥着越来越大的作用。近年来，结合综合名录研究成果，环境保护部先后推动和配合有关部门，出台了一系列环境经济政策：将涉重金属的高污染的电池、挥发性有机污染物含量较高的涂料产品纳入消费税征收范围；对“双高”产品不予综合利用增值税优惠、不予调高出口退税，目前已有400余种“双高”产品被取消出口退税、禁止加工贸易；推动金融机构按照风险可控、商业可持续原则，严格对生产“双高”产品企业的授信管理；推动企业实施绿色采购，引导企业避免采购“双高”产品；结合推进生活方式绿色化，引导企业和公众减少对“高污染、高环境风险”产品的使用。这些政策措施都有利于充分体现“双高”产品生产和消费过程中的环境损害成本，利用市场机制遏制其生产、使用和出口。

“双高”产品名录也面临着新的机遇和挑战。党中央、国务院有关生态文明建设的重大部署，党的十八届五中全会提出的“绿色发展”理念，十九大“生态文明”进入党章进入宪法，《环境保护法》《水污染防治行动计划》《大气污染防治法》的实施均对“双高”名录的制定、应用工作提出了更高的要求，也带来了更大的机遇。

为了更好地推动“双高”名录制定工作，我们根据工作中面临的问题和困难，进行科技攻关，重点对“双高”产品的理论和方法进行了深入探讨，对“双高”产品名录制定的背景与意义、理论基础、国际经验、方法体系和典型方法等进行了系统的研究，形成了本书。

本书系统梳理了“双高”产品名录的理论基础，发掘了国际上相关名录制定的经验及对“双高”名录制定的借鉴作用，首次提出了列入条件法作为“双高”名录制定的基本方法，探讨了基于层次分析法的“双高”判定方法、基于环境成本的“双高”产品判定方法和基于 LCA 的“双高”产品判定方法，创新性地提出了定量的、可相互比较的、基于 DEA 的产品环境绩效指数法并开发了便捷的应用软件，极大地方便了“双高”产品名录的制定工作。

本书由葛察忠负责，李晓亮、杜艳春、李婕旦、贾真等参加了这项研究和书籍编写工作，其中李晓亮负责第 1 章、第 4 章的编写，李婕旦负责第 2 章、第 6 章的编写，杜艳春负责第 3 章、第 5 章、第 9 章的编写，王青负责第 7 章的编写，吴嗣骏负责第 8 章的编写，贾真负责第 10 章的编写。参与研究和编写的人员还有董战峰、宋亮、陆俐呐等。

感谢原环境保护部政策法规司给予的工作信任和预算支持，感谢杨朝飞原总工、李庆瑞司长、别涛司长、王夙理巡视员、燕娥处长、赖晓东副处长、陈默调研员长期以来给予的工作和技术指导。研究过程中得到了曹凤中、刘汉杰、曾娅嫔、林爱军、张东翔等专家的长期指导和帮助，在此表示感谢。感谢中国石油和化学工业联合会、中国涂料工业协会、中国染料工业协会、中国农药工业协会、中国无机盐工业协会等单位的大力支持和协作。也感谢所有专家的意见和建议。尽管如此，报告作者仍将对所有问题和错误负责。

执行摘要

“双高”产品名录制定是根据国务院有关要求开展的一项环境管理工作。自2007年实施以来，“双高”产品制定工作已经取得了积极成效，为国家相关差别化环境经济政策、环境监管政策与市场监管政策的制定出台提供了坚实支撑。为了更好地完成这项工作，本书对“双高”产品名录制定的背景与意义、理论基础、国际经验、方法体系和典型方法等进行了深入分析与系统研究。

1 开展“双高”名录制定及研究工作具有重大理论与现实意义

制定“双高”产品名录，有利于在环保领域、从环保角度细化和深化“两高一资”概念，提出科学规范的评价方法、指标体系和判断标准；有助于加强产品环境污染与环境问题和环保政策间的对应联系，有效地破解我国结构型、压缩型和复合型复杂污染形势；有助于弥补对产品消费和处理处置过程中环境污染的监管缺位，并加强对国民经济生产、消费、流通和废弃的大量污染物类产品所造成的污染的监管，有利于探索创新我国环境管理理论、政策及管理模式。通过将对人类行为的各种对环境现实和潜在影响的认知和管理，归结为对产品全生命周期过程中的各种现实和潜在的对环境影响的认知和管理，进而对现有污染防治理论和方法做出创新；丰富环境政策管理手段、延伸拓展环境管理的深度和广度；搭建各项环境与经济政策综合集成协同的政策平台和合作机制；顺应世界环境管理政策发展潮流、适应我国环境管理完善需求的重要方向，探索构建基于产品（物质）名录的精细化环境管理制度体系。总体来讲，通过制定“双高”产品名录构建产品的绿色生产、流通与消费体系，切实有效地降低经济社会发展的资源环境代价。

2 “双高”名录作为一项管理工具，具有管理学、经济学、方法学的理论基础，既有科学性，又能更好地为环境决策服务

“双高”产品名录是我国根据管理工作实际需要提出的一种管理工具，通过对其需求、

概念和理论的梳理，认为“双高”产品名录筛选与制定具有坚实的理论基础。“双高”产品名录是以产品为对象、以工具书清单为形式的环境管理工具，针对重点管理对象全面提供系统、全面的产业、经济与环境信息，有针对性地引导与支持各项重点环境政策与经济政策制定，体现了管理学的决策论、系统论、优先管理的理论特点。“双高”名录作为环境经济政策的重要手段，是以产品为共同对象的环境政策与经济政策的连接点，具有分工理论、跨国污染理论、可持续发展等经济学理论的理论基础。“双高”名录的制定过程中充分地利用了生命周期理论和多指标综合评价理论，以期达到更为科学管理的目的。“双高”产品名录的制定既遵循自然规律，又遵循管理和经济学规律，同时应用环保、管理与决策等领域的规范科学方法，充分保障了名录制定的科学性与系统性。

3 从国际经验看，名录式和产品导向的环境管理已成为众多环境制度、法律与政策实施的重要技术基础，且管理成效显著

为降低行政成本、明确管控对象，名录式环境管理广泛应用于优先控制污染物筛选、有毒有害化学品评估与筛选、国际化学品数据库等领域，分为法规配套型名录、指导建议型名录和信息共享型名录三类，不同类型名录的应用领域、制定依据、制定方法、制定目的及约束力各不同，但均为环境管理对象明确、环境管理精度和效率提升、跨部门协同合作、公众参与等提供支持和便利。同时，建立基于产品的环境管理体系，是我国及发达国家正在进行并将成为在一些领域有重要作用的环境管理工具之一，具有生命周期评价(LCA)、产品环境足迹（PEF)、生态设计（eco-design）等一系列评估产品全生命周期环境影响的方法，也有了基于产品进行环境管理的政策实践，包括欧盟整合产品政策与生态设计立法、产品环境标准与生态/环境标志等。“双高”产品名录作为我国环境管理领域的工具，可在自身基础上，借鉴发达国家名录制定和管理的经验，包括更多地考虑环境毒性、经济因素和暴露特性等因素，采取分级分类的名录结构，加强名录的法律支撑等，不断提高名录制定的科学性和应用效力；也可以在现阶段重点关注产品生产过程中污染与风险的基础上，未来在技术方法、评价指标、管控政策等领域加大对于产品流通、消费、处理处置等阶段的关注。

4 基于名录制定实际需求，结合相关理论和具体方法的研究与应用进展，界定了名录制定方法的基本科学问题、综合设计了“双高”名录制定的方法体系

名录制定方法需要兼顾科学性与实用性，具体来讲，名录制定方法需要具备能够科学全面评估产品主体的环境污染与环境风险、准确定位与优先筛选环境影响较大的“双高”产品、精准分析环境影响产生机制与原因并为相关环保政策提供准确防控对象等主要功能。针对上述要求，本书界定了名录所研究评估的产品范围、环境污染与环境风险的时空范围，提出了纳入评估的环境污染与风险因子范围，提出了进行评估的各因子的定性定量、环保与经济社会、物理量和价值量、单一与综合性等指标，提出了筛选、比较与论证“双高”产品时的比较基准与指标阈值等。针对名录制定过程中四大类需求与情形，分别提出并设计了列入条件法、基于层次分析的“双高”判定方法、基于产排污系数的产品环境代价指数法、基于LCA的“双高”产品判定方法和基于DEA的产品环境效率指数法5种名录筛选与定性方法。

5 列入条件法以若干关键判定条件为依据、以专家判断为基础，流程规范、操作简单，是名录目前编制的主要方法

列入条件法是依靠行业协会或相关院校专家多年的经验，对行业内某一产品或工艺在生产过程中环境污染、治理成本、环境风险等情况进行评估，在综合考虑现行的环境管理名录及相关产业政策后，对比参照列入“双高”名录的关键判定条件，对产品或工艺是否纳入“双高”名录所做出的综合判断。该方法数据需求量不大、判定重点条件突出，简洁快速，契合了名录初期部分指标无法查询或难以量化的特点，是名录工作初期的主流方法。但由于该方法是纯定性的方法，容易遭受质疑，在实践中，该方法的操作流程不断规范完善，包括召开专家论证会、实地调研等，可操作性与科学性均不断加强，已成为名录制定的主要方法之一。

6 基于层次分析法的“双高”判定方法，具有定性和定量结合，思路清晰、指标明确、方法简便、科学性强的特点

基于层次分析法的判定方法是建立在层次分析法基础上的定性与定量相结合的“双高”产品综合性评价方法，该方法将环境污染与环境风险作为两个目标，环境污染与环境

风险单独计算，科学性强、准确度高。利用层次分析法对多个指标进行综合计算，针对环境污染及环境风险两个目标层级，分别建立全面综合的多因素指标体系，分层次、多指标，独立赋值，综合全面。通过专家判断建立层次分析模型对环境污染或风险指标体系权重赋值，进而量化计算得出环境污染指数与风险指数，兼顾定性判断与定量比对，科学性强。该方法在相同（或相似）行业内所有产品以及单一产品下所有工艺的“双高”属性对比、判定与筛选方面应用较多。

7 基于环境成本的“双高”判定方法从经济成本角度量化产品生产过程中的环境污染与风险，是体现环境成本内部化的一种判定方法

基于环境成本的“双高”判定方法，其核心是计算为防止或消除产品在生产过程中产生的污染对环境的负面影响所需要支出的费用，通过把污染物实物量用货币形式进行定量化，用来比较同一产品不同生产工艺的环境绩效以及不同行业间几种产品的“双高”属性。计算产品的环境成本可以使企业、公众和管理部门均更为直观、全面地了解该产品生产对周围环境、生态系统所造成的环境影响，进而与企业的生产方面的成本与利润进行直观对比，对企业生产的效益与成本有更为全面、真实的认识与评判。同时，也便于更为精准地制定各项环境经济政策、降低企业环境代价提供量化依据。基于环境成本的判定方法科学性、客观性较强且模型形式整体比较简单易懂，涉及参数不多、数据来源相对比较权威比较容易获取，因此，在“双高”名录实际制定工作实用简便、潜力较大。

8 基于LCA的“双高”产品判定方法能够全过程、全功能、全方位地进行产品环境绩效分析，能够从整个产业链的更广阔角度筛选“双高”产品并提出相应的管控政策建议

LCA作为一种产品导向的环境管理工具和预防性的环境保护手段，能够对产品生命周期“全过程”及“各阶段”分别进行环境影响评价，能够研究范围覆盖各种污染因子和各种污染类型，同时，相关研究与计算过程有GaBi、LCAiT、PEMS、Simapro和TEAM等众多成熟的LCA数据库与工具可供选择，同时也有海量的研究案例与参数设置可供参考，并且能够为每种环境影响类别提供科学的产品环境绩效度量与比较的标准。本方法具有定量化程度较高、过程与结果的客观性较高、定性较准确、结果较权威，以及能够针对具体“双高”产品量身定制全面细致的环境绩效改进与提升方案等显著优点，但是也存在着诸

如数据需求量过大、工作周期长，对方法使用者本身的专业知识和技能经验要求较高，存在主观性、数据的完整性和精度等方面欠缺等一些问题。因此，综合来讲，该方法在“双高”名录制定方法中，属于“非常用方法”“备用型方法”，目前主要用来进行重点争议“双高”产品深度论证与重点“双高”产品专项研究。

9 基于DEA的产品环境绩效指数法具有定量化、科学性强和判定标准统一等特点，能够用于单一“双高”产品判定和不同行业间差异较大产品污染程度的比较

基于 DEA 的产品环境绩效指数法是以数据包络分析（DEA）为基础，通过构建覆盖全面、数据可得的指标体系，预先针对《国民经济行业分类与代码》（GB/T 4754—2011）中的 36 个两位代码行业，逐行业计算标准参考值（作为单一产品“双高”的判定阈值），在具体使用与判定过程中，依据统一的投入产出指标体系将所研究产品的各项资源环境投入情况和各项经济社会产出情况输入 DEA 模型，计算得到该产品的环境绩效值，将该值与该产品所属的《国民经济行业分类与代码》（GB/T 4754—2011）中两位代码行业的标准参考值进行比较，根据相对大小情况即可判定其是否为“双高”。该方法是纯定量研究方法，科学性较高，且适用于“双高”产品的筛选、排序和判定，能够满足名录制定中的大部分要求。

10 目前“双高”名录已经取得了显著成果并在政府环境管理中得到广泛应用，未来将继续扩大其自身的覆盖面，进一步提高规范性、科学性与政策应用的有效性，为精准治污和环境管理转型提供更有效的支撑，为引导建立生态文明下产品绿色生产、流通与消费体系提供基础

截至名录 2015 年版，名录已包括 835 种“双高”产品，据不完全统计，名录中各产品生产过程中年产生废水约 40 亿 t，废水中含 COD 542 万 t、氨氮 26 万 t，产生和排放废气 13 820 亿 m^3，产生 SO_2 1 973 万 t、烟尘 474 万 t，产生工业固体废物 58.75 亿 t、危险废物 3 654 万 t。总体来讲，综合名录已成为国家多部门制定调整多项差别化的环境经济政策、市场监管政策和环保监管政策的重要参考与依据，特别是已在产业、税收、贸易、信贷等项政策上形成稳定化、制度化应用机制，在金融、保险、安监、环保准入与监管等方面政策应用也在逐步深化和固化。未来，将继续拓宽名录覆盖范围、突出大宗产品，适度

将关注重点从生产领域扩大到流通和消费领域，编制提出终端消费品“双高”产品名单，强化名录在地方环保部门环保执法和政策制定中的应用，开展区域性综合名录的研究和制定工作，并且针对国家重点产业发展战略需求编制名录，尝试探索创新建立独立的产品环境管理制度，包括全覆盖的产品环境绩效区分与标识制度，基于产品环境绩效标识体系的绿色产供销一体政策机制等，为构建产品绿色生产、流通与消费体系，以及生态文明导向的经济生态体系与经济运转规律和机制，奠定坚实的技术、方法、成果和政策基础。

目　录

图目录

表目录

第1章　背景与意义

制定“高污染、高环境风险”产品名录（简称“双高”产品名录），在我国现阶段的经济形势、环境形势和环境管理体制下有着深刻的历史背景和现实需求。21世纪以来，我国工业取得长足进步，但“两高一资”行业和产品的快速发展和大量出口给我国带来诸多资源环境问题，而且从我国国际产业链分工和我国所处发展阶段来看，我国工业发展的速度和规模仍将在较长的一段时间内处于高位，上述问题仍将长期存在。因此，制定“双高”产品名录是精确控制“两高一资”行业和产品的发展出口、优化我国工业产业结构、有效破解我国结构型、压缩型和复合型的污染形势、丰富和拓展环境管理手段、有效地提升环境管理精细化水平的重要基础技术工作和环保管理制度之一。

1.1　“高污染、高环境风险”产品名录的提出

1.1.1　“两高一资”行业快速发展带来诸多资源环境问题

我国处在工业化的中后期阶段，主要依靠投资规模的不断扩张和资源能源消耗的不断增加来拉动经济增长，一方面导致经济过热、“两高一资”行业快速发展，另一方面也由此带来了严峻的环境问题，主要体现在：

（1）经济结构“重型化”特征明显。改革开放以来，中国经济高速增长，工业是我国经济增长的重要驱动力，工业占GDP的比重自2000年一直稳定在40%～42%。另外，20世纪90年代以来，特别是2000年以来，我国重化工业快速扩张，工业结构出现了明显的“重型化”倾向，2000—2014年，重化工业产值增长了8.4倍，而轻工业总产值仅增长了5.3倍，重工业产值占工业产值的比重从1990年的50.6%快速上升到2000年的60.2%、再上升到2014年的76.6%，产业结构总体偏重（中国统计年鉴，1990—2014）。

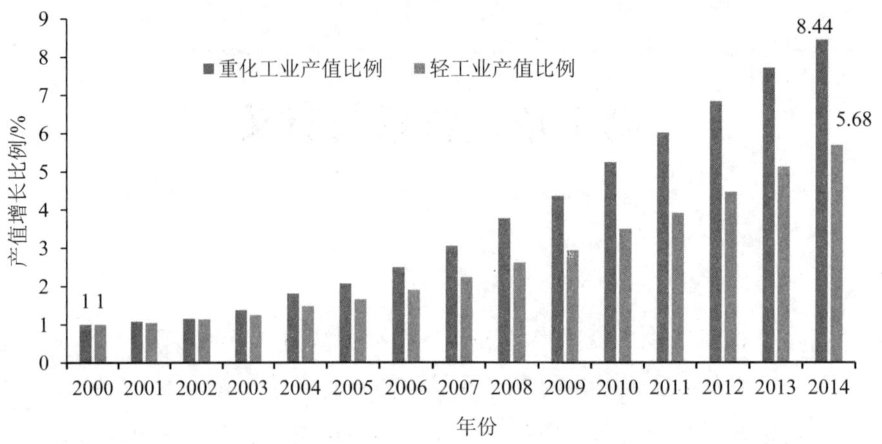

图 1-1　历年重化工业[①]和轻工业产值增长情况

（分别取二者 2000 年的产值为 1，数值表示增长比例）

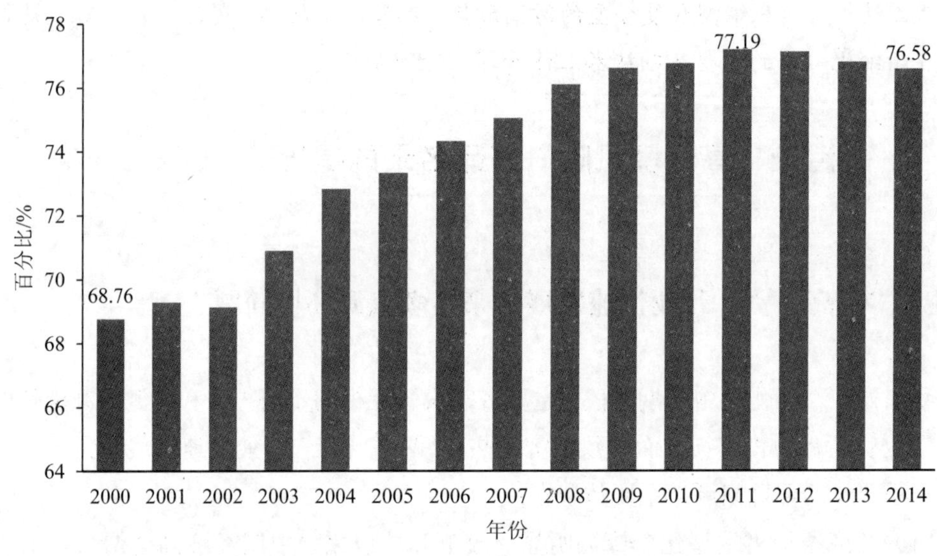

图 1-2　重化工业产值在工业产值中占比的变化情况

① 国家统计局的解释如下：指为国民经济各部门提供物质技术基础的主要生产资料的工业。按其生产性质和产品用途，可以分为下列三类：（1）采掘（伐）工业，是指对自然资源的开采，包括石油开采、煤炭开采、金属矿开采、非金属矿开采等工业；（2）原材料工业，指向国民经济各部门提供基本材料、动力和燃料的工业。包括金属冶炼及加工、炼焦及焦炭、化学、化工原料、水泥、人造板以及电力、石油和煤炭加工等工业；（3）加工工业，是指对工业原材料进行再加工制造的工业。包括装备国民经济各部门的机械设备制造工业、金属结构、水泥制品等工业，以及为农业提供的生产资料如化肥、农药等工业。

（2）“两高一资”行业快速发展。长期以来，重化工业尤其是其中具有“高能耗、高污染、资源性”特征的“两高一资”行业是我国重要的经济驱动力，体现在：一是“两高一资”行业及产品的产能大幅增加，2003—2014年，纳入国家统计局统计范围的关系国计民生的65种关键大宗产品中的22种环境污染重、资源和能源消耗高的“两高一资”产品，18种产品的产量都翻了一番以上，其中钢材、橡胶轮胎外胎和氧化铝的产量增长（物质量），均超过了同期GDP增长（价值量）的幅度（表1-1）；同时，截至2014年年底，我国已有20多种主要化工产品的产能和产量均居世界第一（表1-2）；另外，“两高一资”行业①产值及其占比增长迅速，2005年，“两高一资”行业总产值约9.0万亿元，占工业总产值的40.4%，随后相关行业产值迅速增长，截至2014年，其行业总产值达到了46.08万亿元，占工业总产值的比重上升到了49.8%。

表1-1 2003—2014年我国主要“两高一资”产品产量增加情况

产品	2014年产量是2003年的倍数	产品	2014年产量是2003年的倍数
合成洗涤剂	1.25	10种有色金属	3.58
合成氨	1.49	烧碱（折100%）	3.6
农用氮、磷、钾化肥	1.71	粗钢	3.69
纯碱（碳酸钠）	2.16	化学纤维	3.76
机制纸及纸板	2.41	合成橡胶	4.07
硫酸（折100%）	2.63	初级形态的塑料	4.27
焦炭	2.69	化学农药原药	4.65
乙烯	2.78	钢材	4.67
水泥	2.87	GDP	4.72
平板玻璃	2.87	橡胶轮胎外胎	5.8
化学药品原药	3.09	氧化铝	8.6
生铁	3.38		

表1-2 2014年我国主要化工产品产量和生产能力情况

产品名称	产量/万t	生产能力/万t	世界排名（按产量）
硫酸（折100%）	8 901.55	9 160	第一
纯碱	2 525.84	2 814	第一
烧碱（折100%）	3 063.51	3 412.1	第一
氮肥（折含N 100%）	4 564.24	5 580	第一

① 参照相关政策文件以及环境统计年报中各行业废水、废气和四项总量控制污染物排放占比的情况，粗略选定如下行业：煤炭开采和洗选业、黑色金属矿采选业、有色金属矿采选业、石油加工、炼焦及核燃料加工业、化学原料及化学制品制造业、医药制造业、化学纤维制造业、非金属矿物制品业、黑色金属冶炼及压延加工业、有色金属冶炼及压延加工业、金属制品业和电力、热力的生产和供应业。

产品名称	产量/万 t	生产能力/万 t	世界排名（按产量）
磷肥（折含 P_2O_5 100%）	1 743.01	3 320	第一
电石（折 300 L/kg）	2 600	2 500	第一
黄磷	89.87（2011 年）	199.7（2011 年）	第一
甲醇	3 676	6 860.5	第一
乙烯	1 704	2 610	第二
PVC	1 629.6	2 160	第一
农药（折有效成分 100%）	374.4	660	第一
涂料	1 648.188	—	第一
染料	83.3（2012 年）	—	第一

资料来源：国家统计局和中国石油和化学工业联合会。

（3）粗放的工业增长方式产生了一系列资源环境问题。①资源消耗量巨大，2014 年，我国 GDP 总量（按汇率计算）只占世界的 13.4%，但是，粗钢产量 8.22 亿 t，占世界总产量的 49.5%，超过前 20 名（除中国以外）的总和；水泥产量 24.9 亿 t，占世界总产量的 59.6%。电解铝产量 2 438.2 万 t，占世界总量的 45.2%；精炼铜产量 795.86 万 t 占世界的 43.2%，而消费量占世界的 49%；煤炭产量 38.74 亿 t，占世界总产量的 47.45%；化肥产量 6 933.69 万 t，占世界总产量的 35%；化纤产量 4 432.67 万 t，占世界的 42.6%；平板玻璃产量 79 261.56 万重量箱，占世界总产量的 50%。②污染物排放量巨大，2014 年，全国废水排放总量 716.2 亿 t，其中工业废水排放量 205.3 亿 t，工业源 COD 排放量 311.3 万 t、氨氮排放量 23.2 万 t；废水中分别含 COD、氨氮、氰化物、石油类和挥发酚 16.88 万 t、1.9 万 t、165.4 t、1.6 万 t 和 1 362.9 t，废水中另排放汞、镉、六价铬、总铬、铅及砷等重金属 0.7 t、16.9 t、34.8 t、131.8 t、71.8 t 和 109.2 t；2014 年，全国工业废气排放量 69.4 万亿 m^3，工业二氧化硫排放量 1 740.4 万 t、氮氧化物排放量 1 404.8 万 t、烟（粉）尘排放量 1 456.1 万 t（中国环境统计年报，2014）；2000—2014 年中国 GDP 增长了 7 倍，而工业废气排放相应地增长了 5.03 倍；1960—2014 年，中国 GDP 占世界的比例从 4.4%上升到 13.4%，而 CO_2 排放量占比从 1960 年的 1.57%上升到了 2011 年的 4.11%（图 1-3）。③污染事故和环境违法行为频发，仅 2009 年重金属污染事件就致使 4 035 人血铅超标、182 人镉超标，引发 32 起群体性事件；除血铅污染外，镉污染、汞污染和砷污染也较严重。④环境质量受到严重威胁，全国 423 条主要河流、62 座重点湖泊（水库）的 967 个国控地表水监测断面（点位）开展了水质监测，劣Ⅴ类水质断面占 8.8%；以地下水含水系统为单元，潜水为主的浅层地下水和以承压水为主的中深层地下水为监测对象的 5 118 个地下水水质监测点中，较差级的监测点比例为 42.5%，极差级的监测点比例为 18.8%；冬季、春季、夏季和秋季，劣Ⅳ类海水海域面积分别占中国管辖海域面积的 2.2%、1.7%、1.3%和 2.1%；污染海域主要分布在辽东湾、渤海湾、莱州湾、江苏沿岸、长江口、杭州湾、浙江沿岸、珠江口等近岸海域。

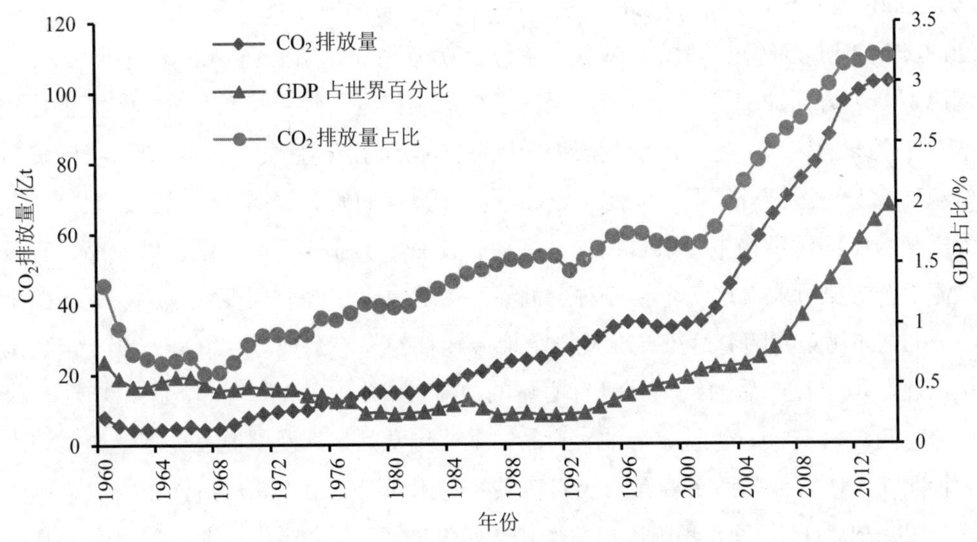

图 1-3　1960—2014 年中国 GDP 在世界中占比和 CO_2 排放量占比情况

数据来源：世界银行数据库，http：//data.worldbank.org/。

1.1.2　“两高一资”产品大量出口进一步加大了国内资源环境压力

（1）贸易与环境保护关系密切。国际贸易使一国的国内经济运转和资源配置超越了国家的界限，生产与消费可能带来环境问题，因而一国生产和消费国际化的过程，也是一国经济发展所产生的环境问题全球化的过程，因此国际贸易与环境有着密切的联系。目前，国际学术界对贸易对环境的影响形成了两种不同的观点①，一种观点认为，无论从短期还是长期来看，自由贸易所引起的环境后果都是有害的，尤其对于发展中国家而言，自由贸易政策的实施将直接导致环境质量的恶化；另一种观点认为，尽管自由贸易在短期内的环境效应是有害的，但随着时间的推移将对环境产生长期有益的影响，可以通过规模效应、结构效应、技术效应来表征衡量。一般来说，规模效应会加重环境恶化，但当生产结构的变化从“肮脏物品”向“清洁物品”转换或者采用清洁生产技术时，自由贸易反而会使环境质量得到改善。

（2）在我国出口结构中，“两高一资”产品出口占比较高、增速较快。我国形成了以加工贸易为主的贸易结构，“两高一资”产品在出口商品中的比例一直居高不下，产品的附加值较低，国内资源和环境的压力在不断加重等，已成为我国对外贸易可持续发展的严

① 游伟民. 对外贸易对我国环境影响的区域差异研究——基于 2000—2008 年省际面板数据的分析[J]. 中国人口・资源与环境，2010（12）：159-163.

重威胁。2000—2014 年，我国 GDP 增加了约 8.6 倍，贸易额增加了 9.1 倍，工业废气排放量由 2000 年 13.81 万亿 m^3 增加至 2014 年的 62.97 万亿 m^3，增加了 4.6 倍。

国际贸易一方面加深了国际分工、提高了效率、促进了经济增长，另一方面也导致了污染产业在全球的转移。但是由于我国处于国际产业分工价值链的低端，导致我国贸易结构中资源、能源、污染密集型产品比重较高。世界银行的研究表明①，在过去的几十年里，全球大气和水中的污染物主要来自钢铁、炼油、食品、工业化学品、纸及纸制品、有色金属、水泥 7 个污染行业，这 7 个行业对全世界污染的贡献率随时间变化不大，变化的主要是空间分布，即污染物随着污染产业从一个地方转移到另一个地方。2000—2014 年我国出口增长迅速，但出口产品的结构并没有明显的改善，“两高一资”产品的出口增速较快，仍占较高比例。14 年间，钢铁、炼油、食品、工业化学品、纸及纸制品、有色金属和水泥这七大行业（七大行业与海关商品章类对应关系见附录 2）出口总额占国内出口总额的比例平均为 12.66%。14 年间，我国出口总额增长了 9.3 倍，七大污染行业的出口额也基本同比例增长了 8.9 倍。

（3）“产品出口国外，污染留在国内”的现象导致了巨大的资源环境逆差。①“两高一资”产品大量出口，严重消耗资源、恶化生态环境。占我国出口 90%以上的工业制成品生产仍以资源、能源和污染物排放密集型的低端产品的生产为主，片面追求出口增长而掠夺性地开采资源对中国生态环境造成了消极的影响，如一些重要的矿产品如钨、锑、

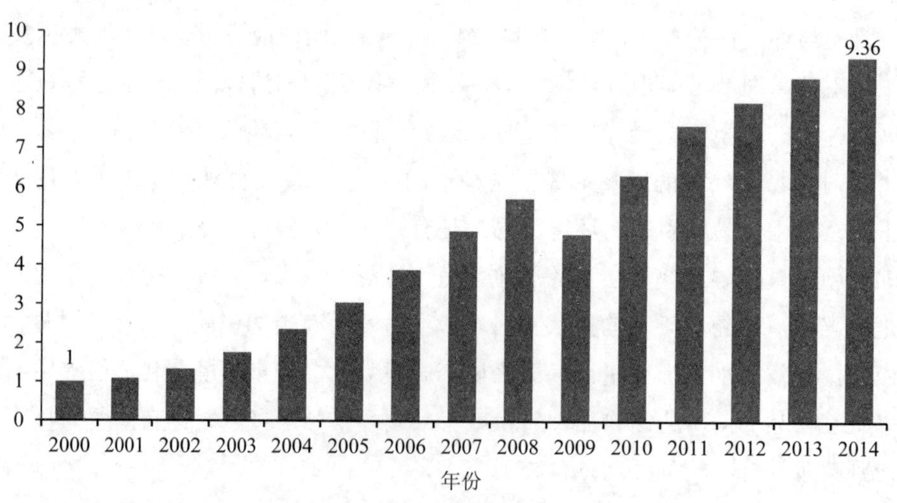

图 1-4 2000—2014 年中国出口总额变化情况

（分别取二者 2000 年的值为 1，数值表示增长比例）

① Dasgupta, et al. 2004. Air pollution during growth: Accounting for governance and vulnerablility. Policy Research Working Paper 3 383. Washington：The World Bank.

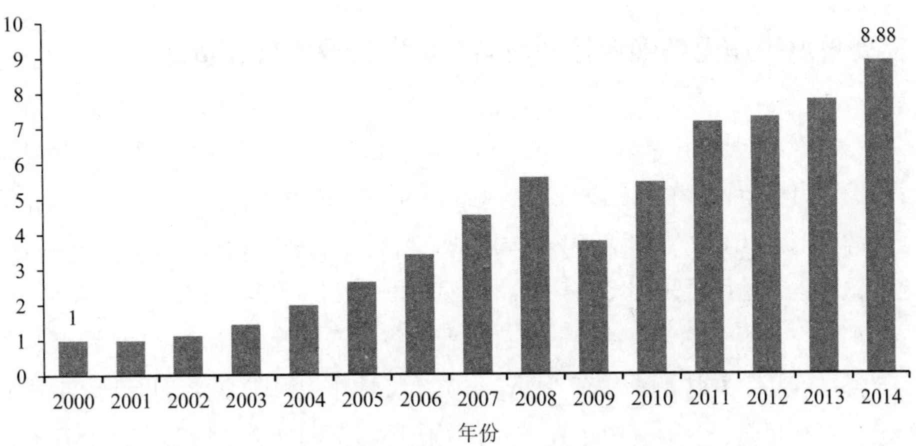

图 1-5　2000—2014 年中国七大行业出口总额变化情况

（分别取二者 2000 年的值为 1，数值表示增长比例）

钼、锡等盲目出口或盲目无序生产形成恶性循环，不但严重破坏了资源，而且严重恶化了生态环境。②“两高一资”产品大量出口，使我国承担着巨大的“生态逆差”。我国贸易总额快速增长，在使我国成为世界第一大货物贸易国的同时，也成为世界第一大污染物和碳排放国，而且，由于贸易所导致的污染排放和能源消耗占相当大的比例，中国已成为产品内涵能源的净出口国，我国出口产品内涵能源规模增长极其迅速，由 2000 年的 2.47 亿 t 标煤增长至 2011 年的 13.58 亿 t 标煤，占全国能源消费总量比重也从 17%增长至 2011 年的 39%。外贸在过去 10 年中对 SO_2、COD 等污染物排放的贡献率都在 20%以上。这意味着，中国 20%的 SO_2、COD 排放是由净出口到国外产品中的隐含污染物排放所致，这些污染物排放留在了中国，而产品却输出到了国外。在贸易价值量顺差的同时，大量出口所产生的巨额环境逆差日益凸显，形成了“产品出口国外、污染留在国内”的尴尬局面。

长期以来，我国的对外贸易实行粗放式的发展模式，出口产品以资源密集型和污染密集型产品为主，不但消耗了大量资源，还导致了越来越严重的环境污染。自然资源的过度消耗和环境污染日趋严重成为中国经济、贸易高速发展的代价。因此，如何在实现贸易自由化的同时又不断促进环境保护，对我国今后转变经济发展模式和构建和谐社会具有极其深远的意义[①]。

① 游伟民. 自由贸易与环境污染：理论分析与中国的实证研究[D]. 山东大学，2011.

1.1.3 需要采取措施更精确调控“两高一资”行业发展和贸易

（1）“两高一资”是我国环保、产业等相关政策制定过程中的基础性概念和标尺之一。《中华人民共和国国民经济和社会发展第十一个五年规划纲要》中明确提出：“控制高耗能、高污染和资源性产品出口。”此后在环保、产业、贸易、经济、金融、税收、财政、土地、科技等政策领域，开始广泛采用“高耗能、高污染和资源性”（即“两高一资”）这个概念，将具有这 3 种特点的行业称为“两高一资”行业，将生产过程中具有这 3 种特点的产品称为“两高一资”产品，并将是否具有“两高一资”特性作为区分享受鼓励政策还是承受限制政策的最主要标尺之一。而《中华人民共和国国民经济和社会发展第十二个五年规划纲要》中又进一步明确要求“严格控制高耗能、高污染、资源性产品出口”，同时要“淘汰高污染化工企业”。具体来讲，国家发展改革委在制定《产业结构调整指导目录》，财政部、国税总局和商务部在进行历次出口退税和加工贸易政策调整，环境保护部在制定和调整《建设项目环境影响评价文件分级审批规定》，工业和信息化部在制定行业准入和推行清洁生产，国土部门在制定供地政策和计划，各商业银行在执行绿色信贷原则等各项相关政策在制定和调整时，均将“两高一资”行业和产品作为最为主要的限制类对象和主体之一。

（2）虽然“两高一资”行业与产品的概念在诸多项政策的制定和执行中已经广泛应用，但其现有的概念和口径仍然存在着极大的局限性。虽然环保、产业、贸易、经济、金融、税收、财政、土地、科技等相关政策均将“两高一资”作为制定相关鼓励类和限制类的政策的基础性概念和标准之一，但是，在政策的制定和实施中，关于“两高一资”这个具体标尺的应用，仍然存在巨大的局限和问题，具体体现在：①所指范围较窄，现在所指的“两高一资”行业仅限于几个典型的从总体来讲为各界所公认的同时具有“高污染、高能耗和资源性”特性的行业，如电力、钢铁、有色、建材、石油加工、化工等行业，对很多疑似的行业并未进行科学评价并纳入政策体系；②口径过粗、过泛，绝大部分是指《国民经济行业分类与代码》（GB/T 4754—2001）中两位代码的行业大类，未能基于统一标准进行进一步系统评价（如按前 4 位甚至 8 位代码进行评价），同时由于在钢铁、化工等所谓传统的“两高一资”行业中也有部分相对污染并不重而且技术性和附加值也较高的细分行业和产品；③缺乏科学、统一的方法和判定标准，“两高一资”应该用什么方法、什么标准来判断，究竟哪些行业（产品）是环境管理的重点，研究和控制哪类污染时应该着重控制哪些行业（产品），应该运用哪些政策手段来控制哪些行业的污染，就贸易领域来讲，哪些是环境代价的最主要行业、最主要产品，这几个基本的、关键的问题尚没有一个系统、权威的答案。总的来说，现有的“两高一资”概念并不能满足实际政策制定中精细化和针对性的要求。

1.1.4　环境经济政策研究制定需要精确作用对象

环境经济政策是指按照价值规律的要求，运用价格、税收、信贷、收费，保险等经济手段，调节或影响市场主体的行为，以实现经济建设与环境保护的协调发展。环境经济政策的原理主要是环境价值和市场刺激理论，借助环境成本内部化和市场交易等经济杠杆调整和影响社会经济活动当事人[①]。与传统的行政手段“外部约束”相比，环境经济政策是一种“内在约束”力量，具有促进环保技术创新、增强市场竞争力、降低环境治理与行政监控成本等优点[②]。从我国污染减排的形势要求和国际环境管理手段发展的趋势来看，环境经济政策对实现环境保护的历史性转变以及实现污染减排目标都将起到重要的支撑作用。环境经济政策是环境政策的重要组成和环境管理的新趋势，是建设生态文明的重要内容和基础支撑之一。

从目前我国的学术研究和政策制定与实施的实践与进展来看，研究和实践较多的环境经济政策主要包括以下7项：绿色税收、环境收费、绿色金融、生态补偿、排污交易、绿色贸易、绿色保险。此7项环境经济政策中：①绿色税收中的消费税、以污染排放量为依据的直接污染税、以间接污染为依据的产品环境税等项税收，环境收费中涉及各重污染行业的排污收费；②绿色信贷和绿色证券中分别应该享受鼓励类和限制类政策的以环境污染绩效作为划分依据的行业和产品清单（其中，绿色证券政策已经发布配套的《上市公司环保核查行业分类管理名录》用于细化环保核查中的重污染行业分类，明确和突出审查重点，但是，绿色信贷政策尚未推出类似指导目录）；③生态补偿政策中以“两高”产业为代表的受益方对环保产业或其他环境绩效较好的轻污染产业为代表的受损方进行转移支付；④排污交易政策中不同污染绩效的行业间和行业内交易机制的设计；⑤绿色贸易政策中对产品出口所取得的经济效益与国内所付出的资源环境代价不匹配、多次引发重大环境事故、极大增加国内经济发展的资源环境代价的“高污染、高环境风险”产品的出口的抑制，对技术含量高、经济效益好、环境污染低的清洁产品出口的鼓励，以及对“双高”产品替代产品进口的鼓励；⑥绿色保险政策，即直接针对选取原料制备、生产过程和储运过程中环境风险高、环境污染事故多发的行业和产品设计和制定相应的保险产品和政策机制。

为抑制“两高一资”行业的快速发展和产品的大量出口，降低我国经济发展的资源环境代价，同时减轻我国所面临的国际贸易争端压力，经国务院批准，由原环境保护总局牵头自2006年年底起会同发展和改革委员会、财政部等其他五部委，制定“高污染、高环境风险产品”名录，为从国家层面建立控制“两高一资”产品出口的绿色政策体系

---

① 王金南，蒋洪强，葛察忠. 积极探索新时期环境经济政策体系[J]. 环境经济，2008（1）：25-29.

② 潘岳. 七项环境经济政策当先行[N]. 瞭望，2007（37）：34-35.

提供技术支撑。简而言之，“双高”产品名录的编制，就是为财税、海关和贸易主管部门在进行出口退税、加工贸易禁止类产品目录、进出口关税和出口配额管理等项贸易政策的调整时，从环保角度提供清晰的产品清单和政策作用对象，这是名录工作最初的定位和作用。

后随着名录工作在理论研究和政策实践的深入与拓展，名录从初期仅定向服务于绿色贸易政策，逐渐拓展演化到服务于绿色税收、绿色金融、绿色保险等多项环境经济政策，在此基础上，产业、安监、WTO 贸易争端应诉等多项政策和重要工作也均参考应用名录成果，因而，名录成了制定差别化环境监管政策和市场监管政策的重要技术基础与依据之一，有力充当了环境政策与经济政策的连接点、多项环境经济政策的试验台，成为环境保护介入综合决策的固定的机制与平台。

伴随着理论研究的深入和政策应用的拓展，名录工作本身也在不断发展完善，名录从最初只包括限制类的“双高”产品的单一名录，于 2009 年和 2011 年分别逐步拓展成为环境经济政策配套综合名录和环境保护综合名录，成为既包含限制类又包含鼓励类，既包括产品又包括工艺和设备的综合性名录，能够为多项环境经济政策和环境行政管理政策提供精确科学的、奖惩结合的多维度多角度的政策作用对象。

1.2 研究意义

1.2.1 完善我国现行环境管理体系

1.2.1.1 在环保领域细化和深化“两高一资”概念

《中华人民共和国国民经济和社会发展第十一个五年规划纲要》中明确提出：“控制高耗能、高污染和资源性产品出口。”此后在环保、产业、贸易、经济、金融、税收、财政、土地、科技等政策领域，开始广泛采用“高耗能、高污染和资源性”（即“两高一资”）这个概念，将具有这 3 种特点的行业称为“两高一资”行业，将生产过程中具有这 3 种特点的产品称为“两高一资”产品，并将是否具有“两高一资”特性作为区分享受鼓励政策还是承受限制政策的最主要标尺之一。而《中华人民共和国国民经济和社会发展第十二个五年规划纲要》中又进一步提出：“严格控制高耗能、高污染、资源性产品出口。”可见，国家对通过控制“两高一资”产品出口来抑制其投资和发展、倒逼国内产业升级优化产业结构、减轻经济发展的资源环境代价，是十分重视的。基于此，原环境保护部开展“双高”产品名录制定工作、建立控制“两高一资”产品出口的政策体系，将“高耗能、高污染、资源性”中的“高污染”深化拓展为“高污染、高环境风险”，重点识别判定和编制生产、运输、储存、使用以及处理处置过程中，污染重、毒性强、危害大、风险高、事故多的“双高”产品，辅助建立从环保角度奖优惩劣的贸易政策体系，同时，为未来进一步深化和拓展基于产品名录的环境管理的应用范围和领域作为试点打下坚实基础。

1.2.1.2 加强产品环境污染与环境问题和环保政策间的对应联系，有效破解我国结构型、压缩型和复合型复杂污染形势

制定“双高”产品名录，是连接各种具体的污染现象和亟待解决的具体环境问题与重点行业、重点产品间的环境污染间的桥梁，因而可进一步加强各种具体的污染现象和待解决的具体的环境问题与重点行业、重点产品间的环境污染间的联系性和环境政策制定的目的性和针对性，分化、破解交织在一起的各种污染问题。污染面巨大、污染严重、举国关注的污染现象，通过专门的基础研究和源解析，可以与具体的行业、产品相对应，并可按照贡献率进行排序，所以，相应制定的政策其针对性和有效性都比较强；如 $PM_{2.5}$ 污染的主要贡献源是机动车，SO_2 的主要排放源是燃煤电厂和钢铁行业烧结，NO_x 的主要排放源是燃煤电厂和机动车等，所以，相应地解决上述环境问题、减排上述污染物时，其控制重点和政策作用对象都非常清晰。但是，一方面针对相当多的暂时并没有引起足够重视的尚不那么严重或者潜在的环境污染现象，尚不具备源解析等方面的基础研究，待解决时较难短时间内确定控制重点行业；另一方面各地方也面临同样的困难，在解决很多环境污染问题时缺乏目标明确和有效的抓手，较难短时间内准确有效地定位相对应的污染防治重点行业。制定“双高”产品名录，一方面通过研究测算各行业、各产品的 4 项总量控制污染物和其他特征污染物的排放量和排放强度，可以将由各种污染物造成的环境损害，与相应的重点行业和产品对应起来，即将各种具体的污染现象和待解决的具体的环境问题与重点行业、重点产品间的环境污染建立直接联系（图 1-6），便于有针对性地制定污染防治政策；另一方面通过名录建立的技术方法和导则，可以指导地方建立自己的名录，增强地方环保部门的工作能力和有效性。

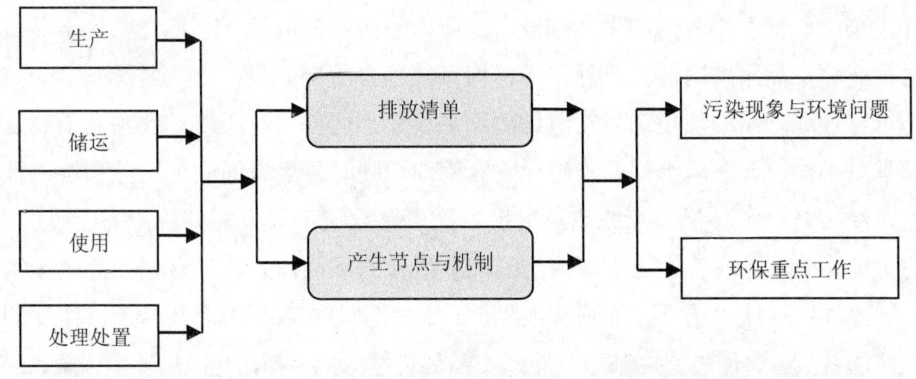

图 1-6 产品环境问题与污染现象和环保政策间关联的示意图

1.2.1.3 有效弥补我国现阶段环境管理体制和政策体系中的部分缺陷

（1）有效防控产品类污染物带来的污染。从我国环境管理制度设计以及目前污染防控重点来看，一方面主要集中在对 COD、氨氮、NO_x 等综合性的常规理化指标的控制，另一方面主要对产品生产过程中的污染通过传统基于排放标准的环境管理体系进行以末端排放绩效考核为主的监督管理，产生了诸多问题：①仅考虑污染物排放总量而未考虑排放毒性，未精确识别与严格监管对生态环境和人体健康危害最大的部分有毒有害污染物；②对产品消费和处理处置过程中的污染的监督管理基本上处于缺位状态，导致了国际上通用的从源头上控制污染与减量化的绿色设计理念推广应用受到较大局限；③大量产品本身就是污染物，对照环境保护部发布的《水污染物名称代码》（HJ 525—2009）和《大气污染物名称代码》（HJ 524—2009）可知，目前我国法规认可的水体污染物和大气污染物分别有 603 种和 878 种，除部分为理化指标外，其余绝大部分指标是以产品形式生产、流通、使用和消费的，此种产品类污染物通过传统的基于排放标准的环境管理体系较难有效管理，因为传统环境管理体系基本只注重产品生产过程中的污染，而此类产品生产出来，就是相当于产生了污染，生产得越多（即使生产过程非常清洁）污染也就越重，并不能通过现有的环境管理体系予以有效防控。而且从主要发达国家污染环境管理制度与政策体系的构建思路与政策实际成效来看，管理的重点与指标多是针对具体污染物，管理的视角是产生、治理、排放与迁移转化全生命周期过程，对照发达国家各综合性法规与专项法规所配套提出的污染防治重点可知，亦多为产品类污染物。所以，从我国环保管理制度发展演进的角度来看，我国也应更多地关注此类污染物及其所导致的环境问题。

（2）提高环保政策的全面性、科学性和协调性。目前，我国工业环境管理存在职责交叉、政出多门的现象，原环境保护部、发展和改革委员会、工业和信息化部、质检总局等均基于各自部门职责具有工业环保管理职能、掌握工业环保管理政策。同时，就环保部门内部来说，相关政策手段间也存在不协调、不统一的情况，如污染物排放标准体系、环境影响评价制度、重点行业清洁生产审核、环境风险防范与应急、有毒有害化学品贸易管理等针对行业和产品角度的环保管理领域，均有其各自配套名录，虽然名录制定的技术依据均是基于行业或产品的环境绩效，但是由于隶属于不同部门，所以导致各名录制定的科学性和侧重点不一，未在同一框架下进行研究筛选，同时各名录间的可比性和协调性存在较大问题，经常是一个环保重点或热点出现后，所有政策手段齐抓共管“齐上阵”，缺乏政策间的协调、分工，或者说应予以关注的部分潜在的环境问题，没有相应的政策给予足够关注，导致环境管理“缺项、漏项”现象严重。而制定“双高”产品名录，在保证科学性和合理性的基础上，通过建立基于行业或产品环境绩效的“高污染、高环境风险”产品名录的统一研究与制定框架，在此框架下可以各有侧重地研究编制针对不同环保重点问题以及不同环境政策的科学、可比的产品名录，可有效增强环境管理各项政策下所配套名录的科学性和协调性。

（3）提高环保政策的灵活性和时效性。我国环境管理体系是围绕基于末端环境绩效的污染物排放标准体系构建的，其框架是以污水和大气综合性排放标准，配以针对性强的重污染行业污染物排放标准作为底层基础的，因而可以说，污染物排放标准是我国环境管理特别是工业环境管理政策体系的基础和支撑，它的更新变化影响针对相应行业的多种环境管理政策的变化，反之，针对该行业的环境管理政策其变化独立性较小，且须以该行业污染物排放标准的变化为总依据。据统计①，截至 2012 年 11 月，除《污水综合排放标准》（GB 8978—1996）和《大气污染物综合排放标准》（GB 16297—1996）外，环境保护部已经另外发布了 55 个行业的水污染物排放标准以及 34 个行业的大气污染物排放标准。但是，由于污染物排放标准效力较高，所以造成了其制定和出台所需时间较长、有时也遇到较大阻力的种种问题；再者，由于行业性的排放标准数量仍然较少，覆盖面尚远远不够全面，很难满足我国开展环境管理依法行政、推行清洁生产和总量控制等诸多方面的环境管理要求。而“双高”名录工作，虽然其法律地位不如污染物排放标准高，但是由于其在充分保证科学性的基础上，可以根据污染问题、环保重点工作以及环境政策和经济政策发展完善需求有侧重点地及时更新，灵活性、时效性和针对性都比较强，一方面能够紧跟污染治理与环境管理的需求，另一方面能够及时充分体现产业发展和行业清洁生产、末端治理技术与设备的最新情况，使在环境政策中能够充分反映出行业经济和环境发展的最新情况，既能够及时有效地发现问题，也能够快速、有效、综合协调地解决问题。

（4）落实“优先管控”与“重点管控”理念，降低环境管理的行政成本。制定“双高”产品名录，通过重点有效识别达标排放治理技术难度大、经济成本高的行业和企业，可以有效识别和降低环境监督与监察的重点和行政成本。我国产污企业多、污染厂点多，据原环境保护部、国家统计局和原农业部三部门联合发布的《第一次全国污染源普查公报》中的数据显示（2007 年），我国共有 592.6 万个污染源，其中工业源有 157.6 万个；另据《中国环境统计年报（2011）》显示，纳入环境统计范围的重点工业企业，也有超过 11 万家，即使对这部分产生和排放的各种污染物贡献率都较大的企业全部进行环境监管和监察，其成本也是巨大的，所以导致不可能对所有产污厂点都进行有效监管。而制定“双高”产品名录，可以重点有效识别达标排放治理技术难度大、经济成本高的行业和企业。一方面直接指出应重点进行环境监督与监察的重点行业和企业名单；另一方面，可以进一步直接指出监管的重点产品生产、重点污染物和重点工艺以及治理设备，可以大大方便和简化环境监督与检察，提高其目的性和针对性，也有效地提高了环境监察的威慑力。

① 据环保部科技司网站统计，http：//kjs. mep. gov. cn/hjbhbz/.

1.2.2 探索创新我国环境管理理论和政策

（1）创新现有污染防治理论和方法。从理论上分析，除去极少的纯粹由自然效应和自然灾害所导致的环境污染事件外，绝大部分环境污染都是由于人类的各种行为所造成的，而人类行为归根结底可以分为两类，即生产行为和消费行为。而人类生产行为和消费行为所围绕的核心、连接的纽带，是产品和服务。所以，所有的污染、所有的污染物的产生和排放，都可以看作是人类在对产品和服务的生产、消费、处理处置过程中产生的。而这其中污染主要产生和来源于产品的原辅料制备、生产、加工、储运、使用和处理处置过程。所以，对人类行为的各种对环境现实和潜在影响的认知和管理，可以归结为对产品全生命周期过程中的各种现实和潜在的对环境影响的认知和管理。因而，建立针对“双高”产品制定、筛选和判定的方法以及以之为基础的相应的政策体系，从理论上来讲是可行的，从实践上来讲也是必要的和有效的。

从方法上来说，基于产品的环境绩效评估方法和政策是产业生态学的重要领域。根据国际产业生态学学会的界定，产业生态学可以细分为 12 个领域[①]，产品导向的环境政策（product oriented environmental policy）是其中最重要的研究领域之一。产业生态学的基本理论和方法是产业共生理论，它强调工业系统的结构与自然生态系统的结构相似，将“个体”类比于“企业”，种群类比于“同类型的企业”，即行业或产品，“生物群落”类比于“某区域范围的工业体系”，如工业园区等，进而用自然生态体系中群落间的作用关系来形象地比喻、研究和描述工业企业间的关系，而产品（种群）处于个体和群落的中间连接地位，所以是产业生态学的研究重点。

（2）丰富环境政策管理手段、延伸拓展环境管理的深度和广度。环境污染和生态破坏产生于产品的生产、运输、消费和处置的生命全过程，这些过程，有的发生在厂界内，有的发生在厂界以外。长期以来，我国的环境管理主要关注了发生在厂界以内的生产过程，弱化或忽略了厂界以外的其他过程。这在以生产为主要目标、区域或更大尺度上的经济关系较少的情况下，对于解决环境问题还是有针对性的。但 20 世纪 90 年代以来，随着人类消费能力的快速提高以及全球化程度的进展，经济生产方式发生了重大的变化，原有的以厂界范围内的生产过程为主要管理对象的管理模式已远远不能适应实际需要。而基于市场条件下联系生产者与消费者之间的媒介——产品建立相关的环境污染识别判断方法及相应的政策管理体系，横跨从原材料制备到生产、运输、使用、处理处置的全生命周期全流程，对拓展环境管理的深度和广度，建立更加行之有效的和低成本的环境污染责任分担机

---

① 袁增伟，毕军．产业生态学[M]．北京：科学出版社，2010.

制和污染防治政策都是具有重要意义的。

（3）搭建各项环境与经济政策综合集成协同的政策平台和合作机制。环境保护工作需要多项政策协同推进，除环保部门内部职能外，需借助产业、贸易、经济、金融、税收、财政、土地、科技等项相关政策；同时，环境保护工作需要多方参与，除政府部门外，亦需要企业、公众、社会团体等社会主体群策群力，因而需要进一步增加环保工作的一致性、协调性和公开性。因而，具有规范化、标准化、形式简明、便于查询等特性的名录（名单、目录）就成为环保部门（及相关部门）制定多项政策、履行相关职能的一项重要基础技术工作和政策成果表现形式，成为各相关部门交流环保信息、协同推进环保政策、引导公众参与的重要平台。目前，环保部门以及其他相关部门的各职能部门基本上都有自己的名录，但其技术关注点、编制方法和应用领域等方面差异较大，编制中缺乏统一标准，应用中分散、重叠、交叉、缺失、矛盾、低效等问题普遍存在，未能较好地形成政策合力。而制定“双高”产品名录，可以协调环保部门各项职能和政策工具，同时充分有效借助其他相关部门的相关政策工具来全方位、多角度地促进环保工作，同时将相关信息向公众公开、引导公众参与。

（4）基于名录可以同时开发指令型、经济型以及自愿型的环境管理政策工具。传统工艺导向环境政策以环境损害为出发点，由政府负责设定企业需要遵守和达到的环境标准，属于一种以指令性环境管理政策本内核，简单的、机械的、刺激反应型模式，并不利于引导和刺激主动开展环保改进。而产品导向环境政策则是从引起环境风险的产品和服务出发，通过市场机制和自愿性政策手段的引入，致力于产品和服务整个生命周期环境表现的持续改善，从而建立起一种更为积极主动的政策运行机制（图1-7和图1-8[①]）。

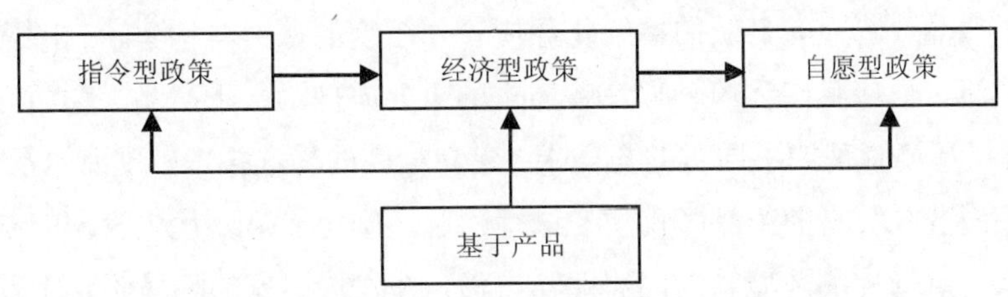

图1-7　基于产品角度可以辅助制定多种类型的政策

① 任志宏，赵细康. 公共治理新模式与环境治理方式的创新[J]. 学术研究，2006（9）：96.

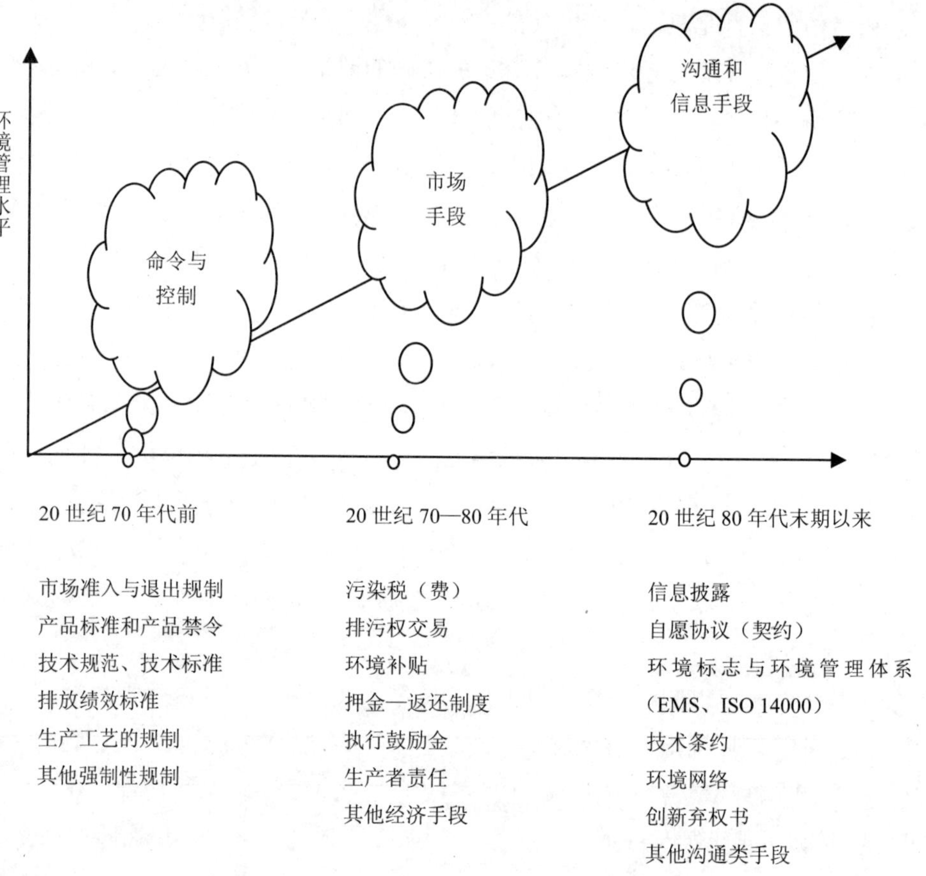

图 1-8 OECD 国家环境政策的演变与创新

（5）基于产品（物质）名录的精细化环境管理制度的探索与构建，是顺应世界环境管理政策发展潮流、适应我国环境管理完善需求的重要方向。基于产品（物质）名录的环境管理，是指根据环境管理的不同目的与需求，建立相应的筛选技术、政策体系和配套机制，对本国生产、消费、贸易的产品（物质）进行筛选，确定出需要优先管理的产品（物质），进而相应实施重点管控的环境管理的思路与方法，在发达国家的环境管理中普遍应用于污染物登记、转移、排放系统（PRTR）建立、重点有毒有害污染物总量控制与减排、化学品全生命周期污染控制、水体与大气等介质中优先监测与控制污染物筛选、环境污染事故防范、绿色消费与公众参与引导等环境管理领域，是世界各国环境管理众多基本制度与先进政策的共同重要技术基础。世界各国在环境保护领域开发了很多相关方法、制定了相当多的产品及化学品名录，相当多的环保法律都配套辅以名录，其中大部分也是产品名录（如美国的《清洁水法》和《清洁大气法》），同时也提出了很多理念，如环境认证、LCA（生命周期评估）、DFE（为环境而设计）、在农业领域中开展有毒物综合治理（IPE）等，也有很多的政策应用，需要系统总结提炼，探讨其对我国借鉴的意义。

建立基于产品的环境管理体系，是我国及国外发达国家正在进行并将成为未来趋势的环境管理工作内容。从政府、产品生产者和消费者三方出发，政府制定政策法规建立产品环境管理制度，消费者遵循绿色消费理念选购环境友好产品，在市场经济的驱动及法规约束下，企业更多地减小产品环境危害提高生产技术水平，三方相互影响和制衡将形成良性循环的产品环境管理体系。

表1-3列出了基于产品的角度进行的环境管理与传统环境管理在管理目标、管理方式、管理手段、管理对象、管理内容、管理者以及代表手段几个方面的比较情况①。

表1-3 环境管理手段比较

对比项目	排放管理（末端控制）	过程（工艺）管理	产品管理
管理目标	削减污染物排放，排放无害化处理	清洁生产	环境产品设计与开发
管理方式	末端控制、治理	过程（工艺）控制	全过程（从摇篮到坟墓），全功能控制
管理手段	行政、法律	技术进步、制度创新	生命周期评价、环境管理体系
管理对象	污染源	生产工艺及污染源	产品系统
管理内容	控制点源排放	清洁能源、清洁工艺、清洁产品	能源、原材料消耗以及污染排放
管理者	国家和地方管理机构	企业及政府管理部门	企业、消费者、管理部门
代表手段	排污限制、收费等	清洁生产	生命周期评价

综上所述，基于对我国现阶段所面临的环境问题的复杂形势、未来挑战以及现有环境管理政策体系与政策工具存在的问题与欠缺，结合国内外环境经济政策基础理论研究与政策手段创新进展与方向，我们认为编制和发布、研究与应用“高污染、高环境风险”名录对于引导构建绿色生产、投资与消费体系，切实降低“双高”产品全生命周期过程中所造成的资源环境代价，同时提升提升差别化环境经济政策、环境监管政策和市场监管政策的科学性、针对性和有效性等方面具有重要理论与现实意义，可以通过图1-9来概括。

① 杨建新. 面向产品的环境管理工具：产品生命周期评价[J]. 环境科学，1999. 1.

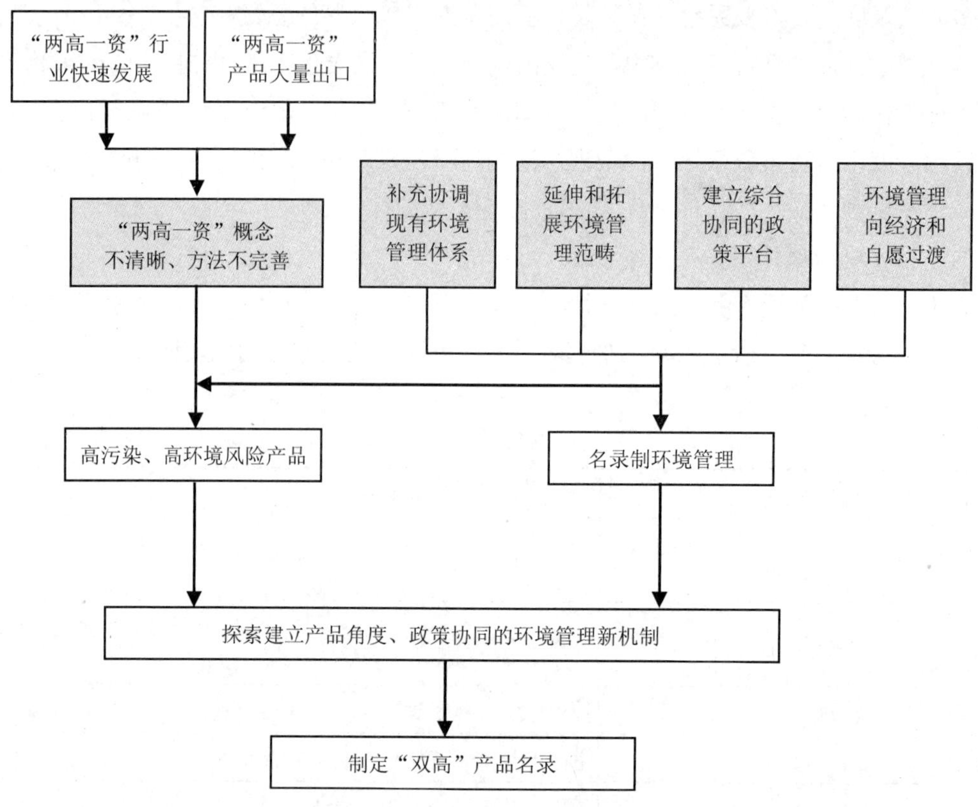

图 1-9 研究背景和研究意义的概述

1.3 研究内容和方法

1.3.1 研究内容

基于前文对研究背景和研究意义的分析总结，本研究的内容可以概括为：两大主题，四大方面。两大主题是指基于产品的环境管理和名录制环境管理两部分；四大方面是指围绕两大主题的基本理论、国际经验、名录框架与内容设计、“双高”产品名录制定方法体系四部分，如图 1-10 所示。

☞ 研究主题：围绕基于产品的环境管理和名录制环境管理两大方面，结合应对和解决我国工业领域现有的主要的资源环境问题以及逐渐显现的潜在的资源环境问题的需求，针对该领域现有环境管理制度和政策的欠缺以及发展完善的趋势和方向，对产品环境管理和名录制环境管理两方面从基本理论、研究方法和政策实践对国际经验和国内经验进行分析总结，研究提出“高污染、高环境风险”产品名录的框架、方法体系和政策机制。

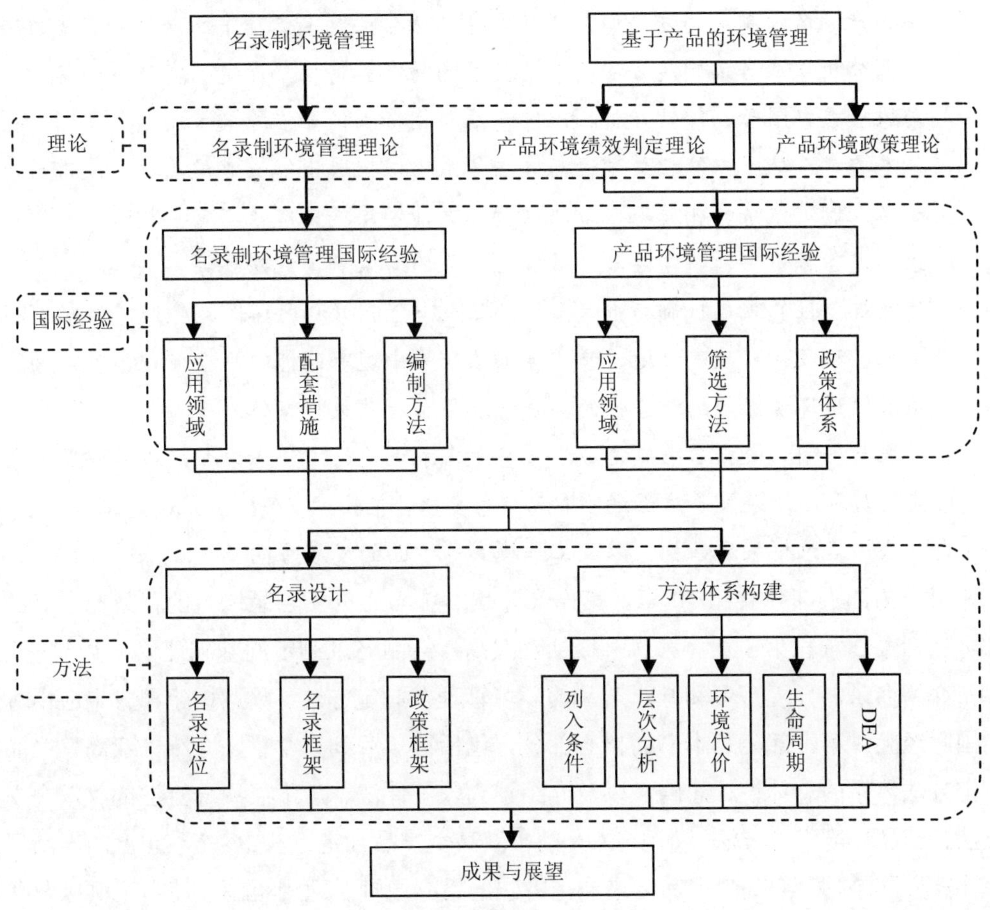

图 1-10 研究内容和技术路线

- 基本理论：主要包括界定本研究的基本概念；哲学、重点论、管理学、决策论、系统论等方面的基础理论；分工理论、外部性理论（环境代价实际上就是一种外部性）、环境代价等经济学和环境经济学相关的理论和基本概念；产业共生、产业组织、全生命周期分析（LCA）、生态足迹、环境足迹等产业生态学相关的基础理论和概念。
- 国际经验：主要包括产品环境绩效评估方法的国际经验和跨国比较研究，基于产品的环境管理政策制定与实施的国际经验，名录制环境管理制定与实施的国际经验以及国际典型化学品数据库的信息资源现状及国际公约所涉化学品名单的建立、更新过程等方面。
- 基本方法：一方面是“双高”产品名录的框架设计，具体包含名录工作定位、工作目的、工作重点、技术要点、工作流程，具体设计名录的结构与框架，同时阐述名录的特点，研究提出《名录管理办法》政策文件；另一方面是研究提出"双高"产品名录制定的方法体系，具体包括从名录制定工作中所遇到和需要解决的问题分析识别名录制定方法所需要具备的功能和特性，界定研究范围、环境污染与风险表征因子、评估指标、比较基准与指标阈值等保障名录制定方法科学性的基本要素，从国内外相关理论与方法体系中，挑选出能够满足要求、改造后应用于名录制定体系的相关基础方法进行二次开发，提出定性与定量相结合、满足名录制定各种情形、科学性与可操作性兼备的名录制定方法体系。

☞ 建立综合性的政策机制与平台：研究提出一个能够利用环保、产业、贸易、经济、金融、税收、财政、土地、科技等各项政策中现有的能够从全流程、多层面、多角度促进环境保护的综合性的环境管理平台和政策框架体。

☞ 成果与展望：概括名录制定成果，基于名录理论、方法等方面的进展以及国家污染形势和防治政策等方面的新形势、新要求，提出"双高"名录制定工作从理论、方法、名录框架和结构，以及工作模式等方面的发展方向。

本书分为四大部分共计 10 章。第一部分是第 1 章，介绍名录制定的背景与意义；第二部分包括第 2 章和第 3 章，第 2 章概括"双高"产品名录制定的基础理论和基本概念，第 3 章介绍名录制环境管理和基于产品的环境管理在制定方法、政策构建和成果应用等方面的国际经验；第三部分是本书的核心部分，包括第 4 章到第 9 章，介绍"双高"产品名录制定方法体系的总体设计思路，以及介绍了列入条件法、基于层次分析法的"双高"判定方法、产品环境代价方法、基于 LCA 的"双高"产品判定方法、基于 DEA 的产品环境效率计算方法 5 种"双高"产品名录制定方法的设立原理、适用范围、使用案例以及各自优缺点；第四部分是第 10 章，对名录工作的科学性和应用性进行总结，同时为进一步提高名录工作的科学性、明确名录在国家环境管理体系中的定位和工作重点、拓展名录的工作范围和政策服务范围做出展望。

1.3.2 研究方法

本研究是环境科学与环境管理兼顾的一项研究，同时借鉴了环境经济学、环境科学、环境社会学等相关学科的研究成果。本书主要采用了以下研究方法：

（1）文献综述法。文献综述是研究的基础，通过全面分析、总结目前基于产品环境管理和基于名录环境管理的研究和政策成果，把握研究进展和方向，明确研究突破重点。

（2）调查分析法。为测算名录中产品的政策成效与绿色转型的环境与经济方面的成本与效益，选取钛白粉行业进行调研，深入企业，通过座谈、调查问卷、查阅资料等多种形式获取资料，形成案例分析，为课题研究提供素材和现实依据。

（3）比较分析法。本研究既注重纵向时间跨度上的变化，也强调横向空间跨度上的对比，从纵向和横向两方面进行全面对照分析，发现共同规律。在研究国内基于产品名录环境管理政策研究与制定经验的同时，也参考了国外的成功做法，重点比较分析了发达国家与我国在管理体制和政策制定方面的异同，以达到取长补短、兼收并蓄、借鉴吸收的目的。

（4）定性分析法。本研究在进行我国基于产品名录环境管理进展与未来需求分析时，既注重从宏观的法律、政策、制度方面入手，又注重微观层面的机制运行与政策落实，运用归纳和演绎、分析与综合以及抽象与概括等方法，对获得的各种材料进行思维加工，认识事物本质、揭示内在规律，力争使分析更全面、更准确、更客观，提出的对策更有针对性和可操作性。

（5）经验总结法。对于国际上各种法律、法规、公约及其配套名录制定的理论、方法和政策实践与效果进行总结分析，得出基于产品名录环境管理研究和制定的经验与教训，从而得出研究结论、提出其对“双高”名录制定、应用和政策体系构建的借鉴建议。

（6）模型分析法。借鉴环境代价（环境成本）模型、LCA 模型和 DEA 模型及相关评价方法，分别构建了基于产品环境代价的“双高”产品评价分析模型、基于 LCA 的产品环境代价模型以及基于 DEA 的产品环境效率指数模型等。

第2章　“双高”产品名录的理论基础研究

“双高”产品名录是我国根据管理工作实际需要提出的一种管理工具，通过对其需求、概念和理论的梳理，认为“双高”产品名录筛选与制定具有坚实的理论基础。“双高”产品名录是以产品为对象、以工具书清单为形式的环境管理工具，针对重点管理对象全面提供系统、全面的产业、经济与环境信息，有针对性地引导与支持各项重点环境政策与经济政策制定，体现了管理学的决策论、系统论、优先管理的理论特点。“双高”名录作为环境经济政策的重要手段，是以产品为共同对象的环境政策与经济政策的连接点，具有分工理论、跨国污染理论、可持续发展等经济学理论的理论基础。“双高”名录的制定过程中充分利用了生命周期理论和多指标综合评价理论，以期达到更为科学管理的目的。“双高”产品名录的制定既遵循自然规律，又遵循管理和经济学规律，同时应用环保、管理与决策等领域的规范科学方法，充分保障了名录制定的科学性与系统性。

2.1　“双高”名录概念

2.1.1　名录概念与分类

2.1.1.1　名录的概念

名录泛指那些按照一定的体例编撰，围绕一个专题或某一方面收集有关资料，并附之以相关基本信息的名称一览表。也就是说，名录是一类提供名称及相关基本信息的工具书。因此，可称其为“名录型工具书”。它是介于专门词典与手册指南之间的相对独立的一类工具书[①]。

近年来，随着社会信息化程度的提高，名录的使用受到了越来越多的关注。通常提及名录概念时，根据其管理对象的范围，又有狭义名录和广义名录之分：

（1）狭义的名录仅仅表示介绍专业机构或人员的清册，英文译为 directory，专指提供

---

① 许敏. 名录研究[J]. 图书馆研究与工作，2000（1）.

有关人名、地名和机构名称等的简要工具书。人们可以从名录中查找关于人物生平、机构组织和某一行政区划沿革等信息。按收集信息内容的不同，可分为人名录、地名录和机构名录等。

（2）广义的名录不局限于企业与人名录，泛指一切附有相关信息的名称一览表，包括人名录、地名录、机构名录和其他各类事物的名录等[①]。因此，或综合各种专题，或围绕某几个专题，或某一特指专题的包含了基本信息的名称一览表，都可以称作名录。

在我国，因为表述习惯不同，标准不统一，名录常出现多种称谓，如清单、汇编、名单、手册、指南、名册、简介、大全、要览、一览、概况等。

2.1.1.2 名录的分类

按照名录在环境管理中的管理对象与管理目标不同，可将名录分为以下几种类型：

（1）限制控制类。即通过名录对环境中的危害或者潜在危害物质，如有毒危险化学品、入侵物种、农业害虫等进行管理。这类名录的制定是为了对管理对象进行有效的监管与控制，防止其进入环境或在环境中扩散，以保证生产生活的安全、有序。此类名录一般会在其标题名称中直接标明所管理的物质的危害性，如我国的《"高污染、高环境风险"产品名录》《进境植物检疫性有害生物名录》、欧盟的《欧盟废物名录》、美国的《危险废物名录》等，让使用者对名录所管理对象的危害性有最直观的认识与了解。

表 2-1 部分限制与控制类名录

名录名称	颁布名录的机构	时间	管理目标
"高污染、高环境风险"产品名录	中国国家环保总局	2007	化学品控制
中华人民共和国进出口农药管理名录	中国农业部/海关总署	2008	化学品控制
国家危险废物名录	中国环境保护部/发展和改革委员会	2008	化学品控制
巴塞尔公约附录	《巴塞尔公约》缔约方大会	1989	化学品控制
美国危险废物名录	美国环保局	1976	化学品控制
欧盟废物名录	欧盟委员会	2000	化学品控制
中国第一批入侵外来物种名单	中国国家环保总局/中国科学院	2003	有害生物控制
中华人民共和国进境植物检疫潜在危险性病、虫、杂草名录	中国动植物检疫局	2004	有害生物控制

（2）保护类。当环境管理的对象是珍稀、珍贵、濒危的生物、生态系统，或者为自然、文化遗产时，为了对管理对象更加系统、有效地观察与保护而制定的名录，为保护类名录。此类名录的名称中一般会出现"珍贵""保护"等字样。

① 王秀兰，黄如花. 国外名录信息的开发与利用[J]. 图书馆工作与研究，1995（3）.

表 2-2　部分保护类名录

名录名称	颁布名录的机构	时间	管理目标
中华人民共和国农业植物品种保护名录	中国农业部	1999	生物物种保护
国家野生动物重点保护名录	中国林业部/农业部	1989	生物物种保护
濒危野生动植物种国际贸易公约（CITES）	CITES 缔约国大会	1975	生物物种保护
世界遗产名录	世界遗产委员会	1976	文化与自然遗产保护

（3）认证类。认证类名录是一类比较特殊的名录，它是权威机构为了表彰某领域具有重大作用或者突出贡献的企业机构或产品技术，树立该领域学习与借鉴的标杆，明确行业的标准，使管理工作更加快速高效地进行所制定的名录。

表 2-3　部分认证类名录

名录名称	颁布名录的国家或机构	时间	管理目标
《2008 年国家先进污染防治技术示范名录》	中国环境保护部	2008	先进技术示范
《2009 年国家重点环境保护实用技术示范工程名录》	中国环境保护产业协会	2009	先进技术示范
环境保护产品认证名录	中国环境保护产业协会	每年	产品认证
第一批环保产品检测机构名录	中国环境保护产业协会	2010	机构认证

（4）普查类。普查类名录是以收集信息为主要目标的名录。与前两类名录的管理对象具有鲜明的特点不同，普查类名录的管理对象一般仅具有空间或者时间的相似性，其目标仅为对某个时间段或某一地点的管理对象进行普查登记，而不具有在应用方面的控制或保护属性。此类名录的作用更接近于一个单纯的数据库，提供的是全面、系统、完整的原始资料。普查类名录是保护类和控制类名录制定的基础。

通常进行的生物多样性普查、地名普查、化学物质普查等调研工作，最终产出多为普查类名录。普查类名录除了包含普查获得的名单，还需要涵盖调查的范围与调查的时间等信息，通常标题中即可反映出普查的时间、地点以及名录主题，如《2008—2009 年中俄边境满洲里—后贝加尔口岸地区鼠类名录》。

表 2-4　部分普查类名录

名录名称	颁布名录的国家或机构	时间	管理目标
宁波地区蝴蝶名录	宁波市农科院	2002	生物多样性普查
中国食用菌名录	中国科学院	2010	生物多样性普查
芳香植物名录	中国	2006	生物多样性普查
中国现有化学物质名录（IECSC）	国家环保总局	2003	现有化学品普查
有毒物质控制法名录（TSCA）	美国环保局	1976	现有化学品普查
欧洲现有化学物质名录（EINECS）	欧盟委员会	1981	现有化学品普查
韩国现有化学物质名录（KECI）	韩国环境和劳动管理部	1991	现有化学品普查

2.1.1.3 名录的功能

名录的主要功能是以简要的文字，准确及时地向人们提供政治、经济、科学、文化、教育等领域有关的最新信息，便于人们在社会经济活动中互通信息，加强交流与协作。较之其他各类工具书，名录具有较强的时效性、资料性和可检索性，因而也就起着其他工具书难以替代的独特作用。综合起来，名录发挥的作用主要体现在以下几个方面：

（1）提供信息。名录可以用简洁的文字准确、快速、及时地提供人物、科技、经济、商业与商品等方面的信息与情报。

（2）宣传功能。很大一部分的名录是用来辑录著名人物、地点、机构、产品等的名称及简要信息，对于被辑录者而言，是一种很好的宣传。

（3）经济与商品生产的导向功能。一般来说，国家或各省市出版的各类企业、产品名录，都会有权威人士或者上级领导所撰写的经济概况及发展导言，这些内容对于生产与发展的走向具有鲜明的指导作用。此外，一些记录著名人物、产品的名录还提供了供人学习与效仿的对象①。

2.1.1.4 名录的特点

从信息管理学的角度分析可知，名录拥有内容的专门性、编排的格式化、检索的多途径及资料的完整性与准确性等诸多特点。

（1）内容的专门性。名录是围绕某一个或几个专题，收集相关资料信息，按照一定的体例编撰而成的，因此其在内容上具有专门性。

（2）编排的规范化。名录中每个条目的次序、详细程度都有固定的格式，且大多附有缩写与特殊标记符号，整齐划一、查询检索极为方便。

（3）检索的多途径。现存的名录往往采用多种编排方法结合而成，可通过多种途径进行检索。

（4）内容的及时性。名录提供的信息应该是最新的内容，由于名录所收录的内容经常性地随时间变化，因此通常通过随时的更新、修订、再版以保证它的及时性。

（5）资料的完整性。名录的编撰通常由各部门、各个相关单位协同合作完成，保证了其内容的权威性与完整性。

2.1.2 “双高”名录与框架

2.1.2.1 “双高”产品名录

（1）“高污染、高环境风险”名录，简称“双高”名录。是指由环境保护部（现生态

---

① 张玉琴. “名录”探讨[J]. 图书馆建设，1992（6）.

环境部）牵头制定的，围绕“高污染、高环境风险”这个主题，挑选生产过程中污染排放数量大、环境危害大、治理难度大，以及生产运输、储存使用过程中存在高环境风险的产品编辑而成。“双高”名录由“双高”产品和“单高”产品构成，“双高”是指同时具有“高污染”和“高环境风险”特征的产品，“单高”产品是指只具有“高污染”或“高环境风险”其中一项特征的产品。

“高污染”产品是指生产该产品只有一种生产工艺且为重污染工艺的产品，或该产品有多种生产工艺，其中以重污染工艺生产的产品。

“高环境风险”产品是指该产品在生产、储存、运输、使用过程中易发生环境事件且对环境或健康的危害程度高。

（2）本名录中产品属于狭义产品概念的范畴，主要来自制造业、采矿业。产品的概念有狭义和广义概念之分。在狭义概念中，产品作为劳动过程的产物，有一定的物质载体，具有物理存在状态和形式。在《高级汉语词典》中定义产品为农业或工业生产（加工）出来的成品[①]。《中华人民共和国产品质量法》所称产品是指经过加工、制作，用于销售的产品。中国大百科全书中广义的产品概念，既包括上述狭义产品概念中包含的产品范畴，也包括很多无形的东西，如服务、创意等。本名录中提到的“产品”是指一般指物质生产领域的劳动者所创造的物质资料[②]，用的是狭义的产品的概念，并不包括广义产品概念中的劳务和精神产品。产品按其用途不同，可分为生产资料和消费资料（工业原材料和消费品）；按生产它们的物质生产部门的不同，可分为工业产品、农业产品、建筑业产品等。各行业内的产品还可以进一步细分。现有“双高”名录中的产品分类体系依据《国民经济行业分类与代码》（GB/T 4754—2011），主要来自采矿业、制造业。

（3）本名录的“环境污染”主要指的是工业环境污染，包括一次污染和二次污染。环境污染的概念是指[③]：有害物质或因子进入环境，并在环境中扩散、迁移、转化，使环境系统的结构和功能发生变化，对人类或其他生物的正常生存和发展产生不利影响的现象。通常情况下，环境污染主要是指人类活动所导致的环境质量下降。环境污染有多种分类方法。按污染物来源可分为天然污染源和人为污染源，按污染的产生过程可分为一次污染和二次污染，按人类活动可分为工业环境污染、城市环境污染、农业环境污染。

“环境风险”的定义。“双高”名录中的环境风险考虑的是产品生产、运输、储存、使用过程中由于使用危险化学品、高温高压等易于发生事故的设备而使得事故有可能发生，对人类社会及环境产生破坏、损害等严重不良后果。危险化学品的特性包括：①具有爆炸性、易燃、毒害、腐蚀、放射性等性质；②在生产、运输、使用、储存和回收过程中易造

① 王同亿，等.《高级汉语词典》. 海口：海南出版社，1996.

② 杨时旺. 中国大百科全书（经济学卷）. 北京：中国人百科全书出版社，1993.

③ 环境科学大辞典[M]. 北京：中国环境科学出版社，1991.

成人员伤亡和财产损毁；③需要特别防护的。

编制名录"双高"名录，采用定性分析法、定量分析法和定性定量相结合的方法。编制初期主要以定性方法为主，随着研究深入，有了数据和经验的积累，研究了定量法研究"双高"的方法，用数学的语言对"双高"各项指标进行定量化的描述，有效地增加了名录编制的科学性。

2.1.2.2 编制原则

编制"双高"产品名录的目的是提出当前环境管理亟须控制的产品名录与工艺，并为一系列已经颁布和正在制定的政策提供依据和操作对象，包括取消不合理的出口退税政策，减少我国的贸易顺差；绿化税收政策，使环境和资源的价值得到正确反映；启动绿色保险、绿色信贷等经济政策，引导投资方向、降低环境风险等。

制定"双高"产品名录应遵循以下原则[①]：

（1）重点行业优先原则。对那些可能存在高污染、高风险的行业优先考虑，制定相关的"双高"产品目录。

（2）以产品为主、结合工艺原则。更好地体现产品的污染和风险性，鼓励先进、摒除淘汰，所提供的产品目录要与工艺结合。

（3）动态性原则。根据产品工艺的实际情况，有进有出，适应不断深化的科学研究和发展迅速的技术水平。

（4）一致性原则。强调与我国产业结构调整名录、国内有毒有害化学品名录、国际限制类产品公约等相关政策与名录的一致和衔接。

（5）科学性原则。名录制定和验收过程中，充分尊重事实，由行业协会专家、环保专家级企业长期从事此项工作的专家反复论证。

2.1.2.3 框架结构

最初的"双高"产品名录，主要由"高污染产品名录""高环境风险产品名录"和"高污染、高环境风险名录"三部分构成，后于 2009 年拓展成为环境经济政策配套综合名录，又称《环境保护综合名录》，其中第一大块就是"高污染、高环境风险产品名录"。

2014 年版"双高"产品名录框架如图 2-1 所示，GHW 代表高污染产品、GHF 代表高环境风险产品；从 2014 年开始"双高"名录增加了"所属行业代码""所属产品代码"两项内容，分别按照《国民经济行业分类与代码》（GB/T 4754—2011）和《统计用产品分类目录》（国家统计局 2010 年版）将产品对应的行业代码和产品代码列入"双高"名录信息中，便于产品分类及排序，提升名的录规范性与应用性；并且部分产品名称后面用括号备注上"环境友好除外工艺"，表示该产品采用此除外工艺生产非"双高"产品，其他工艺

---

① 葛察忠，李娜，李婕旦. 绿色信贷的决策依据之一高污染、高环境风险产品名录制定及其政策应用[J]. 环境经济，2008（55）：36-39.

生产的被列入“双高”名录。表2-5为2014年版“双高”名录的部分表格。

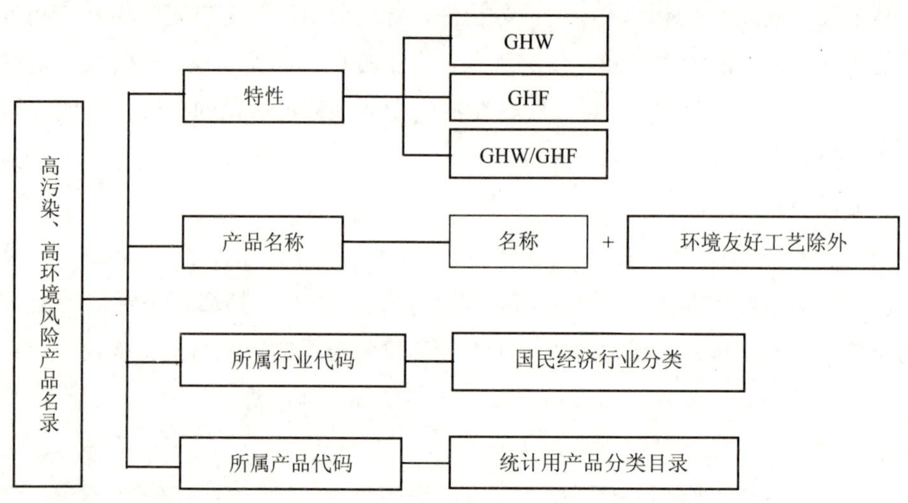

图2-1 高污染、高环境风险产品名录结构框架图

表2-5 “双高”产品名录部分截表

序号	特性	产品名称	所属行业代码	所属产品代码
1	GHW	瓦斯天然气（富瓦斯矿井瓦斯抽采工艺除外）	0720	0704000000[1)]
2	GHW/GHF	离子型稀土精矿	0932	0903990000
3	GHW	石棉（闪石类石棉）	1091	1007990000
4	GHW	鳞片状天然石墨	1092	1009010100
5	GHW	淀粉糖（双酶法工艺除外）	1391	131204
6-13	GHW	小品种氨基酸（发酵法工艺除外）	1441	1407020500、1407020700、1407029900
14	GHW	柠檬酸（枸橼酸）（发酵法加色谱分离法工艺除外）	1443	1407030100
15	GHW	味精（浓缩等电工艺除外）	1461	1406010000
16	GHW	糖精及其盐（邻-苯甲酰磺酰亚胺钠）	1495	1411030301
17	GHW	年产3万t以下的发酵酒精	1511	150101
18	GHW	禁用的直接染料染色织物	1713、1723、1733、1743	17010602
…	…	……	…	…

1）参照《统计用产品分类目录》（国家统计局令，2010年第13号）。

“高污染、高环境风险”产品，是指同时具有“高污染”和“高环境风险”特征的产品；“单高”产品是指只具有“高污染”或“高环境风险”其中一项特征的产品。

“高污染”产品是指生产该产品只有一种生产工艺且为重污染工艺的产品，或该产品有多种生产工艺，其中以重污染工艺生产的产品。

“高环境风险”产品是指该产品在生产、储存、运输、使用过程中易发生环境事件，且对环境或健康的危害程度高。

2.1.2.4　“双高”名录的特点

“双高”名录以简要的表格和文字形式，准确及时地向公众提供“双高”产品的污染情况、环境风险状况，不同产品不同工艺的产排污情况，具有较强的时效性、资料性和可检索性，为国家相关部门制定节能减排政策、为企业生产投资建设、为公众购买意愿选择提供良好的导向。

“高污染高环境风险”，“双高”名录的编制以“高污染、高环境风险”为编制导向，在名录环境管理领域中首次提出这个概念，抓住了环境管理工作的重点。

（1）适用性。作为一个工具式的名录，具有灵活的组合方式和广泛的应用性，既能应用于行政方法，也能应用于经济手段；既能从源头上进行控制，也能从生产、消费领域进行应用。

（2）专门性。“双高”名录由编制导则编撰而成，主要导向为“高污染、高环境风险”，内容上具有专门性。

（3）规范性。“双高”名录中每个条目都有固定的格式、缩写与特殊标记符号，形式上具有规范性。

（4）及时性。根据产品的实际工艺和产品污染情况，逐年修订，具有内容的及时性。

2.2　“双高”名录制定的管理学理论基础

管理学是研究管理知识的一门科学，是由一系列的管理理论、管理原则、管理形式、管理方法、管理制度等组成①。人类管理学思想大致上经历了早期的管理思想和现代管理思想两个阶段。“双高”产品名录作为环境管理中一个重要的工具，包含了大量客观的、科学的污染、风险、经济等数据，经过系统、合理、优化组合，体现了管理学思想的决策论和系统论的观点。

2.2.1　决策论

2.2.1.1　决策论原理

决策理论学派认为管理的本质是决策，管理中的其他工作都是围绕决策这个核心来展

① 尹少华. 管理学原理[M]. 北京：中国农业大学出版社，2010.

开的。决策的过程包括 4 个主要阶段：①收集情报资料；②分析、设计和制定可能的行动方案；③根据决策标准、当前情况及对未来的预测，从已制定的方案中选择一个方案；④对已选择的方案及其实施进行评价。这个过程是完整意义上理解管理学中的决策理论。

决策是一个过程，只有运用科学的决策理论对管理实践进行指导，人们才能按照事物发展的内在规律，做出科学合理的决策。决策方法主要有定性决策方法、定量决策方法、计算机模拟和决策模拟演练，其中定性方法有头脑风暴法、名义小组技术、德尔菲技术等，定量决策方法分为确定型、不确定型和风险型。

2.2.1.2 决策论与"双高"产品名录关系

"名录"是一类提供名称及相关基本信息的工具书，是相关信息的集合，是管理决策中的重要事实要素。"双高"名录作为一项重要的环保基础性工作，是由大量的信息集合而成，每一个列入产品都包含了大量的信息量，既有经济数据，如产量、产值、产能、进出口量、厂家数量等；又有环境污染相关数据，如废水排放量、废气排放量、废渣排放量、污染危害等；还包括风险相关的数据，如原料、中间产物和产品的易燃易爆性、事故发生的概率和案例等。

"双高"产品名录制定充分体现了决策理论。通过对多项指标来评估判定"双高"产品就是一个决策过程（图 2-2）。判定"双高"产品，需要通过：收集资料、识别诊断问题、确定研究目标、拟定评估方法、评价目标产品、确定"双高"产品、监督评估这一完整的决策过程，依据不同产品特性，制定定量、定性或者定量与定性相结合的"双高"评价方法，充分体现了科学的决策论思想。

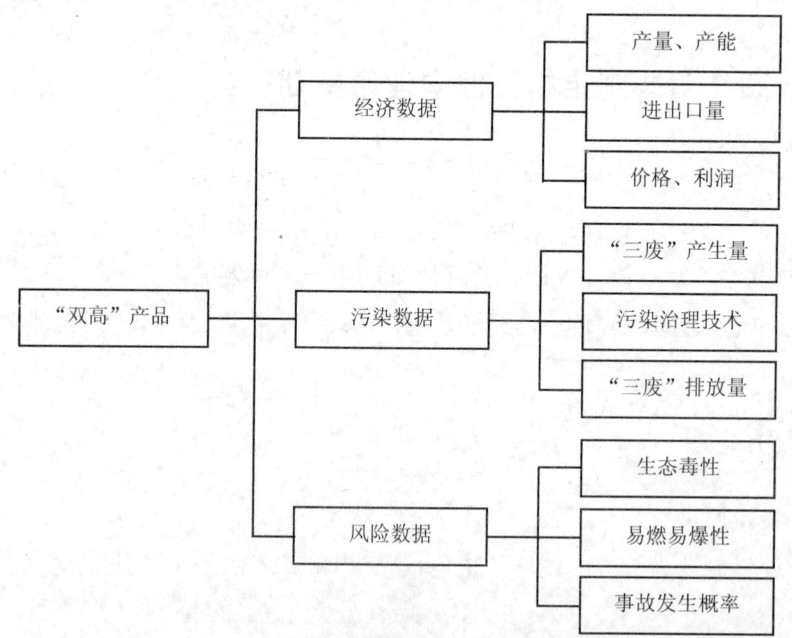

图 2-2 "双高"名录产品基础信息指标

2.2.2 系统论

2.2.2.1 系统论

系统论把所有事物都视为系统，系统由相互依存、相互联系的一组事物或成分构成，在内部呈现均衡性、有机性，与外部环境相互影响、相互作用。系统就是由相互作用、相互依赖、相互制约的若干组成部分按一定规律结合成的具有特定功能的有机整体。

作为一个系统，必须具有 3 个条件：①有两个以上相互联系和作用的要素；②要素之间必须按一定方式有机整合而不是胡乱拼凑；③具有并能输出特定的整体功能。系统具有集合性、目的性、相关性、动态稳定性等特点。

组织系统居于一定的环境中，由目标与价值子系统、技术子系统、社会心理子系统、组织系统子系统、管理子系统。①目标与价值子系统规定了组织的发展方向和社会功能；②技术子系统包括完成工作的知识、手段；③社会心理子系统包括人员的行为动机、地位角色、权利和影响等；④组织机构子系统是组织工作的划分、协调；⑤管理子系统的只能是计划、组织、控制和信息联络。

2.2.2.2 "双高"名录与系统论关系

名录泛指那些按照一定的体例编撰，围绕一个专题或某一方面收集有关资料，并附之以相关基本信息的集合。整个名录可视为一个系统，由相互联系、相互依存的信息按一定体例编撰而成，在一定时期保持稳定性，同时随着时间和事实的变化对名录进行一定的修订更新。名录内部各项内容相互联系、名录产生过程源于一定的规则、名录具有供大家使用的输出性特征，因此名录符合系统论的特征，是一个具有相互依存、相互联系的系统。

"双高"名录被看成一个系统，具有系统的基本特征："双高"名录具有集合性，由不同行业、不同特征的产品、工艺、设备集合而成。"双高"名录具有目的性，名录建立初衷和名录发展，都是以控制污染、淘汰落后、鼓励优先、节能减排的大思路展开的。"双高"名录具有结构性，系统内各要素之间在时间或空间方面的有机联系与相互作用的方式或顺序，具有一定的结构，但也可以根据需要，调整结构，产生新的目录。"双高"名录中的信息通过编制导则，通过筛选，专家论证，最后组成了一定的排列组合方式。环保"双高"名录由"高环境风险"名录、"高污染"名录、"高环境风险高环境污染"名录，按照定量和定性相结合的方法，经专家组论证获得。"双高"名录具有动态稳定性，首先是"双高"名录是稳定的，但又是一种动态的稳定状态，随产品技术、工艺和管理的需要随时更新调整。

运用系统论的"双高"名录符合现代环境管理的需要。世界上任何事物都可以看成是一个系统，系统是普遍存在的。大至渺茫的宇宙，小至微观的原子，一粒种子、一个工厂、一个学会团体……都是系统，整个世界就是系统的集合。面对纷繁复杂的环保现状，不能用简单的单项因果决定论来解决，就是把所研究和处理的对象当作一个系统，分析系统的结构和功能，研究系统、要素、环境三者的相互关系和变动的规律性，并优化系统观点看问题。“双高”名录是系统的集合，包含复杂的结构和动态的稳定性，运用“双高”名录来管理复杂、多变的环保现状，作为现代管理科学的新潮流，促进环保工作的发展。

2.2.3 优先管理

2.2.3.1 优先管理概念

管理学上重点管理法又称 ABC 分类法（activity based classification）、帕累托分析法或巴雷托分析法，它是根据事物在技术或经济方面的主要特征，进行分类排队，分清重点和一般，从而有区别地确定管理方式的一种分析方法。

ABC 分类法是由意大利经济学家维尔弗雷多•帕累托首创的。该分析方法的核心思想是在决定一个事物的众多因素中分清主次，识别出少数的但对事物起决定作用的关键因素和多数的但对事物影响较少的次要因素。后来，帕累托法被不断应用于管理的各个方面。1951 年，管理学家戴克（H. F. Dickie）将其应用于库存管理，命名为 ABC 法。1951—1956 年，约瑟夫•朱兰将 ABC 法引入质量管理，用于质量问题的分析，被称为排列图。1963 年，彼得•德鲁克（P. F. Drucker）将这一方法推广到全部社会现象。

2.2.3.2 名录优先管理手段

名录作为贯穿“优先控制”始终的重要管理手段主要通过两种方式取得。一种是限制类的优先管理，即优先控制，通过对选入名录中的名单的限制、控制来达到管理效果。另一种是鼓励类的优先管理方式，即优先保护，通过对列入名录的名单的保护、鼓励来达到环境管理的效果。

（1）优先控制。对于如危险废物、有毒化学品一类对人类健康与环境存在危害或潜在危害的管理对象而言，由于对全部对象进行控制的管理成本太高，同时它们之中有些物质，对现阶段的生产生活有着不可或缺的作用，不能采用统一的标准对其进行管理，因此，需要引入“优先控制”的策略。

（2）优先保护。在生物多样性的保护管理中，由于生物物种繁多，各国间情况差异较大，且需要平衡人类利用与物种保护之间的矛盾，因此需要采取“优先保护”的手段。与优先控制类似，名录在优先保护方面同样也发挥着不可或缺的作用。

2.2.3.3 “双高”名录与优先管理的关系

通过“名录”中产品的重点管理，可以集中力量，重点突破，更好地解决节能减排、危害民众健康、防控环境风险等环保亟须解决的重点工作。

（1）优先管理逐渐成为环境管理领域的重要概念。所谓优先管理，即指“有针对性地对某些重点管理对象进行的管理”。由于环境管理的对象数量众多、类别复杂，对所有对象进行统一标准管理，不但会消耗大量的人力、物力、财力，而且会造成某些可利用资源的浪费。因此，从环境管理的经济角度考虑，根据社会经济技术条件与管理目标的需要，在有限的成本之下，对普遍存在的、最具代表性的、其存在（或者消亡）对环境的危害或潜在危害较大的一类管理对象，进行优先管理。

（2）“双高”名录是环境优先管理的重要工具。“双高”产品名录在国家亟须控制“两高一资”（高耗能、高污染、资源性）产品出口的背景下，作为一个主要针对产品为管理对象的名单的组合，主要目的是提出当前环境管理亟须控制的产品名录与工艺，是环境保护优先管理的重要工具。

（3）“双高”名录制定优先考虑了危害人体健康的物质。如可持续污染有机物、重金属等对人体健康造成危害物质；“双高”名录制定优先考虑对可能存在高环境风险的行业，如农药行业、有色金属冶炼等；“双高”名录制定优先考虑了污染排放强度大的行业，如石化行业等。通过“双高”名录中产品的重点管理，可以集中力量，重点突破，更好地解决节能减排、危害民众健康、防控环境风险等环保亟须解决的重点工作。

2.3 “双高”名录制定的经济学理论基础

经济学是研究价值的生产、流通、分配、消费的规律的理论，其理论核心思想是物质稀缺性和有效利用资源。“双高”产品名录诞生的初衷就是为国家经济部门制定财税政策、加工贸易政策、产业调整政策服务的，所以在制定“双高”名录时充分运用及体现了经济学理论，成了将环保工作的需求反映到重大经济政策之中的一座重要桥梁。

2.3.1 分工理论

2.3.1.1 分工理论

分工理论在经济学研究中经历了漫长的演进，也是经济学理论研究的重要组成部分。第一次从经济学意义上对分工进行系统论述的是亚当·斯密，在《国富论》中，斯密首次将专业化与劳动分工认定为生产力优势的源泉。他指出，一国劳动力的巨大提高归因于劳动的分工效应，即生产过程被分解为一系列较小的专业化任务，而每项任务只由一个人来完成，而生产劳动力的提高可以使一国的财务加以增大。

亚当·斯密的分工经济思想主要体现在以下 3 个方面：①分工是提高劳动生产力，促进经济增长的源泉。“劳动生产力上最大的增进，以及运用劳动时所表现的更大熟练、技巧和判断力，似乎都是分工的结果”。②分工起源于人们互通有无的倾向，因而分工受到市场范围的限制。③资本是在各间接生产部门发展分工的工具。亚当·斯密认为分工之所以能大幅度地提高生产效率，原因主要有3点：一是分工有利于增进劳动者熟练程度，势必会增加他所能完成的工作量；二是分工使劳动者节省了由一种工作转到另一种工作损失的时间，从而受益；三是分工的结果往往会促进许多机械的发明，从而简化和节省劳动。

总之，以斯密为代表的古典经济学的分工思想是，分工、专业化促进技术进步和劳动生产率的提高，技术的进步产生报酬递增，分工的发展和深化依赖于市场范围的扩大，市场范围的扩大又促进了分工深化，分工与经济增长互为因果。因此，分工和专业化应该成为经济研究的重心。

劳动分工理论是古典经济学中极其重要的一部分内容，也是斯密对经济学理论的重大贡献。

2.3.1.2 分工理论与环保“双高”名录

（1）粗放型经济发展和环境管理模式加剧了环境污染。改革开放以来，“发展才是硬道理”的思想逐渐成为中国政府的工作原则。改革开放以来人口基数庞大的我国一直呈现出高速的经济增长态势，并且正在迅速推进工业化和城市化，高速的经济发展不可避免地加剧了环境退化。同时，环境管理工作存在粗放型现象。环境管理工作专业性强、涉及面广，但受人员素质、管理能力等各方面限制，管理粗放问题一直比较突出。经济社会发展和环境保护的新形势告诉我们，必须尽快改变粗放的管理模式、逐步提高环境保护工作的精细化水平。

（2）“双高”名录介入环境管理提高了分工、专业化和精细化水平。“双高”名录编撰遵循编制导则，采用定性和定量编制方法，主要导向为“高污染、高环境风险”，内容上具有专业性；“双高”名录中每个条目都有固定的格式、缩写与特殊标记符号，形式上具有规范性，体现了精细化管理的需要；“双高”名录按行业特点划分、编写，各行业产品按污染状况不同进行筛选，给管理部门提供了分门别类的管理方式，提现了分工思想。

2.3.2 跨国污染转移理论

2.3.2.1 跨国污染转移理论

污染转移是指一定区域内的人类行为（作为或不作为）直接或间接地对该区域外的环境造成污染损害，或将自己造成的环境污染的治理责任推给他人而使自己不承或者少承担污染损害治理的社会行为。随着经济全球化的进一步扩展，废物的直接出口很少出现，主要以污染行业的产品直接输出为主，污染转移造成的跨国污染转移现象日趋严重。“双高”名录的制定的初衷是为了遏制高污染、高环境风险的产品出口国外，而把污染留在国内的贸易行为。

英国经济学家大卫·李嘉图，于 1817 年提出了著名的“比较优势学说”，他认为“每个国家不一定要生产各种商品，而应集中力量生产那些利益较大或不利较小的产品，然后通过国际贸易，在资本和劳动力不变的情况下，生产总量将增加，如此形成的国际分工对贸易各国都有利①。按照该理论，每个国家都将出口相对外国有优势的产品，如果将环境成本低作为一国比较优势的要素的话，那环境成本较低的发展中国家就应该出口环境密集型产品，在国际贸易中取得优势。这一理论可作为发展中国家向发达国家大量出口“高污染”“资源型”产品的理论来源。

2.3.2.2 跨国污染理论与“双高”名录

随着全球化的趋势进一步加强，国家间的经济依赖性加强，由于我国环境标准较低，从环境成本内在化程度看，使发达国家获得了污染严重产品生产上的比较优势，导致污染密集型行业逐渐从发达国家向我国转移的趋势。另外，发达国家严格限制生产污染严重、风险大的产品，国外将处于产品生命周期后期的产品转移到我国，使我国成为“高污染”“高环境风险”“资源性产品”产品的出口大国。

“双高”名录的产生，源于国家为控制“两高一资”（高耗能、高污染、资源性）产品出口，国家要求原环保总局会同有关部门制定“高污染、高环境风险”产品的名录，建立控制双高产品出口的政策体系。“双高”名录产品由“高污染”“高环境风险”产品构成，通过采取限制部分“双高”产品出口的贸易政策，取消“双高”产品的出口退税，禁止“双高”产品的加工贸易，禁止外商在国内投资新建“双高”名录中的产品，以达到改善出口结构的目的，既有利于促进我国贸易的可持续发展，同时能为保护人类共同家园做出贡献。

2.4 “双高”名录制定的环境经济学理论基础

2.4.1 循环经济理论

2.4.1.1 循环经济理论

关于循环经济的含义，目前学术界已经有了比较一致的解释，从一般意义上来讲，循环经济是对物质闭环流动型经济的简称。它本质上是一种生态经济，就是把清洁生产和废物的综合利用融为一体的经济，要求运用生态学规律来指导人类社会的经济活动，按照自然生态系统物质循环和能量流动规律重构经济系统，使经济系统和谐地纳入自然生态系统

---

① 王世军. 比较优势理论的学术渊源和评述[J]. 杭州电子科技大学学报（社会科学版），2006（2）：100-101.

的物质循环过程中，建立起一种新形态的经济，使经济活动由传统的“资源—产品—废物”的单一线性流程，转变为“资源—产品—再生资源”的反馈式流程①。

循环经济是针对长期以来经济、社会、环境“三维分裂”的传统发展模式的纠正和替代，是一种追求生活质量和可持续发展模式的必然选择。传统经济发展模式特点是以单流向的线性经济行为发展模式为前提的。所谓线性经济行为发展模式是指从物质流动及其表现形式上看是按照大量消耗资源—扩大生产—扩大消费—大量排放废物的单程流向的行为运动，其运动方向是人类向地球索取资源。

2.4.1.2 “双高”名录与循环经济的关系

循环经济是工业发展的必然趋势，我国严峻的工业污染形势极大地反映出传统经济发展模式的弊病，所以必须对高污染、高风险产品加以严格管控，不仅是从源头上解决，而是在生产全过程进行环境管理。“双高”名录的制定紧紧围绕着循环经济理论，对无法替代的工业基础产品来说，并非限制其生产，而是针对产品进行生产工艺区分，推动环境友好工艺替代重污染工艺，优化生产过程，减少生产物耗能耗、提高资源能源回收利用效率，从而提升产品生产过程中的环境绩效。

2.4.2 可持续发展理论

2.4.2.1 可持续发展理论

布伦特兰报告对可持续发展的定义是：“可持续发展是既满足当代人的需要，又不对后代满足其需要的能力构成危害的发展。”该定义目前是影响最大、流传最广的定义，包含了可持续发展的公平性原则（fairness）、持续性原则（sustainable）、共同性原则（common）；强调了两个基本观点：①人类要发展，尤其是穷人要发展；②发展有限度，不能危及后代人的生存和发展。这一表述实际上已进一步地成为一种国际通行的对可持续发展概念的解释，既实现经济发展的目标，又实现人类赖以生存的、自然资源与环境的和谐，使子孙后代安居乐业得以永续发展。在此基础上，《地球宪章》将这一概念阐述为：“人类应享有与自然和谐的方式过健康而富有成果的生活的权力。为权利必须实现。”它强调了 4 个原则：①公平性原则。这里指的公平性包括代际公平、代内公平、资源利用和发展机会的公平等方面。实现“代际公平”的核心问题是如何使自然资源的拥有量相对稳定在某一水平上；“代内公平”指当代人享有平等的发展机会，人类在享有地球资源的权利上是人人平等的。②协调性原则。要求人们根据生态系统持续性的条件和限制因子调整自己的生活方式和对资源的要求，经济和社会的发展不能超越资源和环境的承载能力。③质量原则。可持续发

① 张思锋，张颖. 对我国循环经济研究若干观点的述评[J]. 西安交通大学学报（社会科学版），2002，22（3）.

展更强调经济发展的质，要以尽可能低的资源代价去达到提高人民生活质量的目的，还要提高经济运行的效率。④发展原则。发展是可持续发展的核心，必须通过发展来提高当代人福利水平，必须具有长远发展眼光。

2.4.2.2 “双高”名录与可持续发展的关系

我国严峻的工业污染形势极大地反映出传统经济发展的模式的弊病，所以必须对高污染、高风险产品加以严格管控，不仅是从源头上掐死，而且在生产全过程进行环境管理。“双高”产品名录包含大量污染排放量大、工艺技术落后的产品名单，从环境影响和行业技术水平的角度为我国经济优化增长提供重要的参考依据，能有效地促进国内经济增长和产业优化，推动总量减排，改善环境质量。“双高”名录中包含大量高环境风险特征的产品，这些产品在生产和使用中对人体健康存在巨大风险，通过对这些高环境风险的产品的限制，可促进环境风险防范，保障环境安全。

2.5 “双高”名录制定的产品生态占用理论

综合名录从实质上看是以产品生态占用概念为基础的污染控制理论，是以产品为载体的环境经济政策。①从理论层面来说，产品生态占用概念是外部性理论的延伸与重塑，产品是外部性理论最恰当、最系统且最清晰准确的现实载体。外部性理论是环境管理的基石，但外部性在不同主体、不同行为中有不同表现形式，外部性表现形式的多样性、复杂性，也导致了环境管理政策工具的多样性和散乱性。而产品作为环境管理的对象、环境政策的受体，有其特殊的地位与价值，产品是人类系统与生态系统间进行交换联通的主要载体，也是人类系统内、市场经济条件下同时承载功能流、价值流和资源环境流的核心流通载体，更是影响破坏地球化学循环、造成人类社会生产再生产与自然界生产再生产间矛盾的主要障碍物，所以，可以说产品生态占用——即产品生命周期过程中对地球化学循环以及自然界生产再生产造成的负面影响，是外部性的主要表现形式与系统重梳。而且，产品还是时空边界最清晰、环境绩效表征最准确的“条状”环境管理对象。②从实践层面来讲，产品是制定差别化环境监管政策与市场监管政策、建立跨主体环境成本合理负担机制的最恰当主体。一方面，产品是受各部门、各项政策监管最多的政策受体，从统计制度中的产业划分到金融、贸易、行业管理等具体管理领域之中，均是以产品对监管主体和差异化政策制定对象的，现有成熟系统的相关管理政策最多；另一方面，产品环境绩效差异显著，而产品又是市场流通载体，是各市场主体间分担环境责任、分担环境成本的恰当政策载体。从美国的产品环境管理体系中就可以看出这种责任和成本分担机制（图 2-3）。尤其可以针对现行环境管理中生产者责任与消费者责任脱节的问题，就产品角度来讲，消费者不仅是环境问题受害者和良好环境质量享受者，也是环境问题的制造者、施害者，必须通过相关制度明确其责任与成本分担、发掘其贡献潜力。

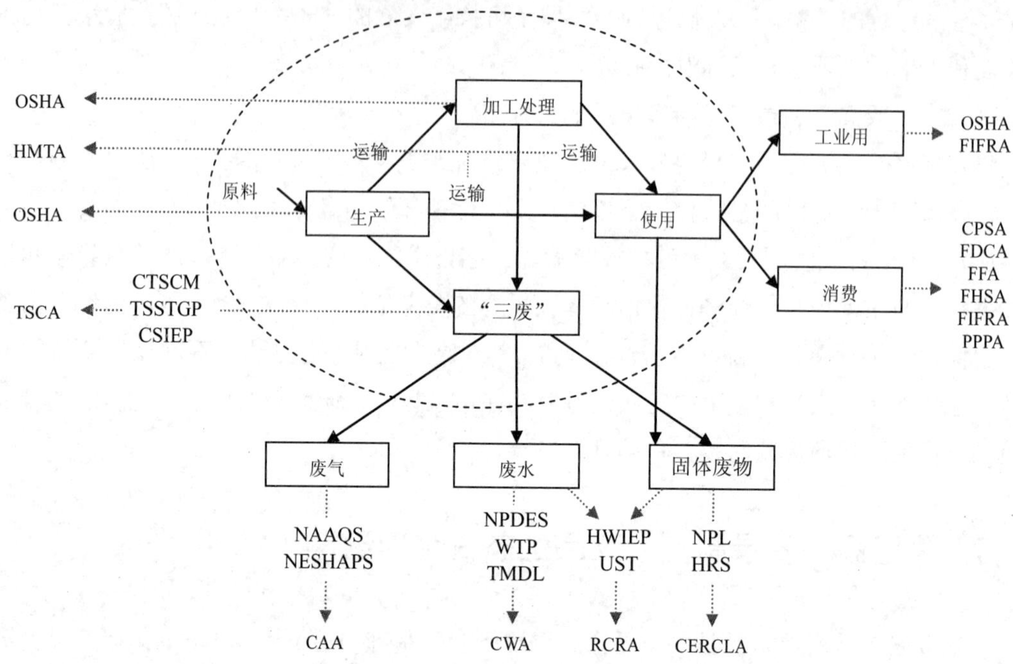

图 2-3 美国基于产品全生命周期的工业环境管理法律法规框架体系

（以英文简称标识所涉及的美国相关环保法律法规和制度，各法律法规和制度全称见表 2-6）。

表 2-6 美国相关环保法律法规和制度

简称	法律法规名称	简称	管理制度名称
CAA	清洁空气法	NPDES	国家污染物排放消除系统
CWA	清洁水法	WTP	废水处理交易程序
TSCA	有毒物质控制法	NAAQS	国家环境空气质量标准
CERCLA	综合环境响应、赔偿与责任法	NESHAPS	有害空气污染物的国家排放标准
RCRA	资源保护与回收法	NPL	国家优先项目清单
SDWA	安全饮用水法	HRS	危险评级系统
FQPA	食品质量保护法	CTSCM	核心有毒物质监控
FIFRA	联邦杀虫剂杀鼠剂杀菌剂法	TSSTGP	有毒物质国家授权程序
EPCRA	应急计划与公众知情法	CSIEP	化学物质进出口程序
CPSA	消费品安全法案	HWIEP	危险废物进出口程序
HMTA	危险物品运输法	UST	地下储罐
OSHA	职业安全与卫生法		
FFDCA	联邦食品、药品和化妆品法		
FHSA	联邦危险物质法		
PPPA	预防中毒包装法		
PHSA	公共卫生服务法		

2.6 “双高”名录制定方法的理论基础

2.6.1 生命周期理论

2.6.1.1 生命周期理论

（1）生命周期的概念源自生物学。作为严格的生物学概念，是指具有生命现象的有机体从出生、成长到成熟衰老直至死亡的整个过程。生物的生命周期共有 3 个特征：①生命周期是一个有限的时间过程；②生命周期具有阶段性，一个完整的生命周期包括出生、成长、成熟、衰老、死亡五个阶段；③生物在整个生命周期过程中都会与外界环境进行物质、能量的交换。随着社会发展与学科间的融合，生命周期概念被逐步引入经济、管理、社会组织和环境等其他领域，并衍生出了一系列基于生命周期思想的理论和研究方法。现阶段，包括市场营销、组织管理、人文科学、图书情报学和环境科学在内越来越多的研究领域都采用生命周期方法研究各自领域的现象和问题[①]。

（2）工业产品的生命周期理论是生物学生命周期思想与社会有机体理论及系统理论相结合所衍生出的最为典型、应用也最为广泛新理论。该理论认为工业产品的生命周期包括从原材料获取和加工、生产、运输、销售、使用/再使用/维修、再循环到最终处置的整个过程（图 2-4）。由于从产品的形成至最终废弃的每个环节都与环境有着紧密的联系，所以应使环境成本管理与产品生命周期思想互相渗透，从而获得最大的经济效益与环境效益。产品生命周期的各个阶段都需要提供资源和能源，而在这一系列的生产经营过程中却不断输出废水、废气及飘尘以及固体废物等众多环境释放物，严重污染着环境。产品生产与生态环境的污染具有因果关系。

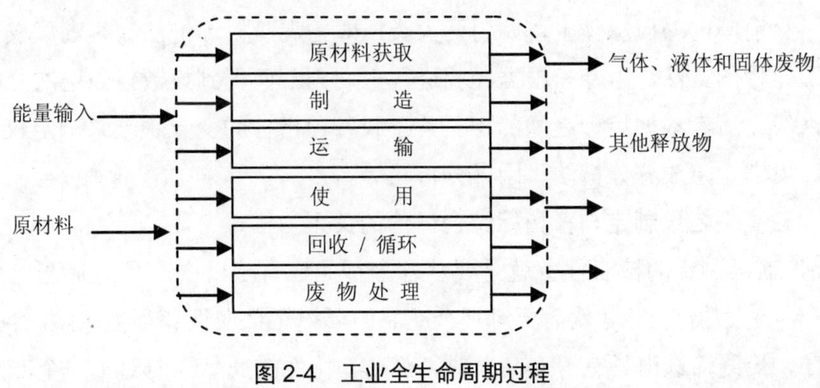

图 2-4 工业全生命周期过程

① 仲平. 建筑生命周期能源消耗及其环境影响研究[D]. 成都：四川大学，2005.

2.6.1.2 “双高”名录与生命周期理论

“双高”名录制定过程中，把产品作为一个研究和控制对象，考虑产品、工艺过程或活动从原材料的采集和加工到生产、运输和销售、使用、回收、养护、循环利用和最终处理整个生命周期系统有关的环境负荷的过程，它通过对原材料物质使用以及释放到环境中废物的辨识和定量来进行判定产品对环境的影响程度，评价这些能量和物质的使用以及所释放废物对环境的影响，从而找出环境污染排放量大的、环境风险高的产品加以控制。以产品导向、研究产品生命周期的物质、能源、废物输入输出的环境政策强化了市场的基础性作用，通过政策推动和市场引导来刺激生产者和其他利益相关方不断改进产品整个生命周期的环境绩效，从而形成一种以持续改进为目标、以间接调控为主要特点的政策运行机制。推行产品导向的环境政策对于调动生产者、经营者、消费者、社会团体保护环境的积极性，实现可持续发展有着重要意义。

2.6.2 多指标综合评价理论

2.6.2.1 多指标综合评价理论

在社会经济统计中，当我们用描述事物某一方面的指标分析事物时，实际上是从不同方面分开来认识事物。而要对事物做出总的评价，则需要用某些手段或方法把事物的各个方面结合起来作为一个统一体来认识。经过这种分析和综合过程，才能对事物有一个全面、客观的认识。多指标综合评价方法就是利用指标综合指数的理论及方法，将所选择的有代表性的若干个指标综合成一个指数，从而对事物的发展状况作出综合的评价。在构建综合评价指数时需要解决两个问题：一是指标的无量纲化处理；二是综合权数的构造。

近年来，多指标综合评价方法发展较快，一些新兴的科学领域如模糊数学、人工神经网络技术、灰色系统理论等也都被引入综合评价的研究中来，形成了多种多样各具特色的评价方法。目前国内外但总体上可归为两大类：即主观赋权评价法和客观赋权评价法。前者多是采取定性的方法，由专家根据经验进行主观判断而得到权数，如层次分析法、模糊综合评判法等；后者根据指标之间的相关关系或各项指标的变异系数来确定权主成分数，如灰色关联度法、主成分分析法、因子分析法等。

2.6.2.2 “双高”名录制定与多指标综合评价的关系

“双高”名录制定的核心任务就是要从各个行业成百上千中产品中筛选出环境污染最重、环境风险最大的产品，这就需要对每个产品的环境污染属性和环境风险属性进行评价、打分及排序，最终筛选出具有“双高”或“单高”特性的产品。而对于一个产品来说，判定其污染特性和风险特性的指标绝不是单一的，并且名录关注的是产品全生命周期的环境影响，所以一个产品就存在不同阶段、不同性质的多个判定指标，所以制定名录的方法其实都属于多指标综合评价方法。

不同行业、不同领域的产品其环境影响相去甚远，所以针对各个行业产品污染及风险特征以及环境影响机理，制定不同的判定指标体系及综合评价方法，这些指标有定性指标也有定量指标，评价方法也有定性分析也有定量核算，所以“双高”产品的筛选过程其重点就在于解决定性指标如何赋值、判定指标如何定量核算、指标量纲如何统一、指标权重如何衡量等问题，而这些问题也都是多指标综合评价理论所要解决的重点问题。

第 3 章 “双高”产品名录国际经验

“双高”产品名录作为一种服务于环保、经济、贸易、产业等各项政策的管理工具，其作用对象是链接生产、运输、消费、使用、废弃等环节的产品。为了全面地掌握了解名录制定与应用的国际经验，我们分别就名录制定和产品导向环境管理进行了资料检索与总结归纳，并结合“双高”产品名录工作整体进展与需求，提出了对其制定和应用的启示，期望能够为提升“双高”产品名录制定方法的系统性、科学性和政策体系有效性，以及进一步明确产品环境管理在我国环境管理制度中的地位、作用和建设完善路径提供指导。

3.1 名录制定的国际经验

第 2 章“双高”产品名录的理论基础指出，名录从形式上来说是工具书，作为政策主体或政策载体广泛应用于各类管理工作。鉴于“双高”产品名录属于环境管理范畴，我们对各主要发达国家在环境管理中所应用的名录的领域、类型与形式进行了梳理总结，本着已编制名录成果较为丰富、与“双高”产品名录在制定与应用上具有相似之处，在实际管理中应用较为频繁等原则，选取了优先控制污染物筛选、有毒有害化学品评估、国际化学品数据库等具体领域的典型名录，对它们的制定技术方法及成效进行了总结分析，期望能够在提升“双高”产品名录制定法律效力及其方法的系统性与科学性方面提供借鉴。

3.1.1 国际上相关名录制定概况

环境管理涉及的化学品和污染物质等管理对象纷繁复杂、数量众多，为降低行政成本、明确管控对象，突出重点控制与优先控制的理念在发达国家化学品管理及环境管理中得到了体现，涌现出各式各样的名录形式。尽管名录的建立都是为环境管理服务，对其梳理的过程中发现，其应用领域、制定依据、制定目的及约束力等方面存在较大差异，如美国水污染物名单是依据《清洁水法》构建的，主要用于水环境优先监测及排污许可证制度，具有强制执行力；加拿大《环境保护法》国内物质名单（DSL），虽仅为基础名单，不具有法律效力和强制执行力，但也代表了一种环境管理的倾向与导向；而国际潜在有毒化学品登记数据库（IRPTC）只是为提供信息与技术支持用的，不具有约束力。基于此，我们针对名录制定目的、定位及其约束力的不同，将环境管理中相关名录区分为法规配套型、指导建议型、信息共享型3种，并据此对名录制定概况进行了分析。

3.1.1.1 法规配套型名录

法规配套型名录是指基于法律而构建的、名录本身具有约束力的，凡在使用过程中涉及该名录相关内容时，必须遵照该名单内容和相关法律要求执行的一种名录形式。由于其约束力最强，能够有效提升名录的应用效果，因此，这种类型的名录较为普遍，在发达国家和国际化学品公约物质管制领域均有广泛应用。表3-1罗列出了美国、欧盟、加拿大、日本4个发达国家（地区）体现法律定位、管理需求以及环境管理重点工作的物质名录（环境保护部化学品登记中心，2011）。

由表3-1可以清晰地看出，名录已经成为发达国家（地区）化学品管理及环境管理的重要工具。以美国为例，表3-1共提到9部环境管理相关法律所配套的优先污染物（大气、水、土壤）名单、有毒有害物质名单（PBT物质、危险化学品、内分泌干扰物）等相关名录。这些名单贯穿于生产、消费、运输、进出口、使用、废弃等环节，为优先污染物监测控制、优先物质去除、申报登记、限制生产、限制使用、限制进出口等政策措施提供作用对象。

表3-1 美国、欧盟等国家（地区）化学品环境管理法律法规框架及各自配套名录

国家（地区）	法律法规名称	配套名录名称
美国	有毒物质控制法（TSCA）	TSCA现有化学物质名录（TSCA Inventory）
	资源保护与回收法（RCRA）	PBT物质名单等
	联邦杀虫剂杀鼠剂杀菌剂法（FIFRA）	限制使用的农药目录
	应急计划与公众知情权法（EPCRA）	有毒物质释放清单（TRI） 重大危险源物质名单及临界量
	消费品安全法案（CPSA）	被禁止的危险产品清单
	食品质量保护法（FQPA）	内分泌干扰物清单（EDCs）
	安全饮用水法（SDWA）	
	联邦食品、药品和化妆品法（FFDCA）	
	清洁空气法（CAA）	重点控制大气污染物清单
	清洁水法（CWA）	重点控制水体污染物清单
	综合环境响应、赔偿与责任法（超级基金法，CERCLA）	国家优先名单（NPL）有毒物质释放与健康数据库（HazData）中污染物质
欧盟	关于化学品的注册、评估、授权与限制的法规（REACH）	高关注化学物质与授权化学物质清单
	综合污染预防与控制指令（96/61/EC）	污染物排放转移登记制度管制化学品
	关于统一危险物质分类、包装与标志的指令（第六次修正）（79/831/EEC）	附录I危险物质名单
	关于某些危险化学品进出口的理事会法规（EEC）No.2455/92	24种禁止或严格限制的危险物质和制品名单

国家（地区）	法律法规名称	配套名录名称
欧盟	关于禁止含有某些活性物质的农作物保护产品上市销售和使用的指令（79/117/EEC）	6 类含汞农药，8 种持久性有机氯农药
	关于防止危险物质重大事故危害的指令（简称塞维索指令Ⅱ）（96/82/EC）	重大危险化学物质清单
	关于在水政策领域建立共同行为框架的欧洲议会和理事会第 2000/60/EC 号指令（水框架指令）	32 种（类）水环境优先污染物名单
加拿大	加拿大环境保护法（CEPA）	优先物质名单（PSL）有毒物质名单（TSL、出口管制名单 ECL）、最终清除物质名单（VEL）
日本	化学物质审查与生产控制法（化审法）	第Ⅰ类特定化学物质、第Ⅱ类特定化学物质、第Ⅰ类监视化学物质、第Ⅱ类监视化学物质、第Ⅲ类监视化学物质
	有毒有害物质控制法	有毒化学物质名单、有害化学物质名单、特定有毒化学物质名单
	有关掌握向环境中排放特定化学物质的排放量及促进其改善的管理法	第Ⅰ类特定化学物质 354 种，第Ⅱ类特定化学物质 81 种

同时，法规配套型的名录还有另外一种表现形式，即在联合国有关机构的支持和组织下，国际社会达成的国际公约、协定中所包含的化学品控制名单（表 3-2）。这是因为，对于声明履行公约所规定的义务并完成批准、接受、正式确认和最后核准程序的缔约方，这些公约中所规定的控制名单、管理机制和手段也是具有法定约束力的。由表 3-2 可以看出，国际公约中的受控物质种类、数量一般较少，但由于是在全球范围内进行控制，引导环境治理和消除环境污染的作用却不容忽视。

表 3-2 化学品管理主要相关国际公约及其配套化学品名单

名称	时间	内容	化学品名单
《蒙特利尔议定书》	1987 年	首次化学品全球统一性淘汰或限制行动	96 种受控 ODS 物质
《鹿特丹公约》	1998 年	防止有毒化学品国际贸易扩散转移	41 种（类）农药及工业化学品
《斯德哥尔摩公约》	2001 年	国际化学品环境管理优先领域的重要行动	9 种杀虫剂，2 种工业化学品，2 种副产物（二噁英和苯并呋喃）
《巴塞尔公约》	1989 年	控制危险废物越境迁移	应加以控制的 45 类废物类别和须加以特别考虑的两类废物类别，后根据需要增加 53 种应加以控制的废物名录 A 和 59 种不属公约所辖废物名录 B

3.1.1.2 指导建议型名录

指导建议型名录是指基于某一专门的主题和方向建立的，一般情况下不具有约束力，但为某项制度、政策所用时便具有了约束力的名录类型。我们对发达国家（地区）和国际组织管控化学品名单梳理后，发现指导建议型的名录分为两种：一种为国际组织或国内机构提出的，供主管当局、研究机构和国际组织制定管理法规和标准参考使用，如WHO-IARC致癌物质清单、世界自然基金组织（WWF）提出的环境内分泌干扰物基础清单等；另一种为基于国家法律中相关要求而制定的，但由于内容尚需进一步明确，仅为候选名单，经明确后在适当条件下采取相应管制措施的形式，如欧盟《关于现有化学品风险评估与控制的法规（EEC）No.793/93》优先（测试评价的）物质名单、加拿大《环境保护法》国内物质名单（DSL）。

表3-3 发达国家（地区）及国际组织若干指导建议型名录

国家（地区）/国际组织	名称	内容
世界卫生组织国际癌症研究机构WHO-IARC	致癌物质清单	Ⅰ类致癌物的数量为113种，ⅡA类致癌物为66种，ⅡB类致癌物为285种，Ⅲ类有505种，Ⅳ类为1种
世界自然基金组织（WWF）	环境内分泌干扰物基础清单	约有70种（类）物质被认为是可能干扰内分泌的化学物质，包括农药（除草剂、杀虫剂）、杀菌剂、表面活性剂、塑料增塑剂等
保护东北大西洋海洋环境公约（OSPAR）	采用DYNAMEC方法提出的需要关注物质名单	为优先行动物质明确提供参考
欧盟	内分泌干扰物候选物质清单	553种内分泌干扰物
加拿大	国内物质名单（DSL）、非国内物质名单（NDSL）	23 000多种化学物质
美国	公共卫生服务法（PHSA）国家致癌物质报告（RoC）	已知或可合理预计是人类致癌物质名单
日本	SPEED'98 战略优先关注内分泌干扰物	65种优先关注化学品
欧盟	关于现有化学品风险评估与控制的法规（EEC）No.793/93	2 000多种需提交信息现有化学物质名单、优先（测试评价的）物质名单

3.1.1.3 信息共享型名录

信息共享性的名录是指名录本身的建立是通过信息的收集、整理完成的，目的是为研究某种化学物质的暴露危害与管理控制政策提供文献资源、科学技术支持，并不具有约束力，主要包括发达国家（地区）、部分国际组织、国际科学研究机构所建立的一系列涵盖化学品毒性、致癌性和工艺参数等信息的信息库。为了在“双高”名录的制定工作中充分应用该类信息，并与国际接轨，我们对数据库进行了梳理（表3-4）。

表 3-4　部分国际化学品数据库及其相关信息表

序号	数据库名称	提供单位	服务对象	获取方式
1	国际潜在有毒化学品登记数据库（IRPTC）	国际职业卫生和安全委员会 国际潜在有毒化学品登记处是联合国环境规划署下属的一个环境专题资料收集和交流的机构	公众	免费
2	化学物质毒性数据库（RTECS）	美国国家职业安全卫生研究所/硅谷高科技公司	可提供	收费订阅
3	国际化学品安全规划处（IPCS）化学品安全卡	国际化学品安全规划处（IPCS）	可提供	免费
4	现有化学品数据库（Exichem）	经济合作与发展组织（OECD）	可提供	应请求
5	高产量化学品名单（HPV）	经济合作与发展组织（OECD）	可提供	免费
6	EUCLID 数据库（非保密部分）	国际职业卫生和安全委员会	可提供	应请求
7	CAS 数据库	新南威尔士大学图书馆	公众	免费
8	OECD 农药评论数据库	国家登记局	可提供	应请求
9	全球化学品信息网络（GINC）	国家职业卫生和安全委员会	图书馆服务	免费
10	营养药典——国际最高残留限值数据库	互联网站（FAO）	公众	免费
11	科学技术信息网络数据库（STN）	新南威尔士大学图书馆	公众	免费

3.1.2 名录制定技术方法浅析

通过对上节所述名录制定的典型技术方法进行总结，发现不同名录基于制定主题、已有技术、数据、专家等条件的不同，制定方法各不相同。但是，考虑名录制定是基于主题筛选相关优先控制对象，不同名录的制定方法应有共通点，如具有明确的筛选原则和强有力的专家队伍，筛选过程一般采用候选名单再论证评估的方式等。为分析这种共性，以在“双高”产品名录制定方法设计时提供借鉴，本节选择优先控制污染物、有毒有害物质、国际化学品数据库构建 3 种对象，就其典型、具体的名录制定方法进行了分析。

3.1.2.1 优先控制污染物筛选方法

基于环境要素的优先控制污染物名录应属法规配套名录中最普遍的一种形式，筛选方法也较为成熟、权威，对其进行分析，可以吸收借鉴名单制定过程的经验。本节主要以美国《清洁水法》配套的水环境优先污染物、《综合环境响应、赔偿与责任法》（CERCLA）的污染场地优先污染物、欧盟水框架的水环境优先控制污染物为例，分析了这些法律规定下优先污染物的筛选原则、流程、数据来源、模型解析过程及专家论证发挥的作用等。

美国水环境污染物的筛选工作是在 1976 年“环保局协议法令”提出的 65 个水环境化合物和化合物类的名单的基础上，经由专家论证明确筛选原则并确定筛选过程进行的（环境保护部科技标准司，2010）。

（1）《清洁水法》明确水环境优先污染物筛选范围。1972 年《清洁水法》制定之初，EPA 并未有毒污染物的种类和确定的排放标准进行明确规定，是在 1976 年自然资源防卫委员会（NRDC）、其他环保组织等纷纷对环保局在规定有毒污染物排放标准义务中的失职表现提起公民诉讼后，法院制定了“环保局协议法令”，要求 EPA 制定和公布的排放限制，并提出了 65 个化合物和化合物类的名单。

（2）专家论证明确水环境优先污染物筛选原则。以科学性为前提，美国水环境优先污染物具体筛选的原则由专家论证得出，主要包括 7 个方面：①在法令提出的 65 个化合物和化合物类的名单中，属于具体化合物的必须列入；②除①以外的其他污染物在初筛检测中出现的频率在 5%以上的；③存在可用于定性鉴定和定量的化学标准物质；④化合物的稳定性较高；⑤具有分析测定的可能性；⑥有较大的生产量；⑦具有环境与健康危害性。

（3）采用专家论证方法，提出优先污染物初筛名单，再经反复论证并征求相关部门意见后，明确污染物最终名单。协议法令中提出的是 65 类化合物，每一类中又包含多种化合物，具体的化合物总数可能达到上千种。如果对这些化合物中的每种均进行检测和控制，不仅在经济上花费巨大，而且在检测方法和实际操作中也是不可行的。同时，对于同一类化合物而言，因其母体分子上取代基的不同，环境与健康危害性也可能相差甚远。因此，在确定优先污染物名单的过程中（图 3-1），在确定具体化合物筛选原则的前提下，采用专家论证的方法，提出优先污染物初筛名单。然后确定各种污染物的检测方法——气相色谱-质谱（GC/MS）法，利用化学品毒性及其他可获得的数据，根据筛选原则，经过反复论证，对初筛名单做了进一步筛选，并把名单递交相关部门讨论协商，最终确定了 129 种水环境优先污染物。

基于《综合环境响应、赔偿与责任法》（CERCLA）或称为超级基金修正案（SARA）的污染场地优先污染物的筛选，是在美国污染场地优先污染物名单（NPL）的基础上，采用计算污染物在 NPL 监测点的出现频率、污染物的毒性、人群的暴露潜势 3 个参数的赋值（各自最高得分 600 分），计算总得分，并公布前 275 位的优先排序完成的。

（1）基于 CERCLA 建立污染场地优先污染物名单（NPL）。一般情况下，NPL 是在场地被发现并初步调查与扩大调查后，利用危险等级系统（HRS），采用危险等级系统利用结构分析方法对场地进行赋分，分值超过 28.5 分时方可被列入。但在下述两种情况下可直接列入 NPL：一种是州或地区提出的优先列入 NPL 的场地；另一种是美国公共卫生服务部的毒物与疾病登记署已发出让人群离开相关场地的决定，并且该场地已被 USEPA 确认为严重威胁公众健康，而且采取修复行动比紧急搬迁行动更经济。NPL 名录定期更新，每年至少更新 1 次，现在每年更新两次，当修复场地达到修复标准并进行 5 年的跟踪监测，确定稳定达标时，可将其从 NPL 中删除。

（2）计算污染物在 NPL 监测点的出现频率、污染物的毒性、人群的暴露潜势 3 个参数的赋值（各自最高得分 600 分），计算总得分后公布前 275 位的优先排序。

计算化学污染物在 NPL 监测点的出现频率。ATSDR 的 HazDat 数据库包含 NPL 有害废弃物处理厂或设施监测点上检出的所有化学污染物信息，将该污染物的 NPL 监测点数量与总 NPL 监测点数之比定义为该化学污染物的出现概率。计算某污染物的频率得分为：

$$\text{频率得分} = \frac{\text{该物质的出现频率}}{\text{所有化学污染物的最大出现频率}} \times 600$$

计算评估污染物的毒性。污染物毒性评价主要采用需通报量方法（reportable quantity，RQ）。大多数物质都存在最终的 RQ，若没有，则采用与 RQ 类似的方法确定毒性/环境评分（toxicity/environmental score，TES）。RQ 分为五个等级，根据有害物毒性（慢性毒性、致癌性、急性毒性、水生生物毒性、燃烧性和反应性）的不同，对其分别赋予点值（1、10、100、1 000、5 000）。基于 CERCLA 的要求当船舶或其他设施向环境排放的有毒物质大于等于其 RQ 时，其管理人即须向国家应对中心、州及地方主管部门报告。

计算人群的暴露潜势。人群暴露潜势考虑两方面内容，分别为污染物潜在摄入量（即污染物源的贡献项）和人群的暴露状况（即暴露贡献项），各自 300 分。所需信息来源于 HazDat 数据库，包含了 NPL 监测点污染物的监测浓度数据和公众健康评估与健康咨询信息。

欧盟水框架指令优先污染物名单是在明确候选物质名单的前提下，采用“综合基于监测和模型的优先设置方案”（combined monitoring-based and modeling-based priority setting scheme，COMMPS）获得欧盟水环境优先污染物推荐名单，最后由专家对其逐个评判完成的。①、②

（1）明确了候选物质名单。COMMPS 方法筛选过程需用到大量实际监测数据，为提高工作效率，首先明确了欧盟水框架指令污染物候选清单。主要包括两部分，一部分来自各种官方化学品名单；另一部分为各种监测项目中检测到的水体污染物，总共包括 658 种物质。

① 环境保护部科技标准司. 国内外化学污染物环境与健康风险排序比较研究[M]. 北京：科学出版社，2010：10-14，23-49.

② European Parliament and European Council. Decision No. 2455/2001/EC of the European Parliament and of the Council of 20 November 2001：establishing the list of priority substances in the field of water policy and amending Directive 2000/60/EC[R]. Official Journal of the European Communities，2001：L331：1-5.

（2）采用 COMMPS 方法对污染物进行风险评估和优先排序。COMMPS 方法主要包括准备与筛选监测数据、基于监测数据和模型计算暴露得分、效应评估和鉴于风险的优先污染物排序 4 个环节。其中，监测数据为欧盟在其成员国设置环境监测采样点获得的一手数据；基于模型的暴露得分主要包括向环境的排放量（emission）、向水环境的分配比例（distribution）、在水环境中的降解（degradation）3 个决定因子；效应评估主要采用欧洲化学品管理局的 EURAM 方法，考虑直接效应（即毒性）和间接效应（生物富集潜力、摄入污染的水和食物的暴露等）。

（3）采用 ZIP 机制建立单一的优先排序名单，并明确入选条件，经由专家判定明确最终的污染物名单。由于不同污染物存在基于监测和基于模型计算出的多个不同的优先排序，而基于监测和基于模型计算出的暴露得分并不存在明确的转换关系，因此 COMMPS 采用“ZIP 机制”建立单一的优先排序名单，进行化学品安全管理。“ZIP 机制”先将各名单中排名最靠前的污染物列入候选名单，然后由专家对其逐个评判决定最终的优先名单。入选条件主要包括：①若某物质由于生产工艺原因或自然条件下以混合物形式存在，将其视为一种物质，序位以排序最靠前的代表性物质为准；②若某种排序靠前的物质在欧盟范围内已被严格限制或禁止，且没有其他显著来源，说明其具有环境持久性；③若某有机污染物是另一化学品的降解产物，那么该化学品与降解产物序位相同；④来自基于监测的优先列表的候选物质，若没有足够证据证明其靠前优先排序不正确，那么就不该被排出。来自基于模型的优先列表的候选物质，只有存在其他坚实证据证明其靠前的优先顺序是正确的，才能被继续保留在名单中。另外，还应考虑没有在 COMMPS 系统中体现出的其他信息，包括对沿海或海洋水体有显著影响的证据；对地下水有广泛污染的证据；对饮用水供应系统中的水处理给予特别的关注；疑为内分泌干扰物质。

3.1.2.2 有毒有害物质筛选与评估方法

较优先控制污染物筛选而言，有毒有害物质的筛选一般是基于某国家或区域内所有化学物质开展的，数据需求量较大，而且这些化学物质大多属于生产、流通、使用过程的化学品。单从这两点来看，有毒有害物质的筛选与“双高”产品名录的制定相似性较大，对其筛选与评估方法进行分析可以为“双高”的制定提高借鉴。该节以加拿大优先控制名单和有毒有害物质、日本《化学物质审查和生产控制法》PBT 类化学品、《斯德哥尔摩公约》及《鹿特丹公约》受控物质为例，简单分析了有毒有害物质的初步筛选、风险评估、暴露响应分析方法等。

加拿大有毒物质名单的筛选是基于《加拿大环境保护法》规定，由环境部和健康部共同完成的，共包括两种筛选方法，一种为专家提名优先评估物质（两期优先物质列表）并

开展优先评估；另一种为先初筛（分类）然后对可能的有毒物质展开进一步评估。①,②

（1）专家提名优先物质名单（PSL），并进行优先评估确定有毒物质名单。由于 DSL 数量太多，加拿大环境部和健康部设立了优先物质评估项目（PSAP），组织了优先物质（PSL）的提名，以将各方关注的物质提出来进行优先评估。PSL 物质的评估是基于 CEPA 确定的有毒物的定义进行的，方法流程如图 3-1 所示，评估的终点（end point）是生物以及生态系统，而生物化学层次的变化只有导致较高层次的危害才能被认为是有毒的。例如，若某污染物向环境中的排放是间歇性的，它引起某种水生生物的 mRNA 或 P450 短期变化，然后恢复正常，而生物本身及生态系统没有受到明显的负面影响，则不认为该物质是有毒的。

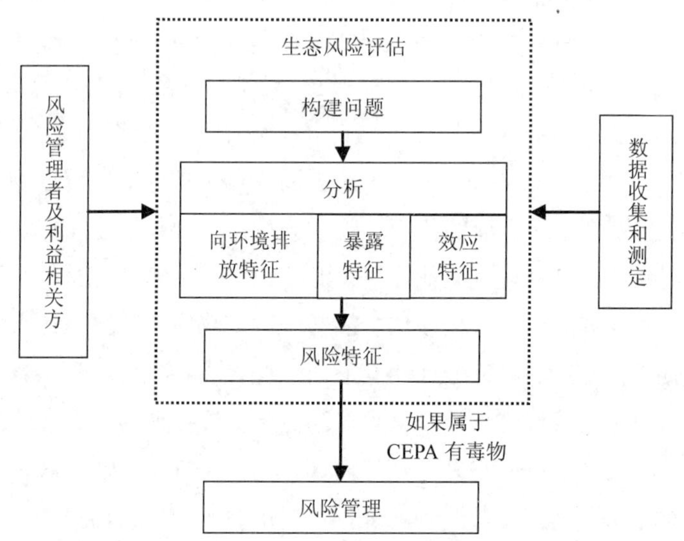

图 3-1　加拿大对 PSL 物质的评估方法图

（2）在对国内物质名单（DSL）进行分类的基础上，进行优先物质的快速筛选和有毒物质评估。CEPA1999 要求 2006 年年底前必须对 DSL 所载的全部物质（23 000 多种）进行系统的物质分类，并指出需要进一步关注的有毒物质。为提高工作效率，加拿大环境部和健康部作为主要的执行机构，通过广泛收集相关数据，综合考虑环境影响［污染物在环境中的持久性（persistent，P）、生物积累性（bioaccumulative，B）和对生物及其生存环境的固有毒性（inherently toxic to the environment，iT_E）］和人体健康危害［最大暴露潜势（greatest potential for exposure，GPE）和对人的遗传毒性（inherently toxic to human，iT_H）］其中对人体健康有负面作用的物质将其优先度设置得更高，对 DSL 物质进行了快速筛选，

① Environmental Canada. Environmental assessments of priority substances under the Canadian environmental protection act，Guidance Manual Version 1. 0[R]. Environmental Canada，1999.

② Environmental Canada. A guide to understanding the Canadian environmental protection act[R]. http：//www. ec. gc. ca/.

筛选流程如图 3-2 所示。分类的结果发现 19 000 多种物质不能满足上述要求，其余的 4 000 多种物质提交给政府做进一步的评估。

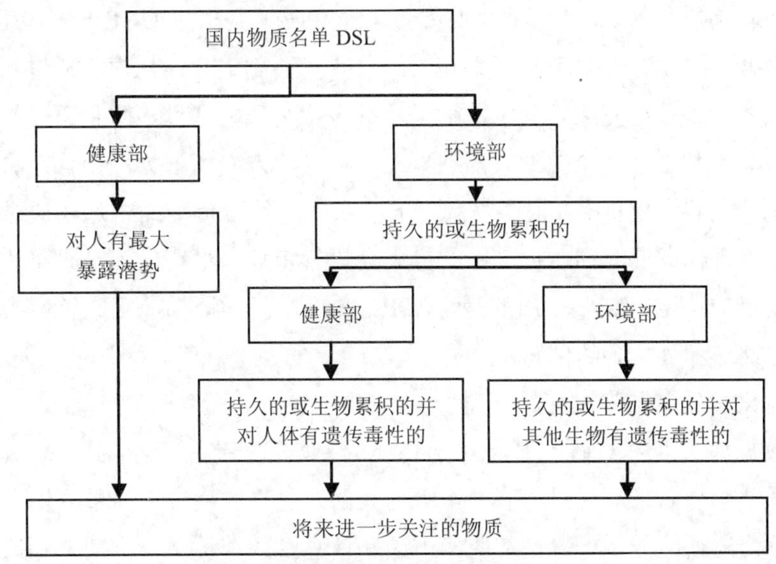

图 3-2 国内物质快筛选流程

《鹿特丹公约》《斯德哥尔摩公约》等国际公约中均包含相应的化学品控制名单。这些名单在建立过程中均考虑了受控化学物质的毒性或环境风险，一般采取的是缔约国提名、公约名单审查机构论证机制。[①,②]

（1）《鹿特丹公约》采用提名论证机制建立了某些危险化学品和农药名单。《鹿特丹公约》旨在对某些危险化学品和农药的进出口建立预先知情同意程序（PIC），促进缔约国之间分担安全监管责任和开展合作。公约明确规定了控制名单增加和删除化学品的程序，包括：①确定候选名单资格。候选名单的化学品都是被各缔约国提名的、由于健康或环境原因禁止或严格禁止使用的农药和危险化学品。同时规定，必须来自两个不同 PIC 区域的两个国家提名，才能列入候选名单。②确定最终名单。PIC 候选名单的化学品资料由缔约国大会的附属机构“化学品审查委员会”依据有关标准进行审查并提出建议，再经缔约方大会以协商一致的方式讨论决定。③当一种化学品被列入 PIC 程序控制名单，将为其编制一份“决策指南文件（DGD）”，主要包括该化学品的基本信息及对其禁止或严格限制的理由，并散发给进口国。给予进口国 9 个月内就是否允许该化学品进口给出答复意见。④当某一缔约方向秘书处提交的资料表明，根据有关标准将某一化学品列于 PIC 清单的理由不充分时，秘书处将资料交至化学品审查委员会，委员会经审查并按一定标准向缔约大会建议该

① 楚敬杰，张世秋.《斯德哥尔摩公约》的实施进展及相关国际活动研究[J]. 安全与环境学报，2004，4：58-61.

② 李政禹. 国际化学品安全管理战略. 北京：化学工业出版社，2006：79-82，236.

化学品是否应从PIC清单中删除，若获得缔约方大会批准，该化学品即被PIC清单删除。

（2）《斯德哥尔摩公约》基于POPs专家审查委员会（POPRC）制定筛选标准和程序向名单中添加新物质。POPs专家审查委员会（POPRC）是根据UNEP第19/13C号规定，在POPs公约第一次政府间谈判会上成立的，主要负责制定筛选化学物质进入受控名单的筛选标准和程序，目前已完成。其中，筛选标准包括物质持久性、生物蓄积性、远距离环境迁移的潜力及不利影响4个方面；筛选程序为：缔约方向秘书处提交旨在将某一化学品列入公约所需的资料；POPRC根据筛选标准，对各缔约方提交的备选物质进行筛选、审查和评价，并将符合标准的物质提交缔约方大会进行审议，最终做出是否将该物质列为公约受控物质名单的决定。需要指出的是，POPs并不以科学证据缺乏完整性为借口，阻止对候选物质的评估和列入公约的进程。

3.1.2.3 国际化学品数据库建立的方法

化学品数据库主要是对研究某种化学物质的暴露危害与管理控制政策提供科学基础支持，属信息共享型名录。通过对表3-4所列数据库建立过程进行简单分析，发现数据库的建立方法较为清晰简洁，一般是在明确主题和信息源的前提下，借助于专家力量筛选得到。为充分了解化学品具体构建的方法，用以对“双高”名录的制定工作提供借鉴，本部分以国际潜在有毒化学品登记数据库（IRPTC）、化学物质毒性数据库（RTECS）、国际化学品安全规划（IPCS）化学品安全卡为例，简要分析了它们的构建过程。

（1）国际潜在有毒化学品登记数据库（IRPTC）基于政府间情报系统与科学顾问委员会建立。国际潜在有毒化学品登记数据库（IRPTC）主要通过同联合国各有关组织、各国政府间情报系统以及工业组织建立联系，收集有毒化学品在环境中的浓度和对人体、环境的影响以及有毒化学品的立法和标准等资料和数据。国家通讯员在登记工作中起着重要作用，担任着收集和交流关于有毒化学品对人类环境影响专题资料的重任。同时，IRPTC设科学顾问委员会，由环境规划署执行主任任命的科学技术和情报方面的专家组成，任务是审查数据内容和商讨IRPTC的工作，以适应用户的需要。

（2）化学物质毒性数据库（RTECS）基于公开的科学文献和编辑审查委员会建立。作为一个收录化学物质毒性资料的数据库，化学物质毒性数据库（RTECS）资料均来源于公开的科学文献。同时为了解决部分文献中存在的模棱两可的问题，RTECS设立编辑审查委员会，但该委员会对于存在相矛盾数据的不同文献不做任何优劣判别。需要指出的是，未被RTECS收录的化学物质并不表明其没有毒性，可能是由于很多原因而未被收录，如该化学物质尚未被进行任何毒性试验，或者该化学物质已经进行了毒性试验，但RTECS文献检索尚未发现数据等。

（3）国际化学品安全规划处（IPCS）化学品安全卡在广泛征求化学品制造商协会、操作工人、工会代表等意见的基础上发布。国际化学品安全规划处（IPCS）作为世界卫生组织（WHO）、国际劳工组织（ILO）和联合国环境规划署（UNEP）3 个国际组织的合作机构，与欧盟委员会合作编写了一套权威性化学品安全卡。卡片初稿完成后，征求了各国的中毒控制中心的意见，最后由国际公认的专家委员会进行同业审查定稿。化学品制造商协会、操作工人和工会的代表作为观察员被邀请参加同业审查会议。因此，权威性和可靠性是国际化学品安全卡区别于其他国家、地方或专业机构编制的化学品信息资料的最大优点。

3.1.3 名录式环境管理成效分析

借助于“名录式环境管理”工具，通过一定的筛选方法，确定出普遍存在的、最具代表性的、其存在对环境的危害或潜在危害较大的污染物名单、有毒有害物质名单等，向管理部门和社会公众全面公开，进行优先控制，能够有效提高环境管理的精度和效率，减少或规避生产、消费、储存、运输及废弃等各阶段对环境和人体健康带来的风险，加大公众参与及获取信息的能力，倒逼企业提高环保自觉度；同时，由于部分名录编制过程复杂，但应用时又能为各方所用，因此能够打破国家体系下部门各自为政的局面，形成部门协同与政策综合的环境管理平台。

3.1.3.1 明确了环境管理对象，提高了环境管理的精度和效率

名录具有“内容的专门性”特点，基于名录进行环境管理，能够根据社会经济技术条件与环境管理目标的需要，确定出环境管理对象，以便于优先管理，提高环境管理的针对性，进而降低环境管理的成本。如美国应急计划与公众知情权法（EPCRA）所配套的有毒物质释放清单（TRI）有效削减了化学品生产和储存过程中向环境中排放有毒物质的数量。据调查，1988—1998 年，美国化学公司持续减少了有毒物质释放清单（TRI）名单上化学物质的排放量，其中无机化工行业削减 27%，有机化工行业削减 25%，农用化学品行业削减 21%；化学工业排放的危险物质占全部工业的比例已经由 31%减少到 10%，而同期美国化学工业产值增长了 35%以上。

3.1.3.2 形成了部门协同与政策综合的环境管理机制与平台

为制定科学、合理、应用性强的环境管理相关名录，囿于名录制定的复杂性和部门的管理优势，名录制定和应用过程中形成了一系列部门协同和政策综合的管理机制或平台。如美国《有毒物质控制法》（TSCA）优先测试化学物质名单是由环保局、劳工部、环境质量委员会和国家职业安全与卫生研所等机构指派的专家组成的部门间测试委员会（ITC）负责向联邦环保局推荐，然后美国环保局根据 ITC 提名发布测试规则，要求生产厂家进行测试并提交规定的数据；ITC 专家根据提交的数据对该物质的人体健康和环境的风险进行审议评价，确定接触这种物质对人体健康和环境发生严重危害的可能性，供主管当局决策。

3.1.3.3 降低了化学品全生命周期的环境污染和环境风险

（1）生产、使用领域化学品名录的颁布实施，大大降低或规避了化学物质带来的风险。以美国《有毒物质控制法》为例。该法自 1976 年实施以来，一直致力于对化学品生命周期中的各个阶段（生产、加工、销售、使用、处置）进行监督与管理，配套名录已由 62 000 种物质增加到 82 000 种。迄今为止，USEPA 已经依法对 PCB、石棉、二噁英以及氯氟烃、哈龙、丙烯酸胺、铅、六价铬以及氯代溶剂等对人体或环境有严重危害的化学品进行了优先控制；还停止了 DDT、艾氏剂、异狄氏剂、2,4,5-T、毒杀芬以及二溴乙烷等 18 种农药的商业销售，撤销了 34 种有害农药的注册登记，取消了 60 种有毒惰性组分的使用，大大规避了有毒化学物质带来的风险。

（2）《巴塞尔公约》危险废物名录的实施，有效控制了危险化学品的越境转移。20 世纪 80 年代开始，危险废物的越境转移问题日趋严重，《巴塞尔公约》的建立为国际社会确保危险废物越境转移提供了一个法律框架，配套的危险废物名单几经更新，目前共包括应加控制的 45 类废物类别和须加以特别考虑的两类废物类别，后根据需要增加 53 种应加以控制的废物名录 A 和 59 种不属公约所辖废物名录 B①。该危险废物名录明确了应予以控制的危险废物越境迁移名单，为制定危险废物环境无害管理的技术准则、建立危险废物越境转移严格控制系统奠定了基础。

3.1.3.4 提高公众参与并获取环境信息的能力，倒逼企业提高环保自觉度

名录应用过程中一般均配套信息公开或化学品安全使用标签等机制，能够有效地提高公众参与及获取环境信息能力，同时也能够倒逼企业提高环保自觉度。对公众来讲，所有环境相关法律所配套名单及其对应的管制信息都是公开透明的，可以积极主动地参与到化学品环境管理之中。对于企业来说，名录式的管理方式提供了明确的申报登记、限制进出口等的作用对象，在公众参与和政府管制的综合作用下，为减少负面影响，企业会积极地实施自行管理，采取清洁生产工艺，自觉增强风险防范，减少污染物的排放。

3.2 产品导向环境管理的国际经验

近年来，随着企业生产组织方式跨越了企业之间的边界，环境影响从最初的生产末端的问题，演变成了覆盖生产者及其供应链以及消费者的社会性问题，治理主体由原来的政府、企业二元结构变成了政府、企业、社会（消费者）的三元结构。产品作为经济活动的核心，是生产者、设计者、消费者、管理者之间交流的载体，以其做平台进行环境管理，能够贯穿设计、生产加工、流通消费、废弃回收等全过程，实现政府、企业和社会的共同

---

① 马鸿昌. 巴塞尔公约及其在中国的实施[J]. 有色金属再生与利用，2003（8）：26-29.

治理。建立基于产品的环境管理体系，是我国及发达国家正在进行并将成为在一些领域有重要作用的环境管理工具之一。目前国际上已经有一系列评估产品全生命周期环境影响的方法，也有了基于产品进行环境管理的政策实践。本节将围绕上述两部分总结国际上的经验，并分析产品环境管理的成效，以期对“双高”产品名录制定方法选取及后续政策应用有所借鉴。

3.2.1 产品环境管理的主要技术

基于产品进行环境管理的前提是具备识别产品整个生命周期环境影响的技术方法。本节基于全生命周期的影响识别和产品设计阶段的影响识别两个方面，选择全生命周期评估、生态设计、产品环境足迹 3 种方法，围绕方法的含义、工作过程、数据需求等，进行了简单介绍。

3.2.1.1 ISO14040/44 生命周期评价（LCA）

生命周期评价（life cycle assessment，LCA）作为产品环境管理的核心方法，是一种用于评价产品或服务相关的环境因素及其整个生命周期环境影响的工具。评价主体包括产品、生产工艺和消费活动；评价范围从原材料的获取、能源和材料的生产、产品制造和使用，到产品生命末期的处理以及最终处置；评价目的在于识别各阶段、各环节潜在的环境负荷转移，给产业政府或非政府组织中的决策者提供信息，实现产品生态化。

生命周期评价（LCA）的基本方法由 ISO14040 认证，包括目的与范围确定（goal and scope definition）、清单分析（inventory analysis）、影响评价（impact assessment）、结果解释（interpretation）4 个阶段。其中影响评价一般采用 STEAC 建立的框架，分为影响分类（classify）、特征化（characterization）、量化（valuation）3 个步骤。

LCA 方法层面的研究重点包括生命周期清单分析和生命周期影响评价两方面。生命周期清单分析的理论方法趋于完善，侧重结合工业应用要求对数据进行规范化处理。生命周期影响评价方法研究最容易引起争论，目前国际上对环境影响评估的实施提出了多种方法，如单位消耗的物质强度方法（LVBPS）、环境分数方法（eco-points）、环境指数方法（eco-indicator）和环境优先级方法（EPS）等。

LCA 分析工具的开发主要包括基础数据库的建立和 LCA 评估软件的开发等。由于 LCA 评价通常需要大量的基础数据，如与工业工艺、能源、资源、运输、基础材料和废物处理相关的清单数据，加之处理起来相当耗费时间，使 LCA 仍处于个案研究阶段，研究与应用极大地依赖于评价数据与结果的积累。目前国际上，建立了一系列的 LCA 基础数据库和相应的评价软件，如英国 Boustead 4.2、德国 Gabi 3、美国 EcoManager 1、法国 TEAM 2.0 等，可以看出，LCA 数据库具有很强的地域性。

3.2.1.2 产品环境足迹（PEF）

以ISO 14040/44为基础，英国、日本等国家建立了各式各样的绿色产品评价规制，如PAS2050（产品和服务在生命周期内温室气体排放的评估规范）、TSQ 0010：2009（日本产品碳足迹评价与标识的一般原则）等。尽管体系与内容较为接近，但是在指标选择、核算准则与标准等详细技术方面存在一定差异，限制了结果的可比性。欧盟委员会2013年颁布"建立统一的绿色产品市场"环保新政，尝试将产品环境足迹①发展成未来欧盟市场绿色产品评价唯一方法，并配套出台了《产品环境足迹指南》与《环境足迹产品分类规则》。《PEF指南》在每一个细节都严格遵循ISO 14040/44确立的LCA评估步骤与标准，确立了目标导向下的PEF逐步评价过程。依据ISO 14040/44，LCA应包括四大核心要素：目标与范围确定、生命周期清单分析、影响评价与解释分析。PEF评价过程与之类似，始于确定明确的研究目标，止于PEF核算结果分析与报告。

（1）明确PEF研究的目标（goals），是PEF评价的第一步。明确目标，是保障分析目的、方法、结果和预期用途实现最优组配的前提。依据欧盟委员会要求，PEF评价应明确如下目标信息：①目标用途：如向消费者提供产品的环境信息；②开展研究的原因和决策问题：如响应消费者的要求；③目标受众：如外部大众、B2B等；④是否用于比较性评价，如果是，比较性信息是否对公众公开；⑤研究委托方；⑥如果用于审核，审核过程是否由专家进行独立的外部性评价。

（2）明确PEF评价的范围（scope），是PEF评价的第二步。主要是详细描述评价的目标系统和有关的分析规定，包括明确分析单元，界定系统边界，以及筛选环境足迹影响类别。明确分析单元（unit of analysis），即ISO14044中所指的"功能单元（functional unit）"。在明确分析单元时，需明确基准流（reference flow）及相应产品的数量，基准流可以直接采用分析单元表示，也可以采用产品导向法表示。基准流一旦确定以后，分析之中所有的其他投入流和产出流均比照这一基准来衡量。界定系统边界，主要是明确分析包含了产品生命周期的哪些阶段，没有包含哪些阶段。通常采用系统边界流程图来表达分析系统。在筛选环境足迹影响类别方面，《PEF指南》要求使用14种规定的影响类型（表3-5），但是，没有规定要评价所有环境影响，也没有阐述哪些环境影响可忽略。为保障PEF的完整性与准确性，《PEF指南》建议尽可能包含供应链上各环节的所有环境影响。

表3-5 PEF评价规定的14类环境足迹影响清单

环境足迹影响类型	主要清单物质
1. 气候变化	CO_2、CH_4、N_2O…
2. 臭氧层消耗	CCl_4、$C_2H_3Cl_3$、CH_3Br…

① ISO/DIS 14040. Environmental management-Life cycle assessment-Principles and framework [S]. 2006.

环境足迹影响类型	主要清单物质
3. 淡水的生态毒性	HF、Hg^{2+}、Be…
4. 对人体的毒性-致癌效应	As、Cr、Pb…
5. 对人体的毒性-健康效应	Hg^{2+}、HF…
6. 颗粒物	CO、PM_{10}、$PM_{2.5}$…
7. 电离辐射-健康效应	C-14、Cs-134…
8. 光化学臭氧	C_2H_6、C_2H_4…
9. 酸化	SO_2、NO_x、NH_3…
10. 富营养化（陆地）	N…
11. 富营养化（水体）	P、N…
12. 水资源消耗	H_2O
13. 矿产、化石能等耗竭性资源利用	Fe、Mn、Co…
14. 土地用途转换	土地利用面积与用途变化……

（3）建立资源流与污染排放特征数据库，即影响清单分析，是PEF评价的第三步。资源流与污染物排放数据指产品供应链上所有物质及能源投入/产出和污染物排放信息汇编成的数据库，相当于LCA中的影响清单分析。原则上，要求直接获取数据资源，建立指定企业的相关数据库，当无法获得直接数据时，一般采用衍生数据。在PEF评价中，资源流与污染物排放流被区分为基础流（elementary flows）与非基础流，要求将所有的非基础流转化为基础流，保障保证评价的可比性。依据ISO 14040：2006和环境足迹影响分类，基础流包括从自然界开采而来的资源，以及排放到水体、大气与土壤中的污染物。系统之中基础流之外的所有其他的投入与产出，均属于非基础流。在PEF评价中，数据还被区分为通用数据（即背景数据，generic data）与专用数据（即实景数据，specific data）。通用数据尽可能采用《PEF指南》建议的数据源，如ILCD数据网络、ELCD数据库，尽可能采用有行业针对性的数据；专用数据一般来自调查过程，允许收集、测量或者采用活动与其相关因子系数计算得到。《PEF 指南》要求从可获得数据的活动开始收集数据。PEF要求对资源流与污染排放特征数据库进行质量评价，评价指标包括：技术代表性、区域代表性、时间代表性、完整性、参数准确性或不确定性、方法恰当性与一致性，最后采用数据质量综合评价分数（DQR）进行综合评价。评价是在单元过程数据库层面开展，而不是在个体数据点水平上进行。一般要求DQR小于3.0，至少能反映产品70%以上的环境影响信息。

（4）评价与报告产品的环境足迹影响，是PEF评价的第四步。这是PEF的核心内容。《PEF指南》没有采用现有LCA评价工具，而是根据PEF的战略目标，逐一为每类环境足迹影响推荐了评价方法与评价指标，其清单见表3-5。产品的环境足迹评价就是将不同类别的环境影响综合成单一评价分值或综合影响。《PEF 指南》将标准化汇总法作为推荐方法，将权重汇总法作为备选方法。所有方法和假设均需要记录在"其他环境信息"中。

（5）报告评价结果是 PEF 评价的收官工作。《PEF 指南》建议的报告由总结或者说执行摘要、报告正文以及附录三部分组成。与 ISO 14044 中有关规定基本一致。

3.2.1.3 生态设计（eco-design）

传统的产品设计，关注的只是产品自身，很少或根本没有考虑与产品相关的生态环境问题。区别于传统的产品设计，丹麦工业大学的 Alting 教授等于 1993 年最早提出了生态设计的理念。生态设计（eco-design），又称为绿色设计（green design）、面向环境的设计（design for environment，DfE）等，是一种关注和考虑产品生态环境属性的先进设计理念和方法，要求在产品的开发和设计过程中将生态环境问题与其他因素一并考虑，不仅要保证产品的性能、质量、耐用性、外观和成本等，而且要充分考虑产品整个生命周期中的资源、能源消耗和环境排放问题，并将其作为重要的设计目标，使设计出的产品既满足人的需求，又具有与生态环境友好的属性①。

产品生态设计的关键在于使用一切方法，在产品的生产和消费的整个过程中减少对外部环境的废物排放，尽可能在企业内部乃至整个产业界实现生产—消费和维护—回收—再生产的封闭大循环。即使不可避免地要产生废物，也要将废物排放量降到最低或与企业外的一些生产或生态环节相耦合，实现较大系统范围内的最小化排放。

（1）产品生态设计战略首先考虑的是生态产品概念开发战略。从环境保护方面考虑，生态设计的最终目标是要寻找到更优化、更合理的方案来持续地减少产业对环境的影响。①应考虑以非物质产品（如信息）或服务替代有形的产品。其目的在于减少生产商对有形产品的生产和使用，同时也减少消费者对有形产品的依赖。非物质化主要包括产品体积小型化、产品重量最轻化、非物质产品替代物质产品（如电子邮件替代普通邮件）、减少对物质使用，减少对基础设施的利用，如采用信息通信流替代物质交通流等。②提倡产品共享。产品共享可提高产品的使用效率，降低原材料和能源的消耗，降低产品的运输成本。现实生活和工作中可以共享而没有共享的产品其实很多，如复印机、洗衣机、打印机、建筑机械，以及许多电气、电子产品。实现产品共享有如下途径：①考虑开发新的适于共享的产品；②提高现有共享产品的共享率；③以提供服务代替提供产品。

（2）注意产品易于清洁、维护和维修，以延长产品的使用寿命。维护和维修包括用户和制造商两个方面。对用户来讲，厂家应为用户提供通常简单维护和维修的文字指导，使用户能及时解决问题以避免维护或维修的运输等成本。针对厂商的维修系统，在产品设计中需要考虑的是产品的易运输性、维护和维修的技能及有关工具的开发；产品拆解的难易程度；可否进行模块化维修等问题。具体的生态设计要点是：①清楚标明产品如何打开以进行维护和维修；②清楚标明产品的某一部件应以某种特殊的方式进行清洁或维护；③应

① 江心英，季莹. 产品生态设计理论与实践的国际研究综述[J]. 生态经济，2006（2）：77-80.

清楚标明产品中需要定期检查的部件；④对需要定期更换的部件应易于更换。

（3）应注重产品的模块化设计，最大限度地提高产品的可更新性，以满足不断变化的用户需求。产品的原有成分（组件）保留得越多，则对环境的影响越少。同时模块化设计也使得新技术能与已有落后产品迅速结合，使得在产品生命周期内对部件进行升级以减少用户对新产品的需求。具体的策略可以为产品预留升级空间，如计算机内存模块的升级；更新已过时或破损的部件；将易损件整合为一个完整的模块，可一次性进行替换等。

（4）应尽量运用再循环原料及材料。生态产品生产的一个特点是尽可能利用再循环原料及材料，减少原材料在采掘和加工过程中的能耗，最大限度地减少资源消耗，降低成本，提高企业经济效益，保护生态环境。而且再循环材料一般在颜色、材质等方面具有一定的优势，如再循环纸张，既可以来源于工业生产过程，也可来源于产品使用后。企业可以制订“回收”计划，对原材料或部件进行再循环。

（5）应致力于产品体积的最小化和重量的最轻化，以减少原材料及能源的消耗。由于产品重量的减轻，使用的原材料减少，相应产生的废物也减少，同时产品运输过程的环境影响也减小。产品和其包装体积的减小，使同一运输工具一次可运更多的产品，从而减少能耗和成本。生态产品的生产过程中，还应注意优化生产过程，尽可能减少生产环节，选择对环境影响小的生产技术，以求最大限度地减少废物的产生。在生产后期的产品包装方面，不仅应考虑减少包装品用量，还应考虑这些包装的重复利用率和耐用性能。

3.2.2　产品环境管理的政策实践

基于产品进行环境管理，将环境管理的平台从企业转移到产品身上，拓宽了环境管理的边界，是解决环境影响转移转嫁的重要保障，是适应当下生产模式和消费模式转型的必要手段，目前国际上已经有不少的基于产品的环境管理手段出现，包括生态设计立法、绿色采购、环境/生态标志、绿色供应链等。下面简单介绍这些产品环境管理政策的内容。

3.2.2.1　欧盟整合产品政策与生态设计立法

1997 年欧盟委员会（European Union）开展了在成员国实施整合产品政策（integrated product policy，IPP）的研究，致力于将环境影响的降低落实到产品生命周期的每个阶段。2001 年 2 月，欧盟委员会发布了整合产品政策绿皮书，意在通过利益相关者的决定减少产品全生命周期的环境影响，整合产品政策聚焦于对产品生命周期产生强烈环境影响或潜在影响的关键点，尤其是产品的生态设计、消费者的知情选择、产品价格中的污染者付费原则等[①]。

生态设计立法是整合产品政策（IPP）的产物，由2003年颁布实施的《关于在电气电子设备中限制使用某些有害物质的指令》RoHS指令、2005年颁布2007年8月实施的《用能产品生态设计指令》（Energy-using Products，EuP）指令和2009年10月颁布的EuP指令的修订版《用能相关产品生态设计指令》（Energy-related Products，ErP）指令及其实施措施、生态标准等部分组成。RoHS指令针对在原材料的选择和使用环节对有毒有害物质的控制，禁止或限制在电子电器设备中使用铅、汞、镉、六价铬、多溴联苯（PBB）或多溴二苯醚（PBDE）等有害物质；EuP和ErP指令直接针对产品的生态设计义务：EuP指令关注产品的整个生命周期；ErP指令将生态设计的要求扩展到间接用能产品，如窗户、淋浴喷头等产品。

以EuP指令为核心的欧盟生态设计法首次以立法的形式确认了全生命周期管理理念，使之成为产品环境管理的基本原则，要求生产者将环境因素融入产品设计，以生命周期评价作为产品设计依据，改善产品全生命周期的环境性能。这种从有毒有害物质控制延伸至整体环境、由生命周期某些阶段延伸至全生命周期的环境管理方式转变，标志着欧盟从分段管理向全面减少产品全生命周期各阶段负面环境影响的转变。

3.2.2.2 美国政府绿色采购制度

对政府采购的“绿色化”要求，是政府绿色采购和传统的政府采购之间最大的区别。政府绿色采购要求在具体的采购过程中，对于处于同一技术水平、服务标准及认证体系下的产品，采购者有责任、有义务去选择那些对环境侵害更小，对人类健康更无害，对于能源的节约更为有利的产品。

美国是世界上最早开展政府采购实践的国家之一，建立了比较完善的政府绿色采购行政法规体系。具体包括1993年4月发布的《联邦政府关于臭氧层保护产品的采购规范》；1993年10月发布的《联邦采购、资源回收与防止浪费》；1996年12月发布的《联邦政府领导下的对交通工具使用可替代燃料的规定》；1998年9月发布的《通过污染防治、资源回收和联邦采购来绿化政府》；1999年8月发布的《广泛利用生物能源和推广生物基产品》；2000年4月发布的《环境经营领导政府绿化》等。

美国制定了比较完整、严谨的政府绿色采购标准。为确保政府所购买的产品或服务具有真正的节能和环保的功效并能够被政府优先购买，美国在实践中通过国家环保局建立了完善的绿色标准认证体系，包括环境优越性采购计划（Environmentally Preferable Purchasing，EPP），以及能源之星计划（Energy Star Program），电子产品环境评估工具（Electronic Product Environmental Assessment Tool，EPEAT）等。

---

① 钟卫红. 低碳社会的产品生态设计立法：欧盟经验借鉴[C]. 2011年全国环境资源法学研讨会论文集.

3.2.2.3　产品环境标准与生态/环境标志

生态/环境标志计划是国际上常见的产品环境管理方法，通过第三方认证的自愿性计划，促进了企业将环境保护的外界压力转化为自觉参与的内在动力，一般是通过制定产品环境标准来进行评估。ISO 14020～ISO 14029 是一系列环境标志标准，组织可通过标志图形、说明标签的形式向市场展示组织的环境表现，标志展品与非标志展品的区别使消费者有了更高的环境意识，通过此种来自经济市场和社会公众的压力影响组织决策，促进建立和完善环境管理体系。

近年来，基于生命周期的绿色产品认证需求不断扩大，一系列针对同类产品的环境性能认证规则应运而生。目前，全球共有 400 多种生态与环境标志，仅在温室气体领域，就有近 80 种报告方法与机制（表 3-6，图 3-3）。

表 3-6　绿色市场真正步入发展初期之前创立的生态标志

国家（地区）	建立年份	环境标志制度名称	国家（地区）	建立年份	环境标志制度名称
德国	1978	蓝色天使制度	葡萄牙	1991	生态产品
加拿大	1988	环境选择方案	欧盟	1992	欧洲联盟制度
日本	1989	生态标志制度	瑞典	1992	良好环境选择
北欧四国	1989	白天鹅制度	新西兰	1992	环境选择制度
美国	1989/ 1990	绿色签章制度/ 科学证书制度	韩国	1992	生态标章制度
瑞典	1989	III型环境标志	新加坡	1992	绿色标章制度
印度	1991	生态标志制度	荷兰	1992	绿色标章制度
奥地利	1991	奥地利生态标章	克罗地亚	1993	Stichting Milieukeur
法国	1991	NF 环境	中国	1994	环境标志制度

图 3-3　在用生态标志示例

3.2.2.4　绿色供应链管理模式

传统的污染控制对象是封闭孤立的，美国 1996 年提出的绿色供应链率先打破了这种局面，促使一条供应链上的企业共同控制污染，实现资源的有效利用和降低交易成本，提高环境治理的效率。作为一种在整个供应链中综合考虑环境影响和资源效率的现代管理模式，它以绿色制造理论和供应链管理技术为基础，涉及供应商、生产厂、销售商和用户，其目的是使得产品从物料获取、加工、包装、仓储、运输、使用到报废处理的整个过程中，对环境的影响（负作用）最小，资源效率最高。

绿色供应链下的产品创新显然已跳出了传统概念，这不仅包括产品原料的环保性和再生性，还包括产品生产过程中使用的绿色高科技带来的性能创新。例如，美国赛捷公司开发应用于汽车内饰中的特殊面料，该面料不仅可以抑制霉菌和细菌的生长，还能够消除汽车气味，改善空气质量。

3.2.3 基于产品环境管理的成效

产品环境管理政策以产品为中心，通过对其整个生命周期环境影响进行全面考虑，不仅能够有效防止产品环境影响跨环境媒介和跨生命周期阶段转移的现象，弥补传统工艺导向环境政策的不足，而且能够提升企业环境管理主动性，为当代环境保护提供了一种综合性的政策方法。

3.2.3.1 解决环境影响转移转嫁的重要保障

将产品销售后和用户使用后对废弃产品的最终处置责任扩大到生产者身上的“延伸生产者的责任”（EPR）理念，将过去由市政当局负责和由纳税人负担的处理废弃和不再使用的产品的责任转移到生产者的身上，从而激励生产企业开发可持续的和少废物的产品，借以减少废物产生，降低原材料的使用和提高资源效率。

3.2.3.2 从源头—生态设计入手降低了产品全生命周期环境影响

设计阶段决定了产品生命周期环境影响的80%左右。在欧盟整合性产品政策演进与实践过程中，相继形成了其特有的运作机制和法规体系，如生命周期管理机制、经济激励机制、产品环境信息传递机制和产品生态设计机制，并相继推行了《欧盟包装与包装废弃物法》《欧盟电子废弃物法》和《欧盟耗能产品生态设计法》等具体法案。这些运作机制和相关法案共同致力于持续改进产品整个生命周期总的环境影响。

3.2.3.3 提升了企业进行环境管理的主动性和自觉性

以核心企业为主，实施供应链的环境管理，能够有效提高企业进行环境管理的主动性和自觉性，实施成本更低，效率更高，反应也更迅速。同时，企业出于对产品品质和品牌声誉的考虑，也有主动监督其供应商的激励。同理，由企业对零售商的环境责任进行监管也可以节约政府的管理成本，提高效率。供应链的环境管理还需要进一步延伸到原材料开采和加工阶段，政府规定核心企业的管理责任或引导各个供应商建立自己的供应链管理体系。同时，对那些环境责任意识较弱、对供应链管理力度不足的企业，也应该通过政策对其环境责任进行明确而有力的规制。

3.3 启示

通过对上述名录制定技术方法、产品环境管理的主要技术方法与政策实践的概要分析，可以看到名录已成为一种重要的形式和环境管理手段，参与到污染物控制及化学品的管理中，并取得了显著的成效。围绕“双高”产品名录的制定、应用等，可以得到下述一些启示和建议。

3.3.1 对“双高”名录制定的启示

3.3.1.1 可采用定性与定量相结合的方式

部分发达国家优先污染物名单、有毒物质控制名单的制定过程，基本采用的都是定性与定量相结合的方式，专家论证均起到了较为重要的作用。例如，美国水环境有污染物的筛选工作是在 1976 年“环保局协议法令”提出的 65 个水环境化合物和化合物类的名单的基础上，经由专家论证明确筛选原则并确定筛选过程进行的；欧盟水框架指令优先污染物名单是在明确筛选原则的前提下，采用 COMMPS 获得欧盟水环境优先污染物推荐名单，最后由专家对其逐个评判完成的；加拿大有毒物质名单是基于 CEPA 确定的有毒物的定义，在专家提名优先评估物质的基础上完成的。

“双高”产品名录制定涉及产业经济、环境污染、环境风险、环境管理等众多因素，部分指标数据无法查询或难以量化，编制初期主要以定性方法为主，采用列入条件法，利用专家经验、运用归纳、演绎、分析方法得到名录。经过近几年的实践检验和完善，列入条件法的规范性、可操作性与科学性均不断加强，已成为名录制定的主要方法之一。未来随着研究深入和不断成熟，为保证名录制定的科学性，可以在定性分析确定初选名单的基础上，加入量化的因素，采用定性与定量相结合的方式研究制定名录。

3.3.1.2 综合考虑环境毒性、经济因素和暴露特性等因素

发达国家重点管制的化学品时主要考虑具有持久性、高生物蓄积性和慢性毒性危害、对人体健康具有高级性毒性危害或具有特殊毒性（致癌、致畸、致突变）等特点。例如，美国《有毒物质控制法》规定，确定优先物质名单时要考虑物质的生产量，进入环境数量，接触人数和接触时间，该物质对健康或环境影响数据充分性等因素。特别注意那些已知能够或有助于或怀疑能够致癌、致畸、致突变或出生缺陷的化学物质。一旦发现一种化学物质或混合物会造成或将会造成人类致癌、致畸、致突变的严重风险，应采取行动预防这种风险或将其减少到一定程度。

目前，我国“双高”产品“污染”因子的界定，主要集中在常规污染物如 COD、氨

氮等方面。当然，这主要是由我国的环境管理要求所决定的。但未来随着人们对有毒有害化学品的关注，在制定“双高”名录时，应增加系列表征污染物毒性的指标，丰富“污染”“风险”的内涵。

3.3.1.3 采取分级分类的名录结构

分类分级的名录结构有助于明确作用对象，提升环境管理的效率，目前诸多化学品管理名录都采用了分级或分类的方式。例如，日本《化学物质审查和生产控制法》将所管制化学品分为第Ⅰ类特定化学物质、第Ⅱ类特定化学物质两种，其中第Ⅰ类特定化学物质是在自然环境条件下难以分解、具有高蓄积性、慢性毒性的化学物质，主要采用限制其生产和进口（实际上是禁止生产和进口）措施，第Ⅱ类特定化学物质为不具有高蓄积性但具有持久性和长期毒性的化学物质，主要采取了限制管理措施；除此之外，还将那些不具有高蓄积性，但可能具有持久性和长期毒性的化学物质确定为指定化学物质，区分为三类监视化学物质，并规定必须对其采取措施加以管理。最终形成了对五类化学物质的筛选和管理。

“双高”产品名录（2015 年版）共包括 835 种产品，未来随着名录的逐步扩展，产品数量还有可能增多。为增加综合名录应用的有效性，尝试在名录制定过程中对名录进行分级分类管理，根据污染程度及淘汰可能带来的经济社会影响，指出哪些产品、重污染工艺等应该直接淘汰，更为明确政策作用对象和相关产品、工艺的淘汰力度。

3.3.1.4 动态更新

随着经济社会发展及环境污染形势、环境管理重点的转变，名录的内容是不断动态更新的。例如，美国《应急计划与公众知情权法》（CPCRA）有毒物质释放（TRI）清单 1988 年只包含了 300 多种化学品和 20 类化学物质，2009 年则包含 581 种化学品和 30 类化学物质；欧盟 REACH 法规高度关注化学物质（SVHC） 自 2008 年 10 月 28 日欧盟化学品管理局首次公布第一批 SVHC 物质候选清单后，截至目前，共有 9 批、161 种高度关注物质被列入 SVHC 物质候选清单；《鹿特丹公约》规定了清单增加和删除化学品的程序，对列入公约的化学品名单进行动态管理，截至 2004 年，公约中化学品数目已由最初的 27 种增加至 41 种（类）。

“双高”产品名录自 2007 年制定工作之初，已发布 8 个批次的名单内容，列入名单的产品数据呈直线上升趋势，尽管若干产品的编制过程存在争议，但基本上都是进入名单的情况。未来随着经济的发展与产品的更新换代，可能会存在已列入名单产品不再生产流通的情况。因此，为保证名录制定的有效性与严肃性，建议“双高”名录编制过程可参考《鹿特丹公约》，建立一套名单增加和删除的程序，完善名单的动态管理。

3.3.2 对“双高”产品名录应用的启示

3.3.2.1 应加强名录的法律支撑

国家类名录的制定多以法律为基础和前提，推进力度大。美国水环境优先污染物的筛选，以 1972 年通过的《联邦水污染控制法修正案》即《清洁水法》为前提，大气环境优先污染物的筛选以《清洁空气法》为前提，污染场地“国家优先名录”的确定及污染场地优先污染物的筛选工作以《综合环境响应、赔偿与责任法》为基础，同时，新化学品名录、现有化学品名录的评价、登记及 31 种重点有毒化学品的产生则是以《有毒物质控制法》为基础进行的。欧盟方面，2000 年欧盟议会和理事会发布了水框架指令（EC No.2000/93），构建了欧盟水平的水污染控制行动框架，对水环境风险或通过水环境产生风险的单个或成组污染物采取控制措施。

相比而言，“双高”产品名录仅是环境保护部授权环境规划院组织协会和专家编写的名录，每年定期对外发布，供相关经济部门使用，并无相关法律作为支撑。为了加大名录的推进力度，未来可加强该方面的立法。

3.3.2.2 应配套相关的政策与措施

名录的应用过程中应制定相配套的各种政策，以保证名录的顺利实施。名录制定的目的是为名录的应用，是为环境管理工作提供基础支持。因此，在名录分级制度的基础上，往往需要针对不同管理目标，制定对应的环境政策。例如，美国《清洁水法》中针对不同污染物特性的分类分级制度及排污许可证制度，《斯德哥尔摩公约》中基于环境现状与管理成本控制，针对管理对象的不同实际情况设置的 POPs 物质豁免机制等。

“双高”产品名录目前应属指导建议型名录，本身并不具有约束力，当与出口退税政策、加工贸易政策等环境经济政策配套时，才具有了约束力。可以说，“双高”产品名录目前并没有直接配套的相关政策，在政策应用上还处于较为被动的地位。未来“双高”产品名录的制定，一方面应加强与国家相关产业、金融、贸易、税收等各项环境经济政策的契合，将名录继续提供给中国银行、银保监会、安监局、发改委等国家有关部门，强化运用效果，另一方面可在与当前各项环境管理政策协同配合的前提下尝试搭建基于名录本身的政策框架。

3.3.2.3 应建立名录相关信息公开机制与数据库

名录应用过程中可以建立与名录对应的数据库及信息传播机制等，以方便名录的应用与传播。《综合环境响应、赔偿与责任法》中 HazDat 数据库包含了 NPL 监测点污染物的监测浓度数据和公众健康评估与健康咨询信息，可以方便使用者提取污染物潜在摄入量（即污染物源的贡献项）和人群的暴露状况（即暴露贡献项）等信息；《斯德哥尔摩公约》

搭建了一个信息交流平台，接收由缔约方、政府间组织和非政府组织提供的信息。

基于此，“双高”产品名录应该不断提升名录工作的公开性与信息化程度，建立对名录备选产品与工艺清单的公示、交流以及收集数据、征集意见的信息平台，逐步实现名录制定、应用、更新等所有工作过程、工作资料、工作成果的信息化、数字化和公开化。

3.3.2.4 应将名录作为加强法律法规和环境管理政策间协调的共同技术基础

PBT 物质（持久性、生物蓄积性和毒性化学物质）判别标准，共同服务于美国 TSCA、EPCRA、RCRA 等法律中的相关要求，提供了共同的技术基础。而美国《食品、药物和化妆品法》（*Food，Drug，and Cosmetics Act*，*FDCA*）408 款（p）直接授权美国环保局，要求其建立一个化学品筛选的计划，以便通过该计划确定化学品是否具有内分泌干扰特性，该方法体系同时服务于美国《食品质量保护法》（*Food Quality Protection Act*，*FQPA*）和《安全饮用水法》（*Safe Drinking Water Act*，*SDWA*）修正案，上述两个方案亦均要求美国 EPA 开展针对 EDCs（内分泌干扰物）的相关研究。

鉴于我国环保部门内部以及环保部门与发改委和工信部等工业行业管理部门间各项职能和职能对应名录的不协调性，应该通过加强和完善“双高”名录制定的科学性并完善其关注方面，进而统一协调环评、绿色证券、清洁生产审核、排放标准、产业准入与淘汰、贸易政策等政策手段及其配套名录，形成政策合力。

第 4 章　制定方法构建思路与框架

名录制定方法体系构建和具体方法的设计，应该充分考虑针对方法在实际应用层面的需求、理论基础和相关方法的实际研究进展与经验。具体来讲，方法在实际应用层面的需求指名录在制定过程中需要由制定方法来判别、协助、支撑和解决的具体问题，特别指针对产品这个特殊主体其环境污染和环境风险在识别、表征、计算、量化和比对中的特点；理论基础和相关方法的进展，主要指构建过程中需要遵循的概念界定、边界条件等一般科学范式与理论前提，以及环境保护领域和管理决策领域相关能够直接借用或通过二次开发进行移植应用的有潜力应用于产品环境绩效计算、筛选、对比的相关方法。在方法构建现实需求、理论进展的基础上，结合各种方法的特点、应用潜力、应用范围及优缺点情况，结合名录制定过程中数据供给、工作时间与工作量等方面的约束，分别设计满足不同需求的名录制定方法。

4.1　方法构建背景与需求分析

名录工作是一项有明确定位与用途的应用导向型工作，因而名录制定方法的基本功能与需求是应对解决名录在制定过程中所可能遇到的各种问题；同时，方法也是名录工作整体科学性的基本保障，因而名录制定方法的构建必须符合科学范式的要求。为此，本节重点分析两个方面内容：①详细分析了名录制定需要方法支撑的工作内容，即分析方法需要应对和解决的主要问题；②分析构建能够科学全面表征评估产品主体环境污染与环境风险程度、能够满足名录制定中各项工作需求、能够准确快捷制定名录的方法体系所必须清晰界定的基本科学问题、基本逻辑起点。

4.1.1　名录制定方法功能与需求分析

名录在环保、经济、产业、金融等诸多政策领域的广泛而形式多样的应用对名录制定方法提出了较高要求，而名录工作面临的诸多技术限制条件又从另一方面对名录制定方法提出了难题与要求。具体来讲主要体现在，产品主体的环境污染与环境风险评估并非环保领域的传统重点研究领域，现有可供参考借鉴的方法少、科学保障性不高，而且，产品环境污染与环境风险产生节点多、形式多、原因多、污染因子种类多，导致其难以全面科学地反映，同时，研究主体——产品的种类与主体数量巨大，特征与特性差异巨大，也增加了科学表征与比对的难度；另外，研究、筛选、编制每一个"双高"产品，都是一项工作量大、数据和信息需求量大的工作，在实际工作中经常遇到数据、信息等各方面的制约，上述因素导致开发"高污染、高环境风险"产品名录筛选与制定方法是一个难题。所以，深入识别、总结、提炼名录制定中的实际需求与现实约束，是开发出能够满足尽可能多政策需求的、数据需求量适中的、针对主体多适用范围广的同时科学全面地制定方法的基础与第一步工作。

4.1.1.1 科学全面评估产品主体的环境污染与环境风险

（1）能够整体反映产品全生命周期或单独某个阶段的环境影响。产品的特点之一是逻辑链长，可以划分为原材料准备、生产、储运、使用、处理处置，甚至回收与再生产等一系列的阶段与过程。传统针对产品环境绩效的评估研究，存在一些缺陷，诸如其研究对象多是钢铁、水泥、有色、化工等工业基础产品，其研究的阶段多是针对产品的生产阶段，所以，传统针对产品环境绩效的评估，多等同于针对工业污染评估研究，实际上矮化与窄化了针对产品环境绩效的评估研究。

制定"双高"产品名录，其突破之一就在于将环境绩效评估的主体直接选择在产品这个逻辑链更长、所划分阶段更清晰的主体上面，所以，评估产品的环境绩效可以围绕、甚至在多数情况下可以主要围绕生产阶段的污染来分析评估研究，但是，其研究范围又绝不能仅仅局限于生产阶段在厂界内所生产和排放的各种污染物，需要将产品全生命周期中各个阶段的各种主要环境影响，均予以识别和评估。

另外，产品是一个较为复杂、有时候界定不一定非常清晰的概念，即我们所说的产品的逻辑起始范围，并不总是非常清晰与明确的，如我们所说的纸产品，既可以是指从木材或废纸经过制浆、再到成品纸的过程所生产出来的纸产品，也可以是指企业购买回制好的纸浆直接生产出来的纸产品；又如，不考虑众多处于产业链后端的消费品，仅以处于产业链前端的基础化工产品为例，如钛白粉产品，分为化学合成和包膜后处理两大阶段，有不少厂家自己并不直接通过化工工序生产钛白粉，而是购买其他厂家生产好的钛白粉自己进行包膜处理，而后续包膜处理的工序除产生少量粉尘、消耗能源外，并不产生其他钛白粉生产厂家产生的废水废渣等污染。所以，评估产品的环境污染与环境风险必须有全生命周期的视角、有非常清晰的阶段划分与界定，也需要名录制定方法一方面能够评估与反映产品整体生命周期的环境绩效，另一方面也能够单独对比某一重点阶段的环境绩效。

（2）能反映以混合体或组合体形式等复杂形态存在的产品的环境影响。产品环境绩效评估的重要难点之一就是其形态的复杂性。①"双高"名录最初的政策应用是筛选贸易领域的“双高”产品，而贸易领域所依据的产品清单与产品名称是海关 HS 编码体系，其中有众多的非单一一种产品的混合产品和混合物，如“纯度 85%及以上的水合肼”（2825101010）、“含有胰岛素的混合药品”（3003310000）等，产品中所含物质的复杂性增加了全面准确评估产品环境绩效的难度；②消费品环境绩效的评估，也需要考虑此方面的问题，一般来讲，除基础产品、大宗工业原材料等产品可能为纯的单一的化学物质外，其他处于产业链稍微后端一点的产品，尤其是消费品，绝大部分均不是纯物质，均为混合物或者说多种产品的组合体。所以，科学全面评估产品主体的环境绩效，该类产品也是需要在构建方法体系时予以重点考虑的。

（3）能够综合反映具有不同环境绩效的多种工艺来源的产品的环境影响。相较于传统的清洁生产研究领域，产品环境绩效评估是一种中观层面、绝对视角的评估。①传统清洁生产及相关研究领域，主要是对比同一行业、同一产品的不同工艺路线的环境绩效情况，是一个相对清晰的对比范围、相对微观的研究领域。而“双高”名录的研究制定，相较于传统清洁生产领域的研究视角和对比对象来说，是一个中观视角，是一个相对弱化了工艺层面的环境绩效差异、更注重行业间和产品间整体上环境绩效差异的中观的研究角度。②传统清洁生产研究是一种“相对视角”，相较于传统的污染工艺只注重新的清洁工艺，环境绩效改进多少、有多少相对的变化，而不是非常在意传统工艺和新清洁工艺污染所处的绝对水平，即只要有改进、就视为清洁；而“双高”研究在于筛选“绝对的清洁”，它也重视但并不唯一考虑这种基于传统重污染生产方式进行细微改良后的所谓环境进步，而更重视一种绝对意义上的清洁、环保和绿色。

一般来讲，相当大一部分产品均不只有单一一种生产工艺和生产来源，可能由几种不同原理、不同方法的生产工艺制得，而且，不同方法的资源能源消耗以及“三废”产生与排放等环境绩效，多是具有显著差异的。那么，如何在有不同工艺环境绩效差异这个条件下从整体上确定产品的环境绩效，就是名录制定方法需要应对和考虑的一个难题。

（4）能够基于有限的个体数据确定评估产品整体的环境影响。科学全面地确定产品的环境绩效，理论上需要有该行业所有相关企业的生产与污染数据，然后通过科学准确的统计方法计算获取能够代表行业环境绩效水平的“平均”的资源消耗与“三废”排放水平，同时，就数以万计的部分行业中的绝大多数而言，都是有少则数以十计、多则数以百计千计的企业数，所以，制定“双高”名录工作的调研工作量和数据需求量均非常大。所以，从现实情况来讲，一般行业中所有企业的数据，包括行业的平均数据，相对来说难以获得，一般可以获得的数据多是部分企业个体的生产与污染数据，因而，如何基于部分个体的数据来评估产品和行业整体的环境绩效，是名录制定方法需要面对和解决的一个关键问题。

4.1.1.2 准确定位与优先筛选环境影响较大的"双高"产品

（1）能够比较特征差异较大的不同产品的环境影响。产品主体的主要特点之一就是种类多、差异大，其分类标准与分类方法非常多，不同产品间的特征差异非常大。也就是说，不同产品的形态结构、行业归属、部门归属、用途、统计口径、涉及领域、组合方式方面的差异，使"双高"产品筛选与制定方法，必须有比较强的适应性，能够将差异巨大、特点鲜明的不同产品通过某些概化与同化的技术方法，去异存同从而在合理的范围内将产品间除环境绩效外的差异予以弱化、较少考虑，而将产品间资源环境绩效方面的差异进行放大从而方便比对筛选，这是方法在设计与构建时需要考虑的问题，可便于后续名录制定者的使用。

（2）能够比较产排不同污染物、产生不同环境影响的产品的环境绩效。比较产品主体的环境影响与环境绩效，其相对于水、气、土等要素、相对于环评中的单个企业环境绩效的比较与评估，一个主要的特点与难点就是不同产品产生和排放的污染物的种类、数量和毒性差异巨大，难以进行直接简单的比对。具体来讲，评价水体、气体与土壤等要素的环境质量，都仅需评价几项（如重金属等）关键污染物的浓度与含量，并依照质量评价标准操作即可。而评价单个企业的环境绩效相对来说更为直观简便，一般选取相同行业、相同工序工段的企业进行对比，而相同行业的企业其产生和排放的污染物种类基本是相同的，只是排放的浓度和总量有差异。所以，比较企业间的环境绩效，一般只需要比较相同种类污染物的浓度与总量即可，而产品主体的比较，多需要基于完全不同污染物种类、不同浓度、不同总量、不同毒性等条件进行比较，进行对比与筛选的难度更大。

（3）能够在海量产品中优先筛选环境影响较大的产品。①以产品作为环境污染与环境风险的评价研究主体，其最大的特色与难点之一，就是研究对象的种类非常多，具体来讲，仅以国家统计局发布的《统计用产品分类目录》依据产品的物理、化学、材质、工艺和技术属性、用途等方面的属性，将国民经济中生产与消费的产品划分为 95 个大类、2 753 个小类，28 992 种产品类别，而且，该 28 992 种产品并不全对应我们所熟知的某一种具体产品；②我国产业门类齐全，近年来我国制造业发展迅猛，如今我国已成为世界上最大的制造业国家，应该说上述目录与清单中所涉及的基本上所有产品，我国都有生产、消费与贸易，所以，无论从对外贸易角度还是从国内生产与内贸角度，制定"双高"产品名录其研究对象，都是巨量的；③重点行业包含的产品种类也非常多，仅石化化工产品在市场上流通量较大的常规品种就有 6 万多种，包括化学矿物原料、无机化工产品、化学肥料等 28 个大类、300 多个小类，其中每个类别中又分其他小类（表 4-1）。因此可以以行业为单位，分别提出拟纳入的"双高"产品，然后进行论证。

表 4-1　我国石化化工产品种类和数量

序号	名称	种类	品种数	序号	名称	种类	品种数
1	化学矿物原料		49	15	饲料添加剂	18	986
2	无机化工产品	4	906	16	生物化工产品	21	7 412
3	化学肥料	6	63	17	香料及香精	3	928
4	有机化工产品	7	3 572	18	化妆品	5	323
5	合成树脂及塑料	27	3 300	19	日用化学品	6	724
6	通用合成纤维及特种合成纤维	23	693	20	工业表面活性剂	5	4 265
7	橡胶及橡胶制品	22	2 465	21	纺织染整助剂	3	734
8	胶黏剂	22	4 658	22	电子化学品	8	674
9	涂料及涂料用无机颜料	19	4 355	23	信息化学品	5	438
10	染料及有机颜料	21	6 553	24	造纸化学品	7	718
11	医药产品	19	4 528	25	水处理化学品	6	936
12	农药	6	2 528	26	皮革化学品	6	568
13	催化剂	10	1 292	27	试剂和溶剂	15	1 365
14	食品添加剂	20	5 160	28	新材料化学品	18	2 138
合计						332	62 331

（4）能够在指定产品集合内筛选“双高”产品。从工作中的一般情况与实际需求来说，较少在特征差异巨大的、没有明显边界范围的海量产品中定位与筛选“双高”产品，一般来说，通常是在某些方面具有共性的一类产品集合中进行筛选，如在涂料、染料或轻工行业等某一明确范围的产品集合中进行筛选，或者在产量大、进出口量大的大宗产品中进行筛选，或者是在产生和派放某种相同的污染物，或者是均能够造成水、气、土或同具有“三致效应”等。在指定范围中筛选“双高”产品有诸多优势与好处，既降低了对方法构建的适应性方面的要求，降低了构建难度，又能够突出产品的污染特性与特性，使得筛选结果更具有权威性与说服力。而采用这种方法，可以将“双高”名录制定工作划分为两个阶段，即“研究范围合理划定”阶段和“具体甄别与筛选”阶段，可以从总体上减轻工作量并提升工作精度与效率。

（5）能够针对单独一种产品判定其是否具属于“双高”产品。虽然一般情况下，均是在某个产品集合内来通过比对、筛选与排序得到环境污染与环境风险的相对严重程度，从而基于比较筛选出“双高”产品，但是在某些情况下也需要不通过两者对比或者多者排序，而直接来回答某种产品是否属于“双高”产品。主要是以下几种情况：①该备选产品所属行业只有这一种主要产品，或者该备选产品的独特性很强，基本没有与之特征相似的产品可供比较；②该种产品有为各界所公认的较为严重的环境污染与环境风险，虽然没有经过名录制定方法非常全面科学与系统的论证，但是，列为“双高”此结论整体上可靠性较强，不需要再经过非常烦琐的数据收集与比对计算等工作程序、只需要通过简单的关键指标审核后，即可做出结论的情况。

（6）能够在复杂的产业链与产业网络间甄别与筛选"双高"产品。进行产品主体的环境绩效研究，还面临一个特征与问题，就是不同产品之间往往不是完全独立、没有任何逻辑关系个体，经常是在某种层面上关系密切、联系紧密，存在产业链与产品间的横向耦合与纵向延伸等复杂的网络逻辑关系的。从横向耦合的角度来说，现有工业生产多强调循环经济以及多种产品联产，经常是一个行业或者一个企业同时生产多种产品，而且经常是产品 A 排放出来的"三废"可以当作产品 B 的原辅料使用，使产品的环境绩效难以进行非常清晰的界定与甄别，难以进行精准评估，以钛白粉产品为例，存在"硫酸-磷酸-钛白粉"联产、"硫酸-铁系颜料-钛白粉"联产以及"硫酸-硫酸铵-钛白粉"联产等多种产品联产的生产方式，而且，上述联产方式还可以根据相关产品的价格变化通过调节原材料输入的方式来调节终端产品的产出比例，以获得更高的利润，所以，上述特点使得精确估计其中单独一种产品的环境绩效变得较为困难。从纵向延伸的角度来说，以石化基础产品乙烯产品为例，目前约有 75%的石油化工产品由乙烯生产，主要包括聚乙烯、聚氯乙烯、环氧乙烷/乙二醇、二氯乙烷、苯乙烯、乙醇、醋酸乙烯等多种重要的有机化工产品，在研究确定后续产品是否为"双高"时，是仅关注后续产品生产过程中的污染本身，还是也需要将乙烯生产过程中产生与排放的大量硫化物、氮氧化物、颗粒物等环境影响也纳入研究范畴内，也是需要清晰界定的问题。

4.1.1.3 精准分析环境影响产生机制与原因，为相关政策提供准确防控对象

（1）紧密围绕产品环境污染与风险的产生节点、原因与机制构建制定方法。构建任何一种方法，首先要针对研究对象的内在机理和特性进行深入分析与研究，只有先摸清机理、找准病因，才能更有目的性和更精准地构建方法。评价比较不同产品环境污染与环境风险的程度与等级，首先需要明确产品主体环境污染与环境风险产生的节点和原因，方法的构建要紧紧与产品环境影响的产生机理结合联系在一起，才能正确地设计建立起针对性强且有效的环境影响研究方法。

产生节点是指产品环境污染与环境风险的具体产生环节与产生位置，解决了产品环境污染与环境风险从哪儿来的问题，产生机制与产生原因是指产品环境污染与环境风险是在什么情况下、因为什么原因而产生的，解决了产品环境污染与环境风险是如何产生的问题。以下从生产、存储、运输、使用和废弃处置等节点分析产品的环境污染和环境风险产生机制，以及相应环境危害产生的途径、方式、强度、特性等（图 4-1）。具体来讲：

☞ 识别分析产品生产过程中环境污染与环境风险产生的原因与机制：①资源和能源消耗量大、原材料转换率低；②生产中涉及生物、化学、物理过程，各过程中的原材料、中间产物、副产品和主要产品，可能发生泄漏而暴露于环境中；③生产

工艺末端无法进行回收的“三废”，产生和排放带来的环境危害。

- 识别分析产品储存与运输过程中环境污染与环境风险产生的原因与机制：①原材料和产品本身具有易燃性、易爆性、反应性等环境风险属性，在储运中容易产生环境污染事故；②原材料和产品本身具有生物毒性、腐蚀性、人体毒性、气候变化等环境污染属性，在储运过程中进入环境中带来危害。
- 识别分析产品使用与消费过程中环境污染与环境风险产生的原因与机制：①产品使用过程中直接或间接将污染物质排放于环境当中，直接排放，如农药使用时直接将农药喷洒在田地里，间接排放，如富集雌激素的动物死亡后体内的雌激素释放到环境中；②产品使用中，容易使人体与有毒有害物质接触。
- 识别分析产品末端的处理处置以及回收再利用等过程中环境污染与环境风险产生的原因与机制：①废弃后的产品回收困难，处理处置困难；②产品废物本身具有较大的环境危害性质。

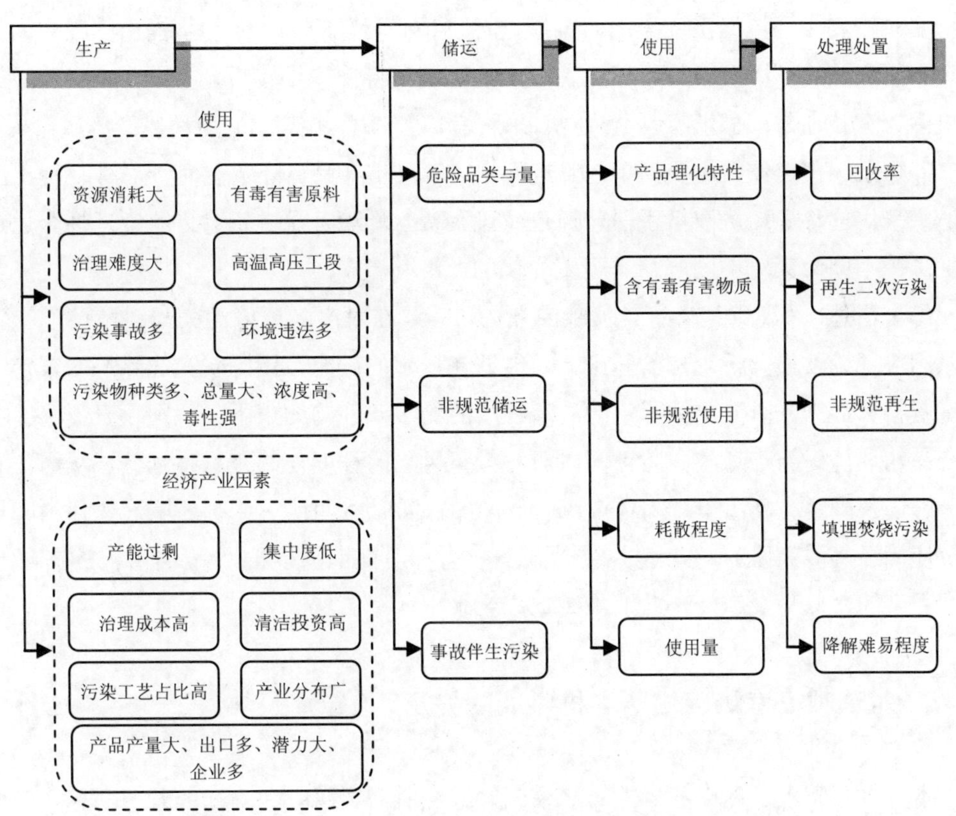

图 4-1　产品生命周期环境污染与环境风险产生机制示意图

（2）为辅助环保重点工作提供技术支撑，能够基于环保管理需求制定名录。“双高”名录实质上是按需索用、依需而查的工具书，是以简要的表格和文字形式，准确及时地发布提供"双高"产品及其环境污染与环境风险的情况、等级、特点和原因，具有较强的时效性、资料性和可检索性。所以"双高"名录不仅是一项环保领域的基础研究成果，更是环境管理领域的一项重要工具。所以名录的研究制定也必须从国家的环保需求出发，能够为环保重点工作提供科学可靠的技术支持，要基于多种具体需求来构建设计名录制定方法，具体来讲：①名录制定要基于要素的污染防治的需求。针对大气、水、土壤等不同环境要素的污染状况、特性、原因以及目前的治理措施等，重点选择研究各要素污染有突出贡献的产品或工艺，为开展专项研究、污染防治提供理论依据及指导。②名录制定要基于缓解主要环境问题的需求。对于目前主要的环境问题，如雾霾、酸雨、水体富营养化、土壤重金属污染等，如何从产品角度分析和有效控制环境问题，是名录制定工作必须重点考虑的方向。③名录制定要基于总量控制、风险防范、生态环境保护等重点工作的需求。名录中必须重点研究与四项总量控制污染物、高环境风险、生态环境损害关系密切的大宗产品，为国家政策服务，应用于国家产业政策，控制限制其生产，改善环境质量。

名录需要为环境经济政策的研究制定提供精确管理对象，并初步提出应采用的对策建议。不同产品的环境污染与环境风险产生的机制与特性差异较大，不同环境经济政策的政策机理、使用前提、适用范围、作用机制等差异也较大，换言之，为环境经济政策提供"靶子"的名录工作，不仅需要简单"筛选"出"双高"产品，还需要有针对性地提出应优先或适宜采用的环境经济政策手段，通过环境税费、环境补贴、贸易许可证、押金返还、信贷优惠等不同政策对不同产品进行差异化的经济刺激。

综上所述，"双高"产品名录制定方法，需要在对产品环境污染与环境风险产生机制与原因等理论要素分析识别的基础上，能够在一定的研究范围、研究边界等的限定下，在一定资料、数据、研究主体界定的清晰程度的约束条件的约束下，识别、表征、计算和筛选产品的环境污染与环境风险，同时对污染与风险的程度与等级进行划分，从而比对、排序、筛选和确定"高污染、高环境风险"产品，同时能够针对传统环境管理各领域与政策以及环境经济政策研究、制定与实施的需求，有针对性地筛选出具有不同污染与风险特征、不同程度的"双高"产品，并汇集制定成名录。

4.1.2 名录制定方法构建基本科学问题界定

本节主要侧重于理论分析，对名录制定方法所需要研究和阐释的若干基本科学概念、若干基本科学问题进行清晰界定与统一阐释，从而使方法体系基本有统一系统的理论基础、基本概念和关注重点。

4.1.2.1 界定研究范围

有基础概念和边界条件清晰的研究对象与评价范围，是全面科学表征与评价产品环境污染与环境风险的基础和前提。对常规研究领域来说，此部分内容的重要性相对来说不高，因为经过长期积累与积淀，常规领域已经形成了很多或者研究清晰或者约定俗成的一些概念、范畴和边界，而产品角度环境污染和环境风险评估和表征是一个相对较新的领域，其概念、评估的范畴与边界，并没有非常清晰的既有界定。

具体来说，制定“双高”产品名录、构建比对和筛选“双高”产品的技术方法，其涉及的核心主题，主要是“产品”“环境污染”和“环境风险”三方面内容，而且，从已有的这 3 个方面的研究来看，均未形成统一公认的概念与范畴，即这三方面研究主题均具有较大的复杂性和不清晰性，但是这方面的分析与界定又是非常重要的，是构建方法的基础。所以，本节内容对“产品”“环境污染”和“环境风险”这三方面进行梳理、分析和界定，针对每部分内容又分别分两块进行叙述，前一块梳理分析概念、后一块划定并给出本次研究的范围与界限边界。

产品的概念分析与范围界定

产品的概念，有狭义和广义概念之分。在狭义概念中，产品作为劳动过程的产物，有一定的物质载体，具有物理存在状态和形式。如在《高级汉语大词典》中产品的定义，为农业或工业生产（加工）出来的成品。经济学上产品的定义，也就是劳动生产物，是人类的劳动成果，是为满足社会消费需求而生产的，人们通过劳动手段对劳动对象进行加工所形成的，并通过交易到达消费者手上的商品[①]。《中华人民共和国产品质量法》所称产品是指经过加工、制作，用于销售的产品。

（1）针对单个产品的纵向上的研究范围的界定。针对单一产品来说，其全生命周期是个冗长复杂的过程，而且过程往往与其他产品生命链产生的交集，产业链或产品之间会存在一定的横向耦合或者纵向延伸的情况，所以如何界定产品的研究“起止点”是界定研究范围的首要任务，也就是说，首先要弄明白一个产品所要研究的界限，从产品全生命周期的哪个阶段算起、到哪个阶段结束。产品有上游产品、中间产品、下游产品之分，所以针对产品这种属性，其生命链长度也会不同，比如说中间产品，上游产品作为其原材料，但中间产品又会成为下游产品的原材料，所以生命链就会延长，研究的“起止点”就不好界定。所以一般来说，无特殊强调，名录编制认为产品的研究范围应该从产品的生产开始，经过储运、使用，截至处理处置。

（2）针对不同产品的横向上的研究范围的界定。产品研究主体具有种类繁多、数目庞大，其行业、功能、性质等存在极大差异等特征，其直接可比性较差、比较难度大。为便于比较和筛选，减少工作量、提升工作效率与精度，通常将筛选的范围界定在一定范围之内、有目的地缩小研究范围，增加同质性、减少异质性，最常用的情况是针对同一行业、

① 吴晓霞. 多重均衡的刀刃解：产品责任制度的法经济学分析[D]. 杭州：浙江大学，2009：7-8.

具有诸多相同特征与特性的同一行业内进行筛选，或者认为限定在具有某些特性的行业与产品内进行筛选，如在产能产量超过一定数量的大宗产品中进行筛选、或产生和排放某些相同或类似污染物的产品中进行筛选，或者在研究逻辑链较短、产品构成与形态相对清晰单一的同是基础原材料产品或工业中间产品的产品中进行比对筛选，或者在研究逻辑链较长、产品构成与形态相对复杂多样的终端消费品中进行比对筛选。其他"双高"产品名录关注的范围还包括国外相关环境管理名录、国外产品物质名录、产量贸易量大产品、政策完善需要产品、社会关心提出产品、重大环境事故产品等。

☞ 环境污染与环境风险的概念分析与范围界定：环境污染的概念是指："人类直接或间接地向环境排放超过其自净能力的物质或能量，从而使环境的质量降低，对人类的生存与发展、生态系统和财产造成不利影响的现象。"可见，造成环境污染需要同时具备3个要件，即向环境排放有害物质、超过环境自净能力和承载力/破坏其原有功能、进而对人体或对动植物造成损害。

环境污染有多种分类方法。按污染物来源可分为天然污染源和人为污染源，天然污染源是指自然界自行向环境排放有害物质或造成有害影响的场所，如正在活动的火山；人为污染源是指人类社会活动所形成的污染源，此类污染源是环境保护工作研究和控制的主要对象。按排放污染物的种类可分为有机污染源、无机污染源、热污染源、噪声污染源、放射性污染源、病原体污染源和同时排放多种污染物的混合污染源等。按污染的产生过程可分为一次污染和二次污染，一次污染是指由污染源释放的直接危害人体健康或导致环境质量下降的污染物，二次污染是指排放物质在一定环境条件下产生的一系列物理、化学和生物化学反应，导致环境质量下降。按产生污染的来源可以分为工业企业排放出的废烟、废气、废水、废渣和噪声，农业生产中大量使用的化肥、杀虫剂、除草剂等化学物质所污染的水、气和土壤，居民日常生活中排出的烟、气、声、水、垃圾及废物，交通工具（所有的燃油车辆、轮船、飞机等）排出的气、声和污染物，矿产资源开发过程中所排放的废水、废气和废渣。按环境要素分为大气污染、土壤污染、水体污染。按人类活动分为工业环境污染、城市环境污染、农业环境污染。按造成环境污染的性质来源分为化学污染、生物污染、物理污染（噪声污染、放射性、电磁波）、固体废物污染、能源污染。

《新华字典》针对"风险"的解释是"可能发生的危险"。比较通用或者严格定义如下：风险（R）是事故发生概率（P）与事故造成的环境（或健康）后果（C）的乘积。环境风险是由人类活动引起的，或由人类活动与自然界的运动过程共同作用造成的，通过环境介质传播的，能对人类社会及其赖以生存、发展的环境产生破坏、损失乃至毁灭性作用等不利后果的事件的发生概率。《建设项目环境风险评价技术导则》（HJ/T 169—2004）中对环境风险的定义为突发性事故对环境（健康）的风险危害程度。

- 污染与风险评估的时空范围。在研究评估产品生产阶段的污染时，空间上，污染物要排放，企业处于环境敏感程度不同的区域，产生与排放相同种类、数量与毒性的污染物其产生的环境污染也是不尽相同的，但是，研究产品共性的问题，至多只算到各种污染物排放出厂界时。时间上，随着时间的推移，有的污染物毒性会减轻、有的污染物毒性可能增强，一般来说，制定方法研究的时间界限，也限定于各种污染物排放出厂界时；但是，如果生产过程中排放具有半衰期非常长、具有蓄积性毒性的污染物时，研究的时间界限可以延长。
- 污染与风险评估的原因与来源范围。通过前述分析可知，产品这个逻辑链长的复杂的评估主体，其污染产生的来源、原因和机制均非常复杂且多样，一方面，不可能全部来源与方面均纳入“双高”产品制定方法研究范畴；另一方面，众多来源与要素，已经在诸如清洁生产和环境影响评价等其他诸多领域中有了非常成熟与相近的研究，也没有必要另起炉灶再进行一遍研究；另外，为突出“双高”的工作定位与目标，很多过于微观的指标本就不能反映产品主体污染与风险的研究评估特征。

基于上述分析，将纳入“双高”制定方法体系的环境污染与环境风险的产生原因、产生来源界定为能够反映产品本身和生产工艺中的本质性、机理性的污染与风险，而由于企业个体性和操作性失误等偶然性所导致的污染与风险不纳入研究范畴。具体来讲，即对产品全生命周期中原料制备、生产、储存、运输、使用、处理处置、再生利用等全流程中的环境污染和环境风险的产生点和产生机制进行识别，且重点关注来源于工艺性、技术性等与产品工艺设备流程相关的、与治理技术相关的、与治理成本及利润等与经济性因素相关的、与原辅材料和产品本身理化性质及毒性等与物质本身特性相关的、与回收再利用率情况等经济社会发展水平相关的、与重视程度和认识程度等与人思想认识水平相关的具有行业共性、反映行业特性的环境污染和环境风险，而不关注单个企业设备老化、单个企业布局、单个企业环评报告、“三同时”报告、环境风险应急预案、消防批文、企业的环境风险意识和应急设施等个体性的环境污染和环境风险。此部分是在具体构建和设计后续各方法时，定性和定量方法分别在设置关注主题和具体定量化指标时，所应重点考虑的节点和指标，同时，也是针对各“双高”产品有针对性地提出环境污染防治和环境风险防范政策措施时所应重点考虑的关键切入点。

4.1.2.2　界定污染与风险因子

具体因子是对环境污染与环境风险评估主题和内容的细化和清晰化，是后续构建方法、进行比对筛选的基础。污染因子是对人类生存环境造成有害影响的污染物的泛称，所涵盖范畴较广，按存在介质不同可分为大气、水体和危险废物几类，按物质组成的不同可分为持久性有机物、无机盐、重金属等。环境风险因子促使或引起风险事件发生的条件，以及风险事件发生时，致使损失增加、扩大的条件。具体来说，风险因子包括两类物质，①具有易燃性、易爆性、腐蚀性、反应性等提升环境事故发生概率的物质；②具有生物毒性、辐射性、持久性等增加事故发生后环境损害程度的物质。鉴于国内外对环境污染因子和环境风险因子的研究已经较为成熟，本研究主要根据方法构建的需求，在汇总分析相关领域既有成果的基础上，直接筛选提出适应于产品环境污染和风险评估的特定因子。

（1）国外相关清单与因子界定。美国、日本、欧盟、世界性组织为控制高环境污染物质和高环境风险物质都提出了一系列的名单。在污染因子控制方面，各国主要关注水体、大气、土壤领域，具备内分泌干扰性、持久性等关键特征的污染物质；在风险因子控制方面，各国主要关注重大危险特征和致癌性质的物质（表 4-2）。

表 4-2 国外污染因子和风险因子名单

系列	国家（地区）	名录（名单、目录名称）
污染物质名单	美国	美国清洁水法管制化学物质名单
		USEPA 公布的水环境优先污染物及其监测的环境要素
		USEPA“协议法令”附件 C 规定的污染物
		USEPA“协议法令”第四（C）段规定的污染物
		USEPA 重点控制空气中 189 种有害污染物名单
		美国《资源保护与回收法》监控的 PBT 物质初始名单
		美国 EDSP 计划筛选出的内分泌干扰物清单
	日本	污染物排放转移登记制度中需登记的指定化学物质清单
		第 2 类监控的特定有害物质名单
		排名靠前的优先污染物顺序
		日本 SPEED’98 战略计划筛选出的内分泌干扰物
	欧盟	欧盟（EEC）793/93 管制的优先化学物质名单
		欧盟内分泌干扰物候选物质清单
		CLTRAP 公约 POPs 议定书控制的持久性有机污染物质名单
		欧盟水环境优先污染物筛选中归并为化合物簇的化合物
		采用 COMMPS 方法从各优先列表中筛选归并的优先污染物列表（1999 年）
		欧盟污染物排放转移登记化学物质清单
		欧盟水环境优先污染物名单
	国际	2007 年 CERCLA 优先污染物名单
		OSPAR 的 DYNAMEC 方法提出的优先行动污染物
		《斯德哥尔摩公约》管制的持久性有机污染物名单
		世界自然基金组织（WWF）提出的环境内分泌干扰物基础清单

系列	国家（地区）	名录（名单、目录名称）
风险物质名单	美国	美国毒理学计划公布的致癌物名单
		USEPA 在 1986 年公布的 200 种致癌物的危害等级
		USEPA 在 2008 年发布的农药致癌性研究报告
		美国重大危险源物质名单及其临界量
	日本	日本《有毒有害物质控制法》控制的特定有毒物质名单
		日本《有毒有害物质控制法》控制的有毒物质名单（137 种）
		《有毒有害化学物质控制法》确定的化学物质名单
	欧盟	欧盟重点管理的致癌物质名单
		欧盟塞维索指令规定的有重大危险化学物质及其阈限量
		塞维索指令 I 规定的特定危险物质及其临界量
		其他危险物质类别和临界量
	国际	WHO 致癌物质清单
		国际癌症研究机构的致癌物质名单

（2）国内相关清单、方法与因子界定。基于国内外相关基础科研的成果以及法律法规的具体规定，收集汇总已有的污染因子和风险因子。①污染因子。一般通过对污染物的总量、处理难度、本身理化特性、持久度、毒性和污染范围等方面来统计和比较得到了需要管理重点的污染因子，包括国内的 4 种总量控制污染物、环境统计的 26 种污染物、污染源普查的 27 种污染物、国家污染物健康风险名录等（表 4-3）；②风险因子。风险物质是指具有毒害、腐蚀、爆炸、燃烧、助燃等性质，对人体、设施、环境具有危害的物质，在我国的《危险化学品名录》《国家危险废物名录》中对物质的风险因子分别给出了相应的划分（表 4-4）。

表 4-3　现有环境管理制度所关注污染物的数量与种类

制度名称	总量控制	环境统计	污染源普查	国家污染物健康风险名录	污染物名称代码
污染物名称	SO_2	SO_2	SO_2	第一分册包括苯、苯胺、丙烯腈、邻苯二甲酸二丁酯等 80 种物质 第二分册包括毒死蜱、乙草胺、三氯杀螨醇、克百威、阿维菌素等 60 种农药产品	略
	NO_x	NO_x	NO_x		
	COD	COD	COD		
	氨氮	氨氮	氨氮		
			BOD_5		
		工业废水	工业废水量		
		汞	汞		
		镉	镉		
		砷	砷		
		铅	铅		
		六价铬	六价铬		
			总氮		

制度名称	总量控制	环境统计	污染源普查	国家污染物健康风险名录	污染物名称代码
污染物名称			总磷		
		氰化物	氰化物		
		石油类	石油类		
		挥发酚	挥发酚		
		工业废气量	工业废气量		
		烟尘	烟尘		
		工业粉尘	工业粉尘		
			氟化物		
		危险废物	危险废物		
		冶炼废渣	冶炼废渣		
		粉煤灰	粉煤灰		
		炉渣	炉渣		
		煤矸石	煤矸石		
		尾矿	尾矿		
		脱硫石膏	脱硫石膏		
		放射性废物			
		废水排放量			
		工业固体废物			
污染物总数	4	26	27	140	603+878

表 4-4　现有名录所划分风险因子

名录名称	危险化学品名录	国家危险废物名录
风险因子	爆炸品	腐蚀性
	易燃、剧毒、有毒气体	急性毒性
	易燃液体	易燃性
	易燃固体	反应性
	遇水放出易燃气体的物质	物质含量
	氧化性物质	
	有机过氧化物	
	毒性物质	
风险因子总数	8	5

（3）名录关注污染和风险因子的界定。针对我国现阶段污染形势、防控需要以及管理需求，名录制定需要重点关注下述污染因子与风险因子，①化学需氧量、二氧化硫、氮氧化物、氨氮被国家严格管控的 4 项总量控制污染物；②总氮、总磷等主要的富营养化污染物；③二氧化硫、氮氧化物、硫化氢、二甲基硫等主要酸雨污染物；④挥发性的有机物、硫酸盐、硝酸盐、铵盐、碳以及各种金属化合物气凝胶等主要雾霾污染物；⑤铅、汞、镉、砷、铬、铜、镍、锌等典型的土壤重金属污染物；⑥对二甲苯、硝化甘油等具有毒害、腐

蚀、爆炸、燃烧、助燃等性质或被已列入《危险化学品名录》的污染物；⑦其他对环境造成潜在污染或风险的物质。

4.1.2.3　评估指标

研究范围清晰是构建和使用方法的前提，界定污染与风险因子是构建方法的基础，而设置指标是对前述基本概念、研究范畴、污染因子等的一个系统综合，是构建比较筛选基准、进行实际实践操作的核心内容。一方面，可以用来从某个层面直接反映产品某个层面的环境污染或环境风险，直接用于某些直观简易的方法的快速判定；另一方面，又可视为后续更全面深入地基于模型的定量化评估方法的数据输入，所以，指标的全面科学，是方法科学性的重要保障。根据描述方法需求和数据定量化程度的不同可分为定性和定量指标，根据评估内容与方面的不同可分为污染指标、风险指标、产业经济指标和环境管理指标等，根据存在形式的不同可分为物理量指标和价值量指标，根据评估宽度和评估内容的综合性程度可分为单一指标和综合指标。

（1）定性指标和定量指标。定性指标是指无法直接通过数据计算分析评价内容，须对评价对象进行客观描述和分析来反映评价结果的指标；定性指标用于无法定量化以及数据获得困难的情形；最典型的描述方式是对指标进行优、良、中、及格、差的评估，或者存在、不存在的表达。

定量指标是可以准确数量定义、精确衡量并能设定绩效目标的考核指标；定量指标一般用于极具代表性的指数中，这一指数具有重要含义，能够体现产品的特性，且数据规范容易得到；定量指标分为绝对量指标和相对量指标两种，绝对量指标如污染物排放总量，相对量指标如污染物排放与行业平均值的比。

（2）污染风险、产业经济、社会发展、环境管理。污染风险指标是指对产品的环境污染和环境风险进行描述的指标；污染与风险指标用于描述、评估和表征产品的环境影响程度；通常包括污染物质和风险物质的产生和排放总量、浓度，污染物质的持续性、扩散性、生物富集性等，以及风险物质的易燃性、易爆性、致癌性等。

产业经济指标是指对产品的产业经济影响力进行描述的指标；产业与经济指标用于分析产品的经济地位、产能情况等；通常包括产品的产能、产量、进出口量、产品结构（高端产品占比）、成本、售价、上下游产业链发展情况、产能分散度等。

社会发展指标是指产品的生产的销售对社会发展的影响力指标；社会发展指标用于分析产品在社会发展中所处的地位，表征产品的社会价值；通常包括产品生产、运输、消费、后处理过程中带动的社会就业，还包括评估产品的物质需求和精神需求属性，以及产品是否属于奢侈消费品等。

环境管理指标是指对该产品具有作用的环境管理政策情况；环境管理指标用于分析产品被监管的力度，它的高低也会左右该产品是否需要列入“双高”通常已经被其他政策禁止生产或销售的产品不需要列入“双高”产品名录；包括《淘汰落后产能目录》《禁止加工贸易名录》等对产品的作用情况。

（3）物理量指标、价值量指标。物理量指标是指污染物排放量、设备损耗速度等具有实际载体的指标；物理量指标用于描述产品环境影响的实际情况。而价值量指标则是污染物排放折合而成的经济损失等、设备损耗速度折合而成的经济成本等指标；用于计算产品本身价值与产品生产带来的环境损害之和。

（4）单一指标、综合性指标。单一指标和综合性指标是一组相对的概念，其中单一指标是指对单一环境影响类型进行评估的指标；单一指标用于产品特征的研究，也可以作为单一环境问题防控的技术支撑；如产品酸雨指数是指该产品对形成酸雨的贡献力度的大小衡量指标。

综合性指标则是指产品对综合的环境污染影响和环境风险影响的指标，是不区分环境影响类型的，所有环境影响的综合体现；综合性指标用于判定产品是否纳入“双高”产品名录，是名录制定的关键指标；如表征产品对综合环境污染贡献大小的产品环境污染指数。

4.1.2.4 比较基准与指标阈值

名录制定方法旨在研究分析产品的环境污染与风险，最终给出“双高”属性的判定结果。对于产品最终的环境污染与风险程度与大小，仅仅是通过方法核算出来的分值、数字或者比值是无法有效评判其优、良、中、差，必须建立一个标准体系作为衡量依据，用来完成污染与风险最终的描述与表征。所以，如何能够设计和建立判定标准、比较基准以及指标阈值来表征和比对产品的环境影响，是名录方法构建的关键一步，而对于不同的研究方法或指标体系，其方法和指标性质决定其标准体系的构建。①对于一些定性描述性方法指标，设置类似“高、中、低”“优、良”或者“是、否”等判定标准，要有明确的衡量体系；②对于一些既有定性成分也有定量成分的方法，需要对结果数字排序或者定性打分的，设置“1、2、3、4、5”排序体系或者其他打分分值标准，用于评估排序；③针对一些关键指标设定标准与阈值。例如，某产品污染排放总量超过工业总排放量的 1‰，单位工业产值 COD 排放强度超过工业行业平均水平的两倍以上等；④对于一些定量核算方法，如产品的环境成本、风险概率、经济损失等，要建立起评判阈值，以阈值为界限断定产品“双高”属性。

另外，参照产品生命周期以及产品环境足迹等研究领域的方法可知，可以依据某种产品对各种环境问题的贡献大小来评估比对其环境污染与环境风险程度与等级，从而筛选“双高产品”。具体来讲，通过研究和分析区域内环境污染因子和风险因子的产生和排放量与环境问题之间的对应关系，推广到由产品在各个生命周期中的环境污染和风险因子产生和排放量计算产品带来的环境问题，从而通过比较环境问题的程度来衡量产品的环境影响大小。主要的环境影响类型定义有联合国环境署、美国环境毒理学与化学学会、欧盟委员会和中国科学院生态环境研究中心等提出的 4 种不同的分类方法，它们的分类方式大同小异（表 4-5）。

表 4-5　环境影响与环境问题的类型

联合国环境署	美国环境毒理学与化学学会	欧盟委员会	中国科学院生态环境研究中心
臭氧耗竭	臭氧耗竭	气候变化	臭氧耗竭
全球变暖	全球变暖	臭氧消耗	全球变暖
人体健康毒害	人体健康毒害	可吸入颗粒物	不可更新资源
意外事故	光化学烟雾	光化学烟雾	光化学烟雾
光化学烟雾	酸化	水体富营养化	酸化
噪声	富营养化	土壤富营养化	富营养化
酸化	生态毒性	酸化	可更新资源
富营养化	土地使用	辐射	工业固体废物
生态毒害	非生物资源消耗	淡水生物毒性	危险废弃物
土地使用/栖息地的保护/生物多样性物种入侵和 GMO 自然资源的使用废物	生物资源消耗	人体毒性（癌症）	烟尘及粉尘
		人体毒性（非癌症）	
		水资源消耗	
		矿物化石资源消耗	
		陆地迁移	

4.2　名录制定方法的经验借鉴

上节总结分析了“双高”产品名录制定方法在理论和实践两个层面应该承担的功能和所面临的限制约束，即提出了名录方法构建中的主要需求，本节侧重于分析总结已有研究对于名录方法构建的供给、借鉴和支撑，主要在环保科技和管理决策等相关领域中挑选和分析有可能为名录直接所用或有可能进行二次开发后为名录所用的诸多经典方法，在环保科技领域，主要述评了针对产品、区域和环境介质等评价主体的产品生命周期评价、生态足迹、空气质量指数法等相关方法，在管理决策领域，主要述评了其方法目标分别为筛选、相对测度排序、绝对测度排序的一票否决法、去量纲法、特征化法等相关方法。在叙述时，均详细介绍和分析了每种方法的基本原理、理论基础、应用领域和主要特征，以及方法的研究范围、污染因子、评估指标、基准指标等内容，最后对每种方法在名录制定方法体系中的借鉴应用潜力进行了总结分析。

4.2.1 环保科技领域主要方法介绍

4.2.1.1 全生命周期评价（LCA）

生命周期评价是一种对产品、生产工艺以及活动对环境的压力进行评价的客观过程，它是通过对能量和物质利用以及由此造成的环境废物排放进行辨识和量化来进行的。其目的在于评估能量和物质利用，以及废物排放对环境的影响，寻求改善环境影响的机会以及如何利用这种机会[①]。这种评价贯穿于产品、工艺和活动的整个生命周期，包括原材料提取与加工、产品制造、运输以及销售、产品的使用、再利用和维护、废物循环和最终废物弃置。

全生命周期评价（LCA）的核心模型工具是特征化，将多种污染物对同一现象的贡献特征化为同一特征污染物对这一现象的贡献[②]。与其他特征化方法相比，该方法已经运用广泛，形成了庞大的数据库支撑，消除了数据获得的障碍。同时，该方法考虑到全生命周期的环境负担，比一般方法更加全面，并且更适用于对产品的环境绩效核算。目前认为，全生命周期评价（LCA）应用于产品名录制定中的主要难点在于产品计量单位的规范化，即考虑怎样比较不同使用价值和市场价格的产品的环境负担。

4.2.1.2 可持续发展指数（ESI）

ESI 使用一种称为"社会经济压力→环境生态现状→政府的反应"的框架评价方法衡量在未来几十年各个国家和地区的环保能力。这种方法也得到欧洲环境署的赞同。根据此框架，ESI 把 76 项数据整合为 21 项指标[③]，监测各国的自然资源状况，过去和现在的污染情况，环境管理力度及对全球公共资源保护的贡献和社会改变环境情况的能力。这些指标涉及五大类问题：环境体系、减轻环境压力、减少人类易受环境压力的弱点、社会和机构应对环境挑战的能力、全球管理。

ESI 所确定的多项变量是通过各种评论信息、评估数据、严格分析，并广泛向环境政策的制定者、科学家、指标专家等咨询后得出的。虽然 ESI 不能提供可持续发展的权威性的视角，但 2005 年 ESI 报告收集的指标和变量有以下几个主要作用：成为环境决策分析的有力工具；与 GDP、人类发展指数（human development index）相类似，也是衡量国家进步的一种方法；是有效定位一个国家环境绩效的途径[④]。

---

① 王玉涛，王丰川，洪静兰，等. 中国生命周期评价理论与实践研究进展及对策分析[J]. 生态学报，2016，36（22）：7179-7184.

② 周祖鹏，刘夫云，唐兴春. 产品全生命周期评价方法研究前景的探讨[J]. 机械设计与制造，2011（10）：261-263.

③ 郭存芝，彭泽怡，丁继强. 可持续发展综合评价的 DEA 指标构建[J]. 中国人口·资源与环境，2016，26（3）：9-17.

④ 杜斌，张坤民，彭立颖. 国家环境可持续能力的评价研究：环境可持续性指数 2005[J]. 中国人口·资源与环境，2006（1）：19-24.

4.2.1.3 生态足迹

生态足迹是衡量人类在发展过程中对生态系统所产生影响的一个热门指标。生态足迹是指支持一定地区的人口所需的生产性土地和水域的面积，以及吸纳这些人口所产生的废弃物所需要的土地之总和。任何已知人口（某一个人、一个城市或一个国家）的生态足迹是生产这些人口所消费的资源和吸纳这些人口所产生的废弃物所需要的生物生产总面积[①,②]。生态足迹的单位是“全球性公顷（global hectare）”。一个单位的“全球性公顷”相当于 1 hm^2 具有全球平均产量的生产力空间。

4.2.1.4 能值分析

结合了系统生态、能量生态和生态经济原理的能值理论和分析方法是美国著名生态学家、系统能量分析先驱 H.T.Odum 为首于 20 世纪 80 年代创立的[③]，作为一种环境政策评估工具，Odum 将能值定义为：一种流动或储存的能量中所包含的另一种类别能量的数量。任何形式的能量均源于太阳能，故把任何资源、产品或劳务形成所需直接和间接应用的太阳能的量，定义为其所具有的太阳能值，单位为太阳能焦耳（sej）。能值分析方法的另一个重要概念是能值转换率，各种能量或物质转换为太阳能值，需要一个转换系数，即能值转换率。它被定义为形成单位产品或服务所需要的太阳能值量，是衡量能质和能级的尺度，单位为 sej/J 或 sej/g。

4.2.1.5 空气质量指数法（AQI）

空气质量指数法（AQI）是我国环境空气质量指数（AQI）技术规定中使用的空气质量指数计算方法，能够描述和表征空气的综合污染水平。该方法选取了二氧化硫 24 h 平均浓度等 10 个指标，将它们的 10 个指标中的浓度值转化为无量纲的空气质量分指数，最终以 10 个分指数中的最大值作为当前的空气质量指数值。

空气质量指数法将定性研究和定量研究相结合，选取最具代表意义的几项空气污染物的浓度作为指标，能够快速计算空气质量的指数。然而，该方法以相对浓度最大的污染物的分指数作为空气质量指数值，完全无视其他污染物质的浓度，导致其对综合水平的表征力不足。

4.2.1.6 地下水质量标准

国家技术监督局于 1994 年实施、2007 年修订的《地下水质量标准》(GB 14848—2007）中，将内梅罗指数法[④,⑤]，作为地下水质量标准评价的方法。内梅罗指数不仅考虑到各种

---

① 徐中民，程国栋，张志强. 生态足迹方法的理论解析[J]. 中国人口·资源与环境，2006（6）：69-78.

② 杨开忠，杨咏，陈洁. 生态足迹分析理论与方法[J]. 地球科学进展，2000（6）：630-636.

③ 蓝盛芳，钦佩. 生态系统的能值分析[J]. 应用生态学报，2001（1）：129-131.

④ 寇文杰，林健，陈忠荣，等. 内梅罗指数法在水质评价中存在问题及修正[J]. 南水北调与水利科技，2012，10（4）：39-41，47.

⑤ 李亚松，张兆吉，费宇红，王昭. 内梅罗指数评价法的修正及其应用[J]. 水资源保护，2009（6）：48-50.

影响参数的平均污染状况，而且特别强调了污染最严重的因子，同时在加权过程中避免了权系数中主观因素的影响，克服了平均值法各种污染物分担的缺陷，是应用较多的一种环境质量指数。该方法先求出各因子的分指数（超标倍数），然后求出个分指数的平均值，取最大分指数和平均值计算，得到综合等级指数。

内梅罗指数法的优点是数学过程简洁，运算方便，物理概念清晰。对于一个评价区，只需计算出它的综合指数，再对照相应的分级标准，便可知道该评价区某环境要素的综合环境质量状况，便于决策者做出综合决策。但是内梅罗指数法同样也存在着许多问题，如过分突出极大值对水质污染的影响，评价项目中即使只有一项指标 P_i 值偏高，而其他指标 P_i 值均较低也会使综合评分值偏高。这种“一票否决”式的方法在评价工作要求日趋严谨和完善的情况下，显然不太客观。如果考虑不同评价因子对环境的毒性、降解难易及去除性难易程度等因素，那么同处一个质量级别的不同污染因子的 P_i 值应区别对待，即增加权重因素。

4.2.2 管理决策领域主要方法介绍

4.2.2.1 德尔菲法

德尔菲法[①]也称为专家调查法，是一种采用通信方式分别将所需解决的问题单独发送到各个专家手中，征询意见，然后回收汇总全部专家的意见，并整理出综合意见。随后将该综合意见和预测问题再分别反馈给专家，再次征询意见，各专家依据综合意见修改自己原有的意见，然后再汇总，这样多次反复，逐步取得比较一致的预测结果的决策方法。德尔菲法在环境科学和环境工程应用领域被广泛地应用于指标体系中的权重分析。

利用德尔菲法进行权重预测，其数据需求量小，准确度较高，主要应用于影响因素众多、定量化处理困难的领域。缺点是主观定性程度高，对专家水平要求较高，再现性不足，多次重复打分使操作相对复杂。

在名录筛选工作中，由于各指标的差异性较大，指标之间关系较为复杂，德尔菲法的众多优点都支持它成为名录制定方法在指标整理环节中的重要备选方案之一。值得一提的是，德尔菲法可以用于指标的筛选，将专家打分很低的指标排除在指标体系之外不考虑它对目标的影响。

4.2.2.2 一票否决法

一票否决法，是指产品筛选中，在设定的多项指标里，有任意一项或者特定某项超出指标阈值，则将产品定义为“双高”产品，该方法能突出名录制定的核心指标，增加名录

---

① 徐蔼婷. 德尔菲法的应用及其难点[J]. 中国统计，2006（9）：57-59.

制定工作的实际含义。

一票否决法能独立使用，也能配合其他方法，具有加强特定指标重要性的作用，主要特征为：①各项指标独立运行，尊重差异性特征；②阈值的确定存在是本方法的重点和难点；③适用于具有“最严格”需求的领域；④使用范围广，可以与其他方法共同使用。

4.2.2.3　层次分析法

层次分析法是一种将定性与定量分析方法相结合的多目标决策分析方法。该法的主要思想是通过将复杂问题分解为若干层次和若干因素，通过专家打分收集意见，再对两两指标之间的重要程度作出比较判断，建立判断矩阵，通过计算判断矩阵的最大特征值以及对应特征向量，就可得出不同方案重要性程度的权重，为最佳方案的选择提供依据。

层次分析法的特点是在对复杂的决策问题的本质、影响因素及其内在关系等进行深入分析的基础上，利用较少的定量信息使决策的思维过程数学化，从而为多目标、多准则或无结构特性的复杂决策问题提供简便的决策方法，尤其适合于对决策结果难以直接准确计量的场合。层次分析法区别于德尔菲法之处在于，这种方法对两两指标之间重要性进行比较，通过矩阵运算得到单项指标权重。避免专家直接对单项指标进行打分，在样本集过大的时候产生偏差，从而准确度较德尔菲法更高。

4.2.2.4　BP 神经网络

BP 神经网络是研究领域最受关注的一种指标权重计算方法之一，它通过对已知（经实践检验是科学、合理、切合实际的评价）样本的学习，获得评价专家的经验知识及对目标重要性的权重协调能力，尽可能消除以往权重确定方法中的人为影响，保证权值的有效性和实用性。BP 神经网络的主要特征为：①需要样本，即其他方法计算得到的产品环境绩效值；②需要指标数据，模型建议需要提供 BP 神经网络中考虑的指标数据；③通过多次训练得到各指标的权重，对样本的质量要求高；④样本数量足够大时，BP 可完成由 n 维输入空间到 m 维输出空间的非线性映射；⑤模型建立以后，使用方便。

对环保重点工作、主要环境问题的关注度不足和指标数据收集困难是现有的名录制定方法中存在的两大障碍，BP 神经网络能够按照现有环境统计口径设计足够多的指标，通过计算机模拟计算得出各指标的权重，能同时解决指标设定和数据获得两大难点。目前认为 BP 神经网络应用于名录制定方法遇到的最大阻碍来自样本。①该方法对样本质量要求高，需要建立其他的产品环境绩效核算方法以供给 BP 神经网络的样本；②该方法对样本数量要求高，需要展开大量的企业调研进行数据收集。这些要求在短期内是无法满足的。

4.2.2.5　灰色关联度分析法

灰度关联度分析法（简称关联度分析法），是建立在灰色系统理论基础上的一种土地评价方法。由于它最终也是将评价因素的权重与其等级的分数相乘然后相加，因此也可称为关联度分析权重指数和法。

关联度分析权重指数和法对样本量无特别的要求，且数学处理难度小，相比 BP 神经网络等方法简明。关联度分析对指标均一化程度的要求较高，需要各指标具有可比较性。然而，这种方法只是灰色系统理论在产品环境负担评价中的尝试，还需要进一步加以检验和改进。

4.2.2.6 等级划分法

等级划分法的基本思想是：将各项指标划分为 N 个等级，分别定义各个指标等级的覆盖范围，将所有样本数值转换成该样本在各项指标下的等级数。我国现在通用的《地表水环境质量标准》《土壤环境质量标准》和《地下水质量标准》等都使用了该方法。

等级划分法在去量纲的同时，对样本在单项指标下的程度进行了描述。该方法的难点是各项指标的分级阈值确定，然而这也是该方法的亮点所在，研究者可以将方法运用领域的工作需求纳入分级阈值确定过程中，这使各项指标的含义更加符合现状和需求。

目前认为该方法应用于名录制定方法的障碍主要表现在，指标数量庞大时，分级阈值确定困难，分级阈值中带有的主观考虑可能影响方法体系的科学性。在指标标准化阶段定性成分过多会降低方法体系的可信度和准确度，同时给后期的多项指标的整合工作带来困难。

4.2.2.7 去量纲法

在多指标综合评价中涉及两个基本变量：一个是各评价指标的实际值；另一个是各指标的评价值。由于各指标所代表的物理含义不同，因此存在着量纲上的差异。这种异量纲性是影响对事物整体评价的主要因素。指标的无量纲化处理是解决这一问题的主要手段。无量纲化，也称为数据的标准化、规格化，是一种通过数学变换来消除原始变量量纲影响的方法。

直接综合法只能在固定数量的样本中使用，本研究针对名录制定，评价对象是海量产品。因此，该方法不能纳入方法体系。

标准化处理方法同样只能在固定数量的样本中使用，不能纳入方法体系。

相对化处理方法得到的无量纲值具有实际含义，该值大于 1 代表该产品这项指标超标，该值小于 1 代表该产品这项指标符合标准。同时，相对化处理方法处理数据步骤简单，因此，能较好地适应名录制定方法的需求。该方法的难点在于标准值的确定。

函数化处理方法与相对化处理方法异曲同工，其输出的功效系数是无量纲数。与相对化处理方法相似，该方法的难点在于上限值和下限值的选择。

4.2.2.8 特征化法

特征化法的基本思想是：将一个指标之下的多个因子换算成同一典型因子，通过典型因子的数值表征该指标的程度。特征化法中的一个重要概念是特征化系数，它是各项因子转化为典型因子的系数，一般需要通过科学实验获得。特征化法的思想在很多环境负担评价模型都有所体现，生命周期评价中，研究者将各项污染物对酸雨的贡献转化为产生相同效果 SO_2 的量；生态足迹中，研究者将各项因子的环境负担换算成接受该负担的土地面积；能值法中，各项因子被转换成太阳能的量；绿色 GDP[①]中的典型因子则为货币量。

特征化法可以用于指标的标准化也能用于指标的整合，它相比于其他方法优势显著：①典型因子具有特定的含义，能够对任何目标进行表征；②通过实验研究获得的主要影响因子和特征化系数提升了方法的可信程度，减少对目标的评估误差。目前认为方法的难点在于特征化系数的确定较为复杂困难，需要大量科研成本，同时典型因子对目标的表征是否全面。

4.2.3　方法借鉴潜力分析

4.2.3.1　筛选、相对测度与绝对测度方法

（1）简单筛选、相对测度和绝对量方法的划分与特点分析。“双高”产品名录制定方法需紧密结合名录的目的和作用，将筛选、比较和排序作为方法的核心作用，为此，本研究将环保科技领域和管理决策领域内的方法划分为三类即简单筛选类方法、相对测度方法和绝对量测度方法。其中，简单筛选类方法又称为归类/分类方法，首先将产品划分为几个类别，然后制定规范的方法对产品进行筛选分类；相对量测度方法又称简单排序法，该方法通过将各相关指标无量纲化之后，进行归一化处理，从而得到具有一定相对含义的综合指数，能够用于表征产品的环境污染或者环境风险程度；绝对量测度方法是比相对量测度方法定量化程度更高的一类方法，在数据处理时，绝对量测度方法中的各个系数的数值都是唯一确定的，从而使最后的指数数据具有独立含义，更为严谨。本课题通过研究这些方法的特征，分析其对“双高”产品名录制定方法需求的供给，评价各方法在名录制定中的应用潜力。

在实际的名录制定中，筛选方法、相对测度方法和绝对量测度方法分别具有以下特点：首先，简单筛选类方法。①数据需求小、操作较为简单，主要由于“双高”产品的筛选不需要将几个产品进行比较；②能够作用于较大的产品样本集，也可以对单个产品进行筛选；③能够找出产品环境污染或风险产生的机制，直观地得到产品被列为“双高”的原因。其次，相对量测度方法。①不强调系数的唯一性，表达形式相对抽象；②最终的指数数值一般不具有独立含义，只能通过各个产品之间的比较发挥意义；③能够比较不同产品的环境影响，用于产品环境影响的排序。最后，绝对量测度方法。①绝对量测度方法的定量科学化程度高，转化系数能够通过实验获得，如单位 CH_4 相当于 25 个单位 CO_2 产生的温室效

① 龚勋. 基于环境污染损失的重庆市绿色 GDP 核算体系研究[D]. 重庆：重庆大学，2008.

应影响，其中的特征化系数 25 是经过实验唯一确定的；②绝对量测度方法得到的数值结果是有特定单位的，较相对量测度方法的无量纲数值，它含有独立有效的含义；③为支撑以上两项优势，绝对量测度方法要求更大的数据量和实验量。

（2）简单筛选、相对测度和绝对量方法在名录制定中的应用分析。对 4.2.1 和 4.3.2 中提及的主要名录借鉴之方法进行分类，属于简单筛选方法的仅有德尔菲法、一票否决法；属于相对测度方法的包括可持续发展指数、空气质量指数法、层次分析法、BP 神经网络、灰色关联度分析法、等级划分法等；属于绝对量测度的方法包括全生命周期评价、生态足迹、能值分析、地下水质量标准、特征化法等。

简单筛选方法、相对测度方法和绝对量测度方法在方法操作、数据需求、结果输出、权威可信程度等方面有着明显的差异，在名录制定中应该进行合理的结合应用。①德尔菲法、一票否决法等简单筛选法由于操作简单，具有良好的全面性、科学性和可信程度，是“双高”产品初步筛选最有利的方法；②层次分析法等相对测度方法，由于全面性好，并且能够将不同产品进行综合评分和比较，是“双高”产品评估中，能够在“双高”产品评估中很好地将产品的环境影响进行对比和排序；③全生命周期评价等绝对量测度的方法，由于这类方法对数据的要求高，不宜在大样本中进行，其科学性和全面性是 3 种方法中最好的，并且可以对单个产品进行评估，被认为是适用于“双高”产品最终判定和论证的方法。

4.2.3.2 定量、定性、定量与定性相结合

（1）定性和定量方法的划分与特点分析。定性研究和定量研究不仅在自然科学中得到广泛应用，也是社会科学研究的方法，名录制定方法是定性研究方法与定量研究方法的结合。定性研究趋向于运用访问、观察和文献法收集资料，并依据主观的理解和定性分析进行研究的过程。定量研究就是通过统计调查法或实验法，像自然科学那样建立研究假设，收集精确的数据资料，然后进行统计分析和检验的研究过程。定量、定性、定量与定性相结合的方法各有其特点，在“双高”产品名录制定中根据情形不同可以相互补充。

定性研究具有探索性、诊断性和预测性等特点，它并不追求精确的结论，而只是了解问题之所在，摸清情况，得出感性认识。定量研究一般是为了对特定研究对象的总体得出统计结果而进行的。换句话说，定性研究方法是广度的拓展，定量研究方法是深度的强化。表 4-6 为定性研究方法和定量研究方法存在的差异。

（2）定性和定量方法在名录制定中的应用分析。对 4.2.1 和 4.3.2 中提及的主要名录借鉴之方法进行分类，属于定性研究为主的方法仅有德尔菲法、一票否决法；属于定量研究的方法包括全生命周期评价、生态足迹、能治分析、空气质量指数、地下水质量标准、BP 神经网络、灰色关联度分析法、特征化法等；属于定性和定量研究相结合的方法则包括可持续发展指数、层次分析法和等级划分法。

表 4-6　定性研究方法和定量研究方法之间的差异

	定性研究方法	定量研究方法
着眼点	着重事物质的方面	着重事物量的方面
在研究中所处的层次	定量研究是为了更准确地定性	
目的	对潜在的理由和动机求得一个定性的理解	将数据定量表示，并将结果从样本推广到所研究的总体
样本	由无代表性的个案组成的小样本	由有代表性的个案组成的大样本
依据	大量历史事实和生活经验的无结构材料	调查得到的有结构的现实资料数据
手段	运用逻辑推理、历史比较等方法	运用经验测量、统计分析和建立模型等方法
学科基础	逻辑学、历史学等	概率论、社会统计学等
结论表述形式	以文字描述为主	以数据、模式、图形等来表达
结果判定	获取一个初步的理解	建议最后的行动路线

定量研究与定性研究之间虽然在研究理论基础、研究者与被研究者关系、研究方法手段和目的上有很大的不同，但是定量研究与定性研究的互补性已成为不可争辩的事实，两者之间不是对立的，而是统一的，因此，可以在名录制定中结合运用。德尔菲法、一票否决法等定性研究可以帮助研究者发现问题的关键所在，而全生命周期评价、层次分析法等定量研究则能够让研究者去确认问题的客观性内容以及检验已经出现的理论的可信度。在名录制定方法研究中，将逐步从运用单一的定性方法走向定性方法与定量方法并重的格局，而且定性和定量方法的专业化程度也在不断提高。

4.3　方法体系与框架

4.3.1　方法构建原则

前文已述，产品是一个新颖的中观层面的研究角度，是一个尝试提炼共性的研究视角，其研究方法体系必然不同于针对微观个体以及宏观整体的研究体系，既要研究共性规律、又不能过分概化从而泯灭差异性和特征，既要突出不同产品间的特性与差异，又不能陷于对个体特征与不确定性的强调从而否认共性与规律性的存在。具体来讲，“双高”产品的筛选方法构建应该基于和满足如下原则与条件：

（1）科学性。名录制定要有事实依据和理论依据，要符合科学原理和客观现实。①具有理论依据，名录制定方法借鉴现有环保领域和管理决策领域的相关方法；②符合科学原理，所借鉴方法应用于名录制定时的方法优化过程必须科学合理并具有事实依据；③必须与常识相符，名录制定时将现实实践中给环境带来了可见的污染和风险的产品，或被列入世界权威禁止类清单的产品优先考虑列入。

（2）全面性。对产品在全生命周期中的环境影响，经济、社会影响的考虑尽量全面。①对环境影响的分析评估要全面，包括产品消耗的资源、各阶段产生的污染情况、各阶段发生的风险概率等；②对经济和社会的影响及其与环境影响的关系要考虑，包括该产品的国内外需求、产品上下游产业链、替代产品情况等，以及该产品带动的就业率、产品的使用价值等。

（3）可操作性。在名录制定方法的科学性和全面性得到保障的同时，产品的相关信息和数据的获得和处理必须是可以操作的。①产品相关的信息和数据是可获得的，包括产品事故、污染问题、权威清单列入情况等定性的信息，以及产品污染物排放量、产能、价格、进出口量等定量数据；②产品相关的信息和数据是可以处理的，收集的大量信息和数据能通过科学方法转化可用结果，而不会因为产品差异较大，数据形式多样而无法处理复杂的信息和数据。

4.3.2 方法构建思路与框架

理论上，名录制定应分为“初选—对比—判定”3 个步骤逐次进行。具体是：①初步筛选，从资源节约、污染防治及环境安全的角度，对潜在的“双高”产品进行初筛，形成备选产品大名单；②对比排序，对初筛后拟纳入“双高”名录的产品进行环境污染和环境风险的定性和定量描述及产品“双高”属性的对比；③判定论证，评估判定产品最终“双高”属性，形成“双高”名录。有效地完成这 3 个步骤的研究工作，才能最终完成“双高”名录的编制工作。

其实，在名录制定实际工作中，由于工作经费、工作时间等方面的限值，一般很难按上述 3 步的理论模式开展名录筛选与制定；同时，由于前人在相关行业、针对重点产品已开展过不少相关研究，积累了大量“半成品”似的素材与成果，很多时候也不是完全必要非严格依据“初选—对比—判定”3 个步骤从零开始编制名录。结合名录制定工作经验，一般来讲，名录制定遇到的比较多的情形主要有以下几种：单一产品判定是否属于“双高”产品、同行业内（相似程度相对较高的）多种（或几种）产品筛选“双高”（其中，相同产品不同工艺间环境绩效的对比、重污染工艺与环境友好工艺的区分也与此种情形类似）、跨行业间（存在一定相似程度的）多种（或几种）产品筛选“双高”、跨行业间差异比较大的多种（或几种）产品筛选“双高”。下面，为了分别满足这四大类工作情形需求，同时结合相关理论与方法研究进展，总共设计了包含发下 5 种各有侧重、各有特点的“双高”

名录制定方法体系（表 4-7）。

表 4-7 名录制定 5 种方法的特性与适用范围

方法类型与特性		方法名称	适用范围
定性方法		列入条件法	单一产品判定
定量方法	相对测度方法	基于层次分析法的“双高”判定方法	同行业多种产品筛选 跨行业相似产品筛选
		基于 DEA 的产品环境效率指数法	单一产品判定 跨（同）行业多种产品筛选
	绝对测度方法	基于环境成本的“双高”产品判定方法	单一产品判定 跨（同）行业少数产品筛选
		基于 LCA 的“双高”产品判定方法	单一产品判定 跨（同）行业少数产品筛选 名录制定争议仲裁、环境改进方案提出等其他延伸用途

（1）列入条件法。该法是专家及行业协会通过自身的专业知识与经验以及对行业发展政策、国内外环保名录的文献研究初步确定“双高”名录的筛选名单，根据在实际调研中所掌握的产品在生产过程中产排污情况、环境风险等级、污染治理成本的实际数据以及国内外所关注的热点环境问题进行综合考虑，最终判定该产品是否纳入“双高”产品名录，以专家打分为核心的方法。列入条件法的优点是能快速准确地找到具有高污染、高环境风险性质的产品或工艺，考虑的指标较为全面，需要的数据量小。但缺点也比较明显：①从海量产品中筛选“双高”属性产品时，没有统一规范的方法，容易将筛选范围局限于主观认为的少数行业；②无法将不同产品的环境影响进行横向比较，找到需要进行优先控制的“双高”产品；③该方法主要依赖专家经验，主观成分过高，再现性较差，不是成体系的、科学的名录制定方法。因而，其一般适用于单一“双高”产品论证与判定，不适宜于几种或多种产品比较筛选。

（2）基于层次分析的“双高”判定方法。此法将产品环境影响分解为污染物排放、环境风险、生产因素、能源消耗、资源综合利用 5 类要素、若干项指标，是建立在层次分析法基础上的定性定量相结合的综合性评价方法。环境影响评价方法优点是在评价指标确定的前提下，相对于列入条件法客观性增强、定量化程度有所提升，同时，方法不受样本数量限值可以同时研究评估多个产品。但是缺点也比较明显，①必须要进行专家打分与评判，方法不可避免仍具有一定主观性；②只能反映产品间环境污染或风险的相对水平，无法反映单一产品环境污染或风险的绝对水平；③进行评估需要全面收集参加评估的所有产品的全部 12 项指标的数据，数据可获得性较差。一般用于同行业多种产品筛选和跨行业相似产品筛选两种情形。

（3）基于环境成本的“双高”产品判定方法。此法是基于产排污系数将产品或工艺的污染物产生量和排放量换算成产品内部虚拟污染处理成本和外部环境危害成本，加和生成环境代价成本的定量方法。其优点是定量程度高，科学性强，数据来源稳定，将产品对环境的影响归一为货币。其缺点主要是以产排污系数作为数据来源，未纳入产排污系数手册的特殊污染物没有考虑在内，另外环境成本只是计算产品生产过程中的代价，对产品原材料、产品使用后的处理处置等阶段未进行考虑。一般用于同行业多种产品筛选和跨行业多种产品筛选两种情形。产品环境成本法由于可以计算得出单一产品的环境损害的绝对量，所以，其适用范围除可以适用于同行业几种产品筛选和跨行业几种产品筛选两种情形外，还可以用于单一产品判定。

（4）基于 LCA 的“双高”产品判定方法。该法是将生命周期分析得已经较为系统成熟的思路、方法、模型、参数以及已有数据库，适当进行拓展、延伸、调整后直接引入“双高”产品名录筛选与制定领域中，与国际规范的产品环境绩效分析相接轨的一种分析方法。其优点主要有：纳入环境污染与环境风险评估的范围最全面、分析最深入、过程最规范；同时，该方法定量化程度较高、过程与结果的客观性较高、定性较准确、结果较权威。其缺点主要有：数据需求量过大、工作周期长，同时对方法使用者本身的专业知识和技能经验要求较高，总体上限制了该方法的适用范围。理论上，其可以适用于跨（同）行业少数产品筛选，但是，其最主要的应用在于单一产品判定，以及名录制定争议仲裁、环境改进方案提出等其他延伸用途。

（5）基于 DEA 的产品环境效率指数法。该法是以计算比较多要素投入、多要素产出情况下同类组织工作绩效相对有效性的常用工具——数据包络分析（DEA）作为基础框架，以相同资源环境投入（污染物排放和资源消耗）情况下经济社会指标的产出大小作为比较标的，识别相同资源环境成本下经济社会产出“相对无效”的产品，并将其定性为“双高”产品的一种方法。其最大的优点：①计算过程不包含定性成分，是纯粹的定量化方法，具备天然的公平公正性；②方法中的指标可以根据制定需求的不同任意更换，最大限度地适应实际情况，且满足指标考虑全面的需求。其缺点是：①对全部数据的要求较高，个别数据的偏差会带来整个模型的误差；②仅适用于产品生产阶段的环境绩效计算。该方法一般适用于单一产品判定和跨（同）行业少数产品筛选。

名录制定设计 5 种方法的性质、用途、研究机理和关注目标等都有所不同，并各有其优缺点。针对 5 种方法，从对污染与风险反映的全面性程度、定量化程度两大方面进行对比分析，能使得名录制定者、方法使用者更好地理解方法的特点（图 4-2）。

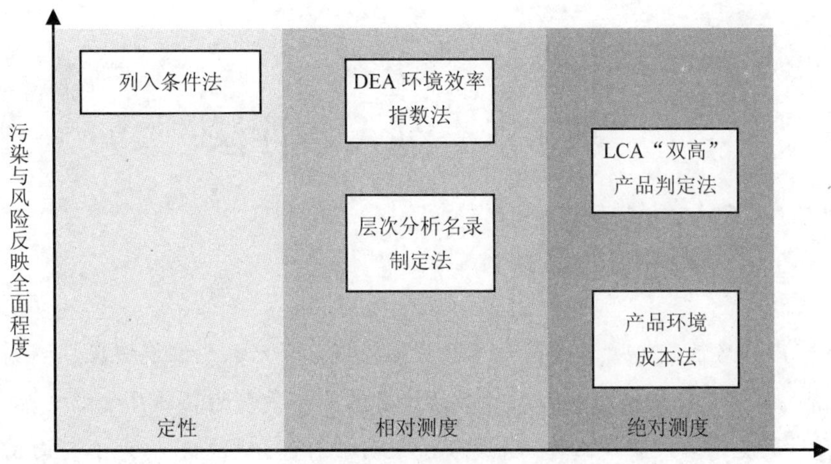

图 4-2　名录制定方法体系所含 5 种方法的定量化程度与全面程度分析

第 5 章　列入条件法

"双高"产品名录制定所考虑因素涉及方面较多，如产品的经济概况、环境污染情况、环境风险情况、环境管理情况及列入"双高"名录可能带来的经济社会影响等；而在名录实际工作中，尤其是名录制定工作开展初期，又面临着部分指标数据无法查询或难以量化、定量化方法不完善等系列约束条件。因此，具备数据需求量不大、判定重点条件突出、方法适用性强等优点的以定性分析判定为主的方法——列入条件法，便成为名录初选和判定的主流方法。经过近几年的实践检验和完善，该方法的规范性、可操作性与科学性均不断加强，已成为名录制定的主要方法之一。

5.1　基本原理

5.1.1　概念与机理

列入条件法是以若干关键判定条件为依据、以专家判断为基础的一种定性研究方法，又称为专家判断法；是研究者基于名录实际工作需要，以德尔菲法与一票否决机制为原型改进而成的一种方法。该方法主要依靠行业协会或相关院校专家多年的经验[①,②]，对行业内某一产品或工艺在生产过程中环境污染、治理成本、环境风险等情况进行评估，在综合考虑现行的环境管理名录及相关产业政策后，对比参照列入"双高"名录的关键判定条件，对产品或工艺是否纳入"双高"名录所做出的综合判断。

（1）列入条件法以德尔菲法与一票否决机制为原型，是具有坚实理论基础的判定方法。一方面，德尔菲法是一种匿名式的、轮番征询专家意见的，最终得出预测结果的集体经验判断法，在环境科学和环境工程应用领域被广泛应用于指标体系中的权重分析，具备数据需求量小、准确度较高等特点。在名录筛选工作中，由于各指标差异性较大，指标间关系较为复杂，列入条件法充分吸纳德尔菲法的众多优点，应用于指标整理环节，将专家打分

---

① 徐蔼婷. 德尔菲法的应用及其难点[J]. 中国统计，2006：57-59.

② 刘伟涛，顾鸿，李春洪. 基于德尔菲法的专家评估方法[J]. 计算机工程，2011（37）：189-191.

很低的指标排除在指标体系之外，不考虑它对目标的影响。另一方面，一票否决制是一项行政措施，有着明确的指向性和强力的约束性，突出其中的一项中心工作，如果这项工作没有完成，就一票否决，其他工作做得再好也没用①。在“双高”产品名录制定过程中，如该产品关键指标中，有任意一项或者特定某项超出指标阈值，则将其定义为“双高”产品，该方法能突出名录制定的核心指标，增加名录制定工作的实际含义。

（2）基于产品各方面指标均可表征的特点，列入条件法是具备可行性和有效性的一种方法。产品，作为贯穿经济社会发展全过程各方面、同时承载经济流与环境流的核心载体，具有满足顾客需求的特性，其生产、使用、废弃等均可以通过相关指标来表征，如产品设计成本、生产成本、运输费用、储存费用及因工业生产所造成的环境污染而导致的社会费用等经济属性指标；产品环境污染状况、环境风险状况相关的环境属性指标等。在这些指标中，部分指标，如生产成本、运输费用、污染物排放量等是可以量化的，直接通过数据大小表征其优劣程度；而部分指标，如污染物的危害、突发环境事故的可能性等指标，量化则比较困难，但却可以通过描述并借助专家经验对其优劣进行判断。因此，“双高”产品名录编制，基于产品的经济、资源、环境属性指标，围绕高污染、高环境风险层面的具体要求，将可能涉及的方面作为条件列入“双高”产品的分析要素中，并对其主要指标进行明确界定，借助专家经验对其优劣进行判断，具备可行性与有效性。

5.1.2 方法设计

基于列入条件法在名录制定方法体系中的定位与作用，以及列入条件法的基础机理模型的优势与限制，为充分保证方法的科学性与可应用性，本节给出列入条件法的设计思路与方法组成，主要围绕构建方法所需要的环境污染与风险范围划定、指标体系建立、判定标准明确 3 个技术关键点予以阐释。

（1）环境污染与风险范围划定。列入条件法作为定性分析方法，对污染和风险的涉及相对定量方法较为宽泛，加之环境污染与风险的范围可大可小，因此，准确界定该方法应用时环境污染与风险的范围将直接关系到产品判定指标体系的建立与其是否具备高污染高环境风险属性的判断。

列入条件法可关注产品全生命中期中的各个环节、各种来源、各种形式的环境污染与环境风险。双高产品名录区别于国家现有其他环境管理名录的特点之一便是以产品作为研究对象，联合控制厂界内外污染。产品全生命周期包括生产、运输、使用以及处理处置 4 个阶段，涉及原料、产品、“三废”等不同的物质形式，均可能产生环境污染与风险。因

① 李松. 环保还需要“一票否决”[N]. 中国环境报，2011-1-26（1）.

此，为确保产品环境污染与风险分析的全面性，应围绕产品全生命周期展开。

限于环境污染因果关系的复杂性和环境介质与污染受体的时空差异性，列入条件法集中研究污染与风险的原因与种类，不延伸研究污染与风险的损害。一方面，列入条件法对污染的研究限于对污染物质的产生、治理、排放的种类和数量进行研究，将各种污染物因为排放的时空差异而造成的污染与损害结果的不进行深入研究。列入条件法中，环境污染分析重点关注二氧化硫、氮氧化物、烟（粉）尘、COD、氨氮等常规污染物质及 VOCs、甲醛、二甲苯、酚类等行业特征污染物质的产生、排放情况和对应的治理技术、治理成本等，同时也关注“三致”物质、POPs 等非常规污染物质的产生、排放及可能带来的危害情况。另一方面，列入条件法对环境风险的研究重点关注产品本身、原材料本身、工艺过程本身所固有的理化属性，对污染事故因时空差异所产生损害差异，也不进行深入研究。列入条件法中，环境风险重点关注具备易燃性、易爆性、腐蚀性、反应性、剧毒、高毒等风险源本身的物理化学特征，以及这些危险源的在线量、储存量、排放量等；同时也关注该产品在生产过程中曾经发生重大污染事故情况等。[①,②,③]

（2）指标体系建立。列入条件法作为依赖于专家判定的定性分析方法，具体分析要素和主要指标的确定是否合理直接决定判定结果的科学性与可应用性，因此，指标体系建立过程便至关重要，一般来讲，需满足下述两个方面的要求：①“双高”产品以应用性为导向，其制定结果在服务于环保外，还服务于产业、安监、贸易等经济政策，因此，列入条件在充分考虑产品的环境污染情况和环境风险情况的同时，还应考虑产品的环境管理概况和经济概况，即充分保证指标体系所涉及分析要素的全面性；②列入条件法为定性方法，用于很多具体指标难以量化的情况下。因此，在明确所涉范围和具体关键指标时，可不受有无数据的限制，只需根据产品环境污染与风险分析结果，突出重点，选取关键指标判断即可。必要时，可以采取单个关键指标进行一票否决。

基于上述要求，“双高”产品名录制定列入条件法可能涉及的分析要素、所涉范围和拟推荐的关键指标（表 5-1）。

（3）判定标准确定。为确保列入条件法的科学性与准确性，在明确主要分析要素及其表征指标的基础上，需要对产品高污染、高环境风险判定标准进行深入界定和分析，描述出产品高污染、高环境风险的具体表征方面，为专家判断提供方向。而在具体判定标准的界定过程中，基于列入条件法自身适用性较强的优势，加之部分指标数据难以得到且阈值难以固定，判定标准以描述性语言为主，具体如下：

---

① 王翔，边归国，肖毓铨. 工业企业环境风险指标体系与分级方法研究[J]. 能源与环境，2015（6）：54-58.

② 唐俊，邹玉飞，张金香. 浅谈环境风险评价的指标体系和评价模型[J]. 内蒙古水利，2011（1）：63-65.

③ 石济开，邵超峰，鞠美庭. 石油化工企业环境风险分级评价指标体系研究[J]. 安全与环境学报，2015，15（2）：324-330.

表 5-1　“双高”产品名录制定列入条件法分析要素及主要指标

分析要素	所涉范围	关键指标推荐
产品经济概况	生产厂家概况	企业数量、企业布局情况等
	产量和进出口情况	产品产能、产量、进出口量及其国内占比等
	产值情况	行业产值、增加值及其国内占比等
	经济发展概况	吨产品平均利润等
产品环境污染情况*	污染物产生情况	污染物产生总量及其行业占比、单位产品污染物产生量、单位工业增加值污染物产生量等
	污染物排放情况	污染物排放总量及其行业占比、单位产品污染物排放量、单位工业增加值污染物排放量等
	污染物治理成本及环境经济代价分析	污染物治理技术难度、治理设备投资等
	污染物危害情况	是否产生、排放“三致”物质、POPs 等
产品环境风险情况	分子式及物理化学特征	易燃性、易爆性、腐蚀性、反应性等
	可能发生的污染事故及环境风险评估	危险化学品在线量、贮存量、排放量等
	已发生过的污染事故情况	
产品环境管理情况	行业环境管理情况	是否已制定行业污染物排放标准、污染防治技术政策等
	重点环境管理目录关注情况	《剧毒化学品目录》《环境风险物质清单》《中国严格限制进出口的有毒有害物质名录》等
	国家产业、贸易政策关注情况	产品、原料及生产工艺等是否列入《产业结构调整指导目录》《加工贸易禁止类商品名录》《取消出口退税的商品清单》等

注：*部分表示，在对产品进行环境污染情况分析时，污染物不仅包括二氧化硫、氮氧化物、烟（粉）尘、COD、氨氮、石油类、总磷、总氮、BOD_5、汞、镉、六价铬、铅、砷、氰化物、挥发酚等常规污染物，也包括 VOCs、甲醛、二甲苯、酚类、苯并[*a*]芘、氯气等行业特征污染物。

产品“高污染”判定标准主要围绕生产过程展开，主要包括：①该产品生产过程中排放的污染物数量大、环境危害大、处理费用高。其中，对于与国内外先进产生列入《国家危险废物名录（第一批）》废物的产品要优先列入，和排放废物清洁生产工艺装备相比，消耗高、污染大的产品尤其应被列入高污染产品；②该产品生产过程中排放的废物含有对环境和人体健康危害严重的物质。其中，对于含有剧毒、致畸、致癌、致突变、易燃、易爆、强腐蚀、强氧化还原等特性物质（详见国家安全生产监督管理局等部门颁布的《危险化学品名录》《剧毒化学品名录》）的要重点列入；③该产品生产过程中排放的有毒有害污染物难以治理达标，不易自然降解，可通过生物链不断富集，对于人体健康和生态平衡构成严重危害。其中，对于曾经造成过公害事件（如日本的水俣病）污染物的产品要优先列入。

产品“高环境风险”判定标准围绕全生命周期过程展开，主要包括：①该产品生产、运输、储存、使用过程中，或非正常情况下可能导致发生重大污染事故。其中，对于在生产过程中曾经发生重大污染事故的产品应优先选取；②该产品在生产和使用中具有易燃、易爆、剧毒、高毒且易于扩散等特质。

5.1.3 使用条件

列入条件法作为一种定性方法，应用该方法对产品是否具备双高属性进行判断时，需具备下述 5 个条件：

（1）具备一定反映产品各方面特性，且能够做出判断的指标体系。一般来说，在考虑产品的高污染与高环境风险特性的同时，兼具考虑经济和社会影响特征，即必须全面考虑产品的环境影响、经济影响和社会影响。其中，环境影响包括产品消耗的资源、各阶段产生的污染情况、各阶段发生风险的概率等；经济影响包括该产品的国内外需求、产品上下游产业链、替代产品情况等；社会影响包括该产品带动的就业率、产品的使用价值等。

（2）具备一定知识水平和实践经验的专家。定性研究倾向于从实践中归纳和总结，制定者必须具备相应的知识水平和实践经验。因此，列入条件法需建立由熟悉相关领域、具有丰富经验和综合分析能力的专家组成的专家库，利用已掌握的历史资料、数据和专家的个人经验、分析判断能力，对产品是否纳入“双高”名录做出判断。

（3）基于专家经验所限，研究范围不应过宽。列入条件法虽然也进行文献与实际调研，但其主要依托于专家经验和知识水平。一般来讲，专家的知识范围有限，可能仅对于某一小行业较为了解并能够做出贴合实际的判断。若范围过宽，可能会带来较大的判断误差，影响结果的科学性。同时，跨度较大的多种产品，在环境污染、环境风险等相关指标上的表征侧重点不同，对它们同时采用列入条件法进行判断，不仅难以保障科学性，可行性也较差。这也是在名录制定实践过程中依托行业协会编制名录的主要原因。

（4）具备规范、严密、公开的筛选程序。列入条件法，作为定性分析方法的一种，判定过程中，并不能完全排除行业自我保护的可能，特别是在行业协会编制名录的情况下。而设计规范、严密、公开的筛选流程，并对流程中的各项内容进行合理和正确的陈述，使筛选流程所确立的研究过程形成一个完善的逻辑系统，则可以降低主观评判出现过大偏差的可能性，提高研究结果的信度与效度。

（5）需要收集一定的资料和数据，并进行必要的实地调研，获取一手资料。一般来讲，定性研究是在自然环境中，使用实地体验、开放型访谈、参与性与非参与性观察、文献分析、个案调查等方法对社会现象进行深入细致和长期研究的基础上形成的。因此，列入条件法也应该在基于专家经验进行判断的基础上，充分收集材料并进行实地调研，保证定性研究结果的可信度和科学性。

5.1.4 适用范围

列入条件法作为初筛及判定的方法，不仅可以作为单一产品双高属性判定的方法，也可以设定一系列前提条件的情况下做小范围的产品筛选。概括起来，该方法适用于以下 3 种情况。

（1）单一产品判断。当反映产品环境污染、环境风险的相关数据采集不够全面，不能支持对“双高”产品的定量分析时，依靠从事产品生产的相关专家和环保专家，利用他们自身的经验，对产品是否具有高环境污染、高环境风险特征进行综合判断，确定该产品是否为“双高”产品。

（2）基于不同研究主题的备选大名单筛选。在“双高”产品名录方法体系较为完善阶段，可自主设定主题，如重金属、$PM_{2.5}$、VOCs、POPs（持久性有机污染物）、新型污染物等，运用列入条件法从众多产品名单中，快速并较为准确地挑选出拟纳入“双高”产品名录的备选名单。

（3）行业内小样本组合的筛选。行业内产品在污染、风险等方面具备一定的相似性与较大的差异性，且业内具有相关经验的专家较多。因此，在选定某一行业的前提下，可依托行业协会或对行业情况较为熟悉的大专院校、科研机构等，利用列入条件法较为快速、准确地挑选出行业内高污染、高风险产品备选名单。

5.1.5 方法优缺点

列入条件法具有可信度强、适用性强、直观性强、简捷快速等优点：

（1）可信度较强。列入条件法，旨在通过对产品经济发展概况、环境污染状况、环境风险状况及环境管理情况的考察和判断，借助专家经验和实践调研，揭示产品是否具有高污染、高环境风险特征的研究方法，制定流程规范，考察方面全面，既有数据材料又经过编制人员的详细分析、相关专家的论证等，可信度较强。

（2）适用性强。列入条件法不仅适用于数据全面、影响因素可定量的情况，而且适用于产品数据不全或主要影响因素难以判断的情况。即只要具有一定经验水平的专家并能够对专家的判断予以实际核实的情况下，可以对任何产品做出判断，适用性较强。

（3）简捷快速。列入条件法能够基于产品特性，依据专家经验，抓住关键问题，较为快速地从多个相关产品中，筛选出具有高污染、高环境风险性质的产品，简捷快速。

（4）直观性较强。列入条件法的判定结果为描述性语言，能够直接看出产品列入名录的理由，直观性较强。

作为定性分析方法，列入条件法具有主观性较强和可比较性较差的缺点：

（1）主观性较强。与定量研究易于保持客观性不同的是，列入条件法的筛选结果，常常受到专家的知识水平的影响，主观性较强，容易出现行业的自我保护，较易出现典型产品漏选的情况。

（2）可比较性较差。囿于专家经验与产品自身特性等，列入条件法无法将不同行业、不同类型产品的环境影响进行横向比较。同时，当涉及不同环境问题、不同污染指标的多个产品或同一产品的不同方面产生争议时，解决问题的可行性较差。

5.2 工作流程与要求

定性评估研究中，要让研究者保持绝对的价值中立是难以做到的。因为定性研究的内容包含着较多的主观性因素，让人难以辨别出究竟是主体的真实认识还是有价值偏向。为降低主观评判出现过大偏差的可能性，提高研究结果的信度与效度，设计规范、严密、公开的筛选流程并明确工作要求，使筛选流程所确立的研究过程形成一个完备的逻辑系统十分必要。

5.2.1 工作流程

从研究的构成角度看，无论何种理论或实践倾向的研究，工作流程一般都应包括明确研究对象、收集资料、材料分析、结论判断等若干步骤，列入条件法也不例外。作为定性分析方法，为了尽可能降低编制双高产品名录过程中"一家之言"的可能性，该方法工作流程的材料分析阶段，在依靠编制单位专家经验的前提下，就编制单位的研究成果召开专家论证会，对编制说明报告的基础数据、评价方法、评价结论等予以论证，结合论证结果，最终做出判断。"高污染、高环境风险"产品列入条件法的判定流程见图 5-1。

（1）明确编制对象。编制对象包括待编制的产品和产品编制单位两部分。①根据环保年度工作任务与工作重点，向地方环保部门、国民经济重点行业相关行业协会、企业、研究单位、NGO 和公众等征集当年拟开展研究的备选名录，并参考国外相关研究与政策成果、已发布的污染物名单等，对备选名录进行适当增删和调整，形成综合名录待编制的产品清单；②根据待编制产品情况，组织专家对拟申请单位的工作基础、技术储备等进行综合评估，确定产品编制承担单位，承担单位可以是相关研究院所、高校，也可以是具备研究基础的行业协会。

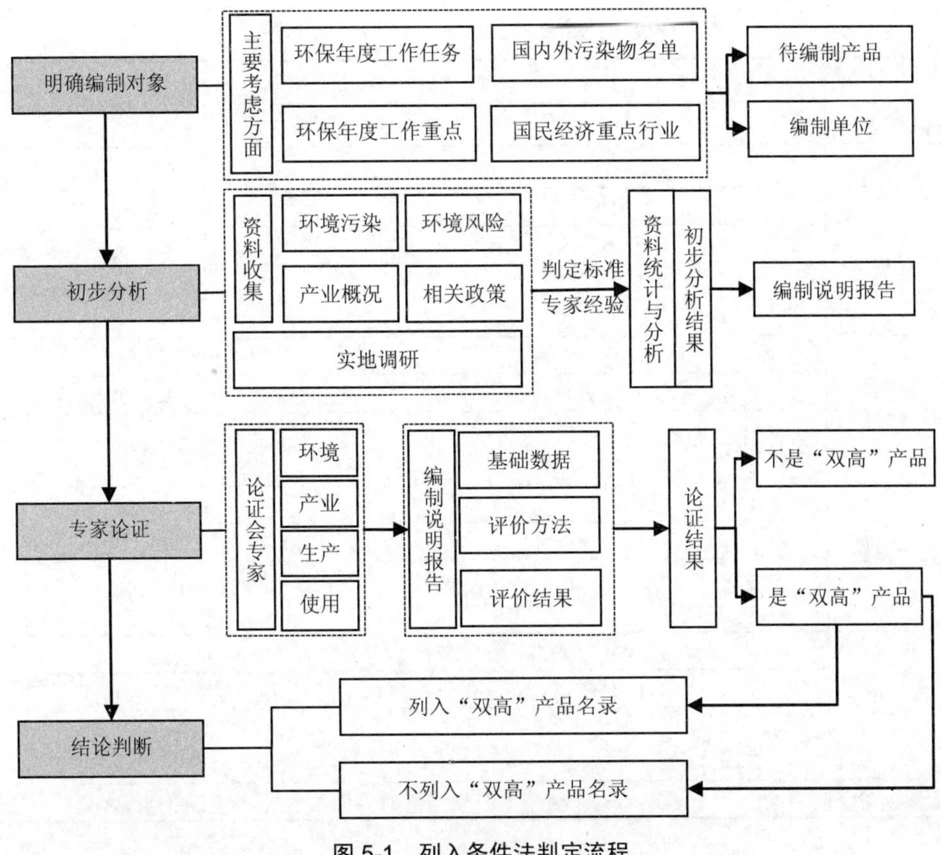

图 5-1 列入条件法判定流程

（2）初步分析。产品编制单位根据研究任务，开展相关资料收集、调研、论证等工作，在充分掌握产品、工艺、行业的环境污染、环境风险、行业发展、环境管理等情况后，根据高污染产品判定标准和高环境风险产品判定标准，结合所具备的专家经验，对所获取文字材料和调研实证材料进行统计、分析。基于分析结果，初步判断产品是否具有高污染、高环境风险特征，并编写编制说明报告、编制说明简表、产品基本情况表等名录制定技术规范要求的材料。

（3）专家论证。根据所编制产品的涉及范围和技术难度，召开专家论证会，邀请环境、产业、生产、使用等方面的专家，对产品编制说明报告中的产品概况、污染情况分析、环境风险状况分析等章节所用资料内容是否齐全、基础数据是否准确真实及最终形成的结论是否恰当等进行论证，并提出修改意见。同时，对产品是否应列入名录做出判断。专家论证会审查意见（表 5-2）。

表 5-2 环境保护综合名录产品（工艺）专家审查意见表

<table>
<tr><td>产品名称</td><td colspan="3"></td></tr>
<tr><td>编制单位</td><td colspan="3"></td></tr>
<tr><td>评审内容</td><td colspan="3">评审意见</td></tr>
<tr><td rowspan="3">一、产品概况</td><td colspan="2">资料内容</td><td>采用数据</td></tr>
<tr><td colspan="2">□齐全 □基本齐全 □不齐全</td><td>□真实 □基本真实 □不真实</td></tr>
<tr><td>意见建议</td><td colspan="2"></td></tr>
<tr><td rowspan="3">二、污染情况</td><td colspan="2">资料内容</td><td>采用数据</td></tr>
<tr><td colspan="2">□齐全 □基本齐全 □不齐全</td><td>□真实 □基本真实 □不真实</td></tr>
<tr><td>意见建议</td><td colspan="2"></td></tr>
<tr><td rowspan="3">三、环境风险</td><td colspan="2">资料内容</td><td>采用数据</td></tr>
<tr><td colspan="2">□齐全 □基本齐全 □不齐全</td><td>□真实 □基本真实 □不真实</td></tr>
<tr><td>意见建议</td><td colspan="2"></td></tr>
<tr><td rowspan="3">四、结论</td><td colspan="2">列入理由</td><td>列入结论</td></tr>
<tr><td colspan="2">□充分 □基本充分 □不充分</td><td>□正确 □基本正确 □不正确</td></tr>
<tr><td>意见建议</td><td colspan="2"></td></tr>
<tr><td>五、总体评价</td><td colspan="3">□适宜列入名录 □适当修改后列入名录 □不应列入名录</td></tr>
</table>

（4）结论判断。根据论证结果确定“双高”产品的结论是否成立。若论证会同意其为双高产品，则列入“双高”产品名录，并根据专家论证会的意见修改报告；否则不列入。

5.2.2 工作要求

为保证列入条件法所编制产品名录的科学性和可信度，针对判定流程中的关键点，围绕编制产品、编制单位、基础数据、论证会专家、报告质量等方面提出下述工作要求。

（1）编制产品要求。进行“双高”产品编制时，应优先选择农药、化工、制药等传统环境污染治理重难点行业作为研究对象，参考借鉴国内外污染与风险物质控制名单，与当前的总量控制、风险防范、质量控制等环境保护重点工作相结合，所编产品能够为缓解雾霾、土壤重金属污染等当前较为严重环境问题提供政策作用对象。

（2）产品编制单位要求。承担名录编制工作的单位，应具备独立法人资格，具有与项目相关的科研、管理工作背景和技术能力，熟悉产品生产及国家环境保护政策、产业经济政策、法律法规，了解行业、企业环境污染治理、环境风险实际情况与需求。

（3）基础数据要求。数据问题是名录工作的关键问题，直接影响名录编制的科学性。

采用列入条件法判定产品是否具有高污染、高环境风险属性的整个工作过程中，应基于主要分析要素和判定指标的需要，对行业环境、经济、社会的实际情况进行翔实的资料收集，所用数据应来源于公开发表的年鉴、期刊等权威资料，时限为近一年或两年；必要时选取若干家典型企业进行实地调研，对文献材料进行补充或校核，保证数据的可靠性与准确度。

（4）专家论证会要求。召开专家论证会的目的是对产品编制说明报告、数据、研究结果等进行论证，提高列入条件法的科学性。因此，论证会所邀请专家需来自环境、产业、生产、使用等各个领域，熟悉产品本身及生产过程中的环境问题，人数不得少于 5 人且项目参加人员不得以专家身份参加论证会。论证过程中，若专家论证会同意产品为“双高”产品，则需形成书面的专家论证意见；若存在异议，则需修改后再次召开论证会，直至明确结果为止。

（5）报告质量要求。编制单位应按时、保质地提交研究报告和编制说明简表。报告应对纳入环保综合名录产品、工艺、设备的经济发展情况、环境污染与环境风险状况、环境管理情况等进行详细分析，论证材料充实，研究内容完整，所用数据准确可靠，研究结论明确。

5.3 案例分析

为充分阐述列入条件法应用于“双高”产品判定的有效性，基于前述列入条件法的分析要素、判定指标和高污染、高环境风险判定标准，按照判定流程及其工作要求，以农药行业毒死蜱产品为例，从其被选定为编制对象开始，分析了毒死蜱列为双高产品的原因和判定过程。

5.3.1 选定行业、产品与编制单位

农药行业是重污染行业[①]。为了防治植物病虫害，全球每年有超过 460 万 t 化学农药被喷洒到自然环境中。我国作为农业大国，也是农药的生产和使用大国，目前我国农药工业的生产能力、产量、出口量已处于世界第一位，农药生产带来的环境问题日趋严重，农药行业成为重污染行业之一。据悉，我国吨农药产生废水约 50 t，农药行业每年排放的废水占到全国工业废水排放总量的 2%～3%；同时农业行业废水成分复杂，含有有机氯化物和农药等难处理的毒性因子，治理难度较大。

毒死蜱系农药行业大宗产品，且在我国生产和使用量均较大[②]。毒死蜱是一种高效、

① 李婕旦，葛察忠，李晓亮，等. “双高”产品名录的制定与农药行业环境保护[J]. 中国环保产业，2011（5）：54-60.

② 石利利，林玉锁，徐亦钢，等. 毒死蜱农药环境行为研究[J]. 土壤与环境，2000，9（1）：73-74.

广谱、低残留和低抗药性的有机磷农药，具有触杀、胃毒和熏蒸作用，主要用于卫生杀虫剂和农用杀虫剂，按照急性毒性分级属于中等毒性杀虫剂，是世界上产销量最大的农药品种之一，现已在中国、美国、澳大利亚、日本等 14 个国家登记和注册，在中国登记的商品名是乐斯本[①]。

中国农药工业协会成立于 1982 年 4 月，是中国化工行业最早成立的行业协会之一，是跨地区、跨部门、跨行业的具有独立法人资格的全国非营利性社团组织，职能包括组织行业信息交流、分析行业经济运行情况、掌握全球农药工业技术发展动向及市场状况等。因此，与中国农业大学、北京化工大学等有意愿编制毒死蜱的其他单位而言，中国农药工业协会更为熟悉毒死蜱产品的生产和使用情况，而且和企业的联系也更紧密，方便调研及其他工作的展开。经比较，选择中国农药工业协会作为毒死蜱产品的编制单位。

5.3.2 初步分析

围绕毒死蜱生产过程中的环境污染情况、生产和使用过程中的环境风险情况、产品相关管控政策情况 3 个方面，选定工业废水排放量、COD、氨氮、总磷、废气等指标，进行资料收集，初步分析了毒死蜱列为“双高”产品的列入理由。

（1）毒死蜱生产的产排污情况。毒死蜱目前主要有两种生产工艺，分别为三氯吡啶醇与乙基氯化物合成工艺和三氯吡啶醇钠缩合工艺。据《第一次全国污染源普查工业污染源产排污系数手册》可知，两种工艺下的产排污系数见表 5-3。

表 5-3 毒死蜱生产产排污系数情况

<table>
<tr><th>产品名称</th><th>原料名称</th><th>工艺名称</th><th>规模等级</th><th>污染物指标</th><th>单位</th><th>产污系数</th><th>末端治理技术名称</th><th>排污系数</th></tr>
<tr><td rowspan="11">毒死蜱</td><td rowspan="6">三氯乙酰氯
丙烯腈
乙基氯化物</td><td rowspan="6">环合+缩合</td><td rowspan="6">所有规模</td><td>工业废水量</td><td>t/t（产品）</td><td>27.28</td><td rowspan="4">氧化还原+化学混凝法</td><td>27.28</td></tr>
<tr><td>化学需氧量</td><td>g/t（产品）</td><td>1 011 000</td><td>406 700</td></tr>
<tr><td>氨氮</td><td>g/t（产品）</td><td>51 810</td><td>21 620</td></tr>
<tr><td>总磷</td><td>g/t（产品）</td><td>9 600</td><td>8 900</td></tr>
<tr><td>工业废气量</td><td>m^3/t（产品）</td><td>49 584</td><td>冷凝法+吸收</td><td>46 343</td></tr>
<tr><td>HW04 危险废物</td><td>t/t（产品）</td><td>0.31</td><td>—</td><td>—</td></tr>
<tr><td rowspan="5">三氯吡啶醇钠
乙基氯化物</td><td rowspan="5">缩合</td><td rowspan="5">所有规模</td><td>工业废水量</td><td>t/t（产品）</td><td>3.37</td><td>物化+ 生物</td><td>135.2</td></tr>
<tr><td>化学需氧量</td><td>g/t（产品）</td><td>78 370</td><td>物化+ 生物</td><td>18 500</td></tr>
<tr><td>氨氮</td><td>g/t（产品）</td><td>140.0</td><td>物化+ 生物</td><td>38.0</td></tr>
<tr><td>总磷</td><td>g/t（产品）</td><td>9 600</td><td>物化+ 生物</td><td>8 900</td></tr>
<tr><td>HW04 危险废物</td><td>t/t（产品）</td><td>0.176 6</td><td>—</td><td>—</td></tr>
</table>

① 秦钰慧，王以燕. 美国关于毒死蜱的最新决定[J]. 海外信息，2000，39（8）：45.

毒死蜱生产过程中工业废水量、COD、氨氮等的排放量大，且其出口带来较大的环境逆差。2010 年全国的毒死蜱产量约 4 万 t，以三氯吡啶醇与乙基氯化物合成工艺和三氯吡啶醇钠缩合工艺产量为 7∶3 计，则 2010 年生产该产品排放的工业废水量、COD、氨氮、总磷和工业废气量分别为：238.6 万 t、1.16 万 t、605.8 t、356 t 和 13.00 亿 m^3，据《中国环境统计年报（2008）》可知，其中工业废水量、COD、氨氮 3 个值分别占 2008 年相应污染物排放总量的 1.1‰、2.87‰、2.26‰，而 2010 年全行业的销售收入约为 14 亿元，仅占 2008 年国内生产总值（300 670 亿元）的 0.04‰，占工业国内生产总值（129 112 亿元）的 0.1‰。2010 年我国毒死蜱出口 1 万 t，为生产这部分产品相当于向我国环境中至少分别排放工业废水量、COD、氨氮、总磷和工业废气量分别为：59.7 万 t、0.29 万 t、151.5 t、89 t 和 3.24 亿 m^3。

毒死蜱生产过程中污染物排放强度高。以生产吨产品排放的污染物量表征排污强度，以污染较重的三氯吡啶醇与乙基氯化物合成工艺为例，则生产吨产品：产生和排放难处理废水超过 20 t、排放 COD 406 kg、氨氮 21.62 kg、总磷 8.9 kg、废气（标态）46 343 m^3。以产生万元工业产值排放的污染物量表征排污强度，按 2010 年毒死蜱价格 3.5 万/t 产品计，仍以污染较重的三氯吡啶醇与乙基氯化物合成工艺为例，则每产生 1 万元的工业产值产生和排放高浓度、难处理的废水超过 5.71 t、排放 COD 116 kg、氨氮 6.18 kg、总磷 2.54 kg、废气 13 240 m^3。

毒死蜱生产过程中的废水排放浓度远远超过《污水综合排放标准》。基于《第一次全国污染源普查工业污染源产排污系数手册》可知：三氯吡啶醇与乙基氯化物合成工艺排放废水中 COD、氨氮、总磷的浓度分别达到了 14 908 mg/L、793 mg/L 和 326 mg/L，均远远超过了《污水综合排放标准》中相应指标的规定；同时，以行业平均值来计算，COD、氨氮、总磷的浓度也分别达到了 4 874 mg/L、254 mg/L 和 149 mg/L，均远远超过了国家相关标准。

毒死蜱生产废水成分复杂、有毒有害物质含量高，治理成本高。毒死蜱生产废水对微生物具有毒害作用，属于难生物降解废水，其 B/C 在 0.10 以下，一般的废水处理方法很难奏效，需要采用化学和生物处理结合的方法，每吨废水的处理成本高达 800 元；如果采用焚烧处理毒死蜱难生物降解的农药废水，每吨产品的处理费用将达到 5 000～6 000 元，而且在焚烧过程中还会产生大量污染物。按照 2010 年的毒死蜱的销售价格计算，毒死蜱的废水处理成本已经接近销售价格的 20%～40%。按照 2010 年毒死蜱的销售价格计算毒死蜱生产企业的万元产值排放的废水为 3～5 t，万元产值仅废水的处理成本就需要 2 000～3 000 元。

（2）毒死蜱产品生产和使用过程中的环境风险情况。产能过剩严重导致行业环境风险加重。截至 2010 年，我国有毒死蜱产能 11.6 万 t，而其产量仅约 4 万 t，装置开工率不足

50%，而且生产该产品产排污强度、产排污总量大，而且“三废”成分复杂、难以处理，达标排放治理成本高，同时产品售价不高，所以存在较为严重的企业牺牲环保管理和投入换取利润的环境风险。

毒死蜱产品使用过程中的环境风险重。毒死蜱具有很强的神经毒性和激素干扰作用，和很多起卫生事件有关。近期调查表明，有机磷类杀虫剂也和儿童多动症有关。美国环境保护局 10 年前就指出毒死蜱对人的神经系统和脑发育可能会有潜在影响，对儿童健康有害。毒死蜱的潜在危险性不容忽视，对鱼类及水生生物毒性较高，对蚯蚓不安全，能够明显加重蚯蚓的死亡率，而且在土壤中的残留期较长，对人体有很高的健康风险。

（3）毒死蜱产品相关的管控政策。由于毒死蜱使用后对人体的健康风险高，美国、加拿大、南非等国家均对毒死蜱采取了一系列的管控政策。

为了保证儿童健康，美国环境保护署（EPA）禁止毒死蜱应用于家居。这些行动包括：①2000 年末将最终停止毒死蜱在住宅草地和花园内的使用。②2000 年年末最终停止在全部现有住宅中使用毒死蜱控制白蚁。③2000 年年末停止毒死蜱在所有敏感区域的使用，诸如学校、托儿所、公园、医院、私人疗养所和购物中心。④2001 年起，将最终消除或明显降低毒死蜱在数种食物中的残留。⑤2004 年年末，将停止毒死蜱在新建住宅和建筑物中作为杀白蚁剂使用。

毒死蜱在加拿大被限制应用。加拿大害物管理法规局（PMRA）限制毒死蜱的作物登记，仅允许其在大麦、甘蓝等 13 种农作物的登记。但对这些登记作物的保留，采取了许多减少风险的措施，包括减少每季的施药次数、为保护水生态的缓冲区、工程控制、个人保持装置以及为了保护工人的再进入间隔期，等等。PMRA 规定，对于毒死蜱的登记，还需提供健康风险评价附加资料。

此外，2010 年 5 月 14 日，南非农业、林业和渔业局共同宣布禁用有机磷农药毒死蜱，禁止在家居和园艺中使用该产品。同时，许多国家对农产品，特别是蔬菜、茶叶上的毒死蜱残留量进行了严格的规定（不大于 0.01 mg/kg 农产品），而且是对外贸易农药残留检测项目之一。例如，日本厚生劳动省做出决定，自 2009 年 11 月 2 日起，对我国出口日本的木耳及其简单加工品实施毒死蜱命令检查。

5.3.3 深度分析——专家论证

在中国农药工业协会对毒死蜱产品的环境污染、环境风险及产品管控政策进行分析的基础上，邀请北京化工大学、北京理工大学、中国农业大学及名录固定咨询专家等 5 人组成专家组，召开针对毒死蜱产品的专家论证会，基于表 5-2 环境保护综合名录产品（工艺）审查意见表，针对毒死蜱编制说明报告逐项进行考察。

专家组一致认为，毒死蜱生产过程环境污染严重、环境风险较高，且出口量较大，为典型的“污染留在国内、产品出口国外”的产品；编制说明报告对于毒死蜱产品概况、环境污染情况、环境风险状况 3 个方面的资料内容均较为齐全，采用的数据也较为真实。总体来讲，列入理由充分，结论正确，同意毒死蜱产品被列入“双高”产品名录。

5.3.4 结论判断

基于毒死蜱产品编制报告与专家论证会结果，毒死蜱属于有机磷农药，被列入大气和水体的污染物范围，生产过程中污染排放量大，以三氯吡啶醇与乙基氯化物合成工艺为例，生产吨产品产生和排放难处理废水超过 20 t，排放 COD 406 kg、氨氮 21.62 kg、总磷 8.9 kg、废气 46 343 m^3，且污染物处理成本高，符合“双高”产品的列入条件，应纳入“双高”产品名录。

第 6 章　基于层次分析法的“双高”产品判定方法

随着“双高”名录工作的深入，名录制定初期采用以专家为核心的“列入条件法”，无论是对单一产品“双高”属性的判定还是对不同行业产品备选大名单的筛选，均收到较好的成效，成为名录制定的主要方法。但是以专家判断为核心的列入条件法是一种纯定性方法，容易受到专家知识经验的局限和主观因素的制约，其客观性和公平性一旦遭到质疑，难以用准确的、量化的证据去证明其“双高”属性；同时该方法判定过程主要针对单一产品，其判定结果缺乏横向对比性，难以用统一标准衡量产品“双高”属性。所以基于名录制定工作的新需求，为满足对同行业内产品或不同行业相似产品“双高”特性的排序及判定，设计构建了基于层次分析法的“双高”判定方法，以定性和定量结合的方法，分别计算产品环境污染、环境风险指数，基于指数大小对产品“双高”属性进行排序，参照排序结果评价产品最终的“双高”属性。

6.1　基本原理

6.1.1　概念与机理

基于层次分析法的“双高”判定方法是建立在层次分析法基础上的定性与定量相结合的“双高”产品综合性评价方法，该方法将环境污染与环境风险作为两个目标，通过专家判断建立层次分析模型对环境污染或风险指标体系权重赋值，进而量化计算得出环境污染指数与风险指数，基于指数排序结果与判定阈值的比对来判定“双高”产品。主要目的是对同行业内产品或不同行业相似产品的“双高”属性进行排序与判定。利用该方法来计算比对产品的“双高”特性既考虑到专家的经验，又兼顾了数据的量化，定性和定量结合，思路清晰、方法简便、科学性强①。

（1）环境污染与环境风险单独计算，准确度高。该方法是将环境污染和环境风险作为

① 郭金玉，张忠彬，孙庆云，层次分析法的研究与应用[J]. 中国安全科学学报，2008，15（5）：148-153.

两个目标分别进行研究，分别建立环境污染和环境风险两套指标体系，计算得出环境污染和环境风险两个判定指数，其计算比对判定过程均是独立进行，环境污染与风险两个目标不存在重叠和制约，对于“高污染、高风险”的属性定性更为准确，判定更为科学。

（2）分层次、多指标，独立赋值，综合全面。“双高”名录的制定要考虑产品全生命周期各阶段、产业经济、环保管理等各方面的因素，由于判定指标体系的复杂性，难以用单一指标来衡量对环境的影响程度，指标单一或过少都无法进行精确的定量运算，因此需要建立一个系统的、全面的、综合的模型来进行相对准确的计算。该方法的最大特点就是利用层次分析法对多个指标进行综合计算，针对环境污染及环境风险两个目标层级，分别建立全面综合的多因素指标体系，利用层次分析法对指标权重赋值，从而计算环境污染及风险指数，能够综合反映产品的环境污染及风险属性。

（3）兼顾定性判断与定量比对，科学性强。该方法主要是通过对综合指标体系的计算来实现“双高”属性的比对排序，而指标计算过程中最终的问题就是对指标权重的衡量与赋值。利用层次分析法计算指标权重首先要对指标进行两两重要性比较，才能建立层级分析判定矩阵。成对指标重要性比较完全要借助专家判断，利用专家经验对两两指标的重要性进行判断，然后进行定量计算。通过专家经验与指标量化计算完成最终的“双高”判定，是一种可行且科学的方法。

6.1.2　方法设计

根据“双高”名录的特点，以及层次分析法的基础理论模型的特点[①]，设计层次分析“双高”判定法。该方法是将环境污染指数和环境风险指数作为两个目标进行综合计算，两个目标的主要差异在于指标的选取，其计算方法流程基本一致，本节主要从指标构建、定性方法和定量方法三个部分设计和阐述基于层次分析法的双高判定方法（图 6-1）。

6.1.2.1　指数设计

基于层次分析法的“双高”判定方法在判定产品“高污染、高风险”属性的时候是将环境污染和环境风险作为两个目标独立进行计算、比对排序与判定。最终的计算结果以产品的环境污染指数和环境风险指数进行表征，通过对环境污染指数和环境风险指数的比对排序，进行“双高”产品的断定。

6.1.2.2　指标体系

基于层次分析法的“双高”判定方法是结合专家判断和指标核算的综合方法，专家判断主要是判定指标权重，要对指标进行综合核算就需要指标具备科学性、适用性及数据可

① 吴殿廷，李东方. 层次分析法的不足及其改进的途径[J]. 北京师范大学学报（自然科学版），2004，40（2）：264-267.

得性，因此，指标体系建立至关重要。该方法将环境污染和环境风险作为两个独立目标去进行核算，所以就要基于环境污染和环境风险建立起两套指标体系。

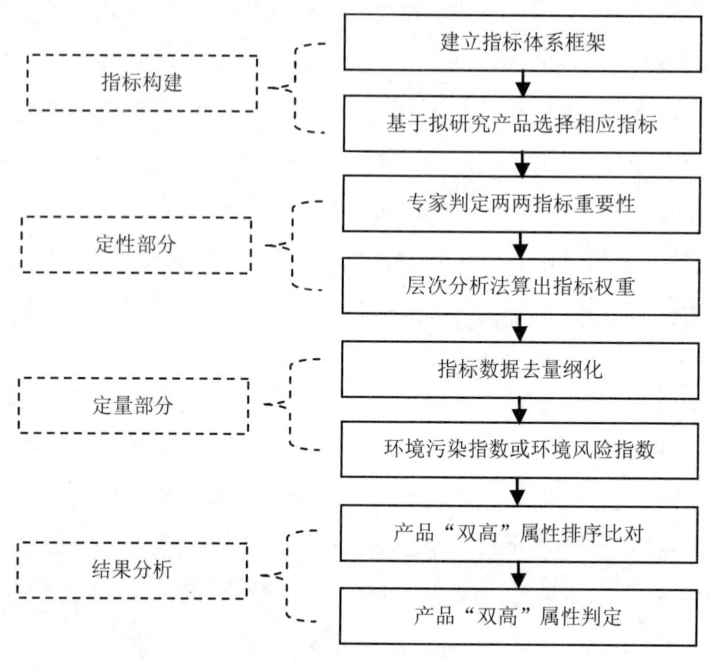

图 6-1 方法设计流程

（1）环境污染相关指标。环境污染指标主要包括水、气、声、渣 4 种，由于声不在环境统计基本数据范畴，因此选取了水、气、渣 3 个方面。大气环境影响指标主要包括单位产品废气产生量、SO_2、NO_x、烟（粉）尘产生量；水环境影响包括单位产品废水产生量、COD、氨氮、石油类、总磷、总氮、汞、镉、六价铬、铅、砷、氰化物、挥发酚产生量等；渣主要包括固体废物及危险废物的产生量。同时在确定基本的评价指标外，针对行业或者产品的特点，设计特征污染物这项指标，如 VOCs、甲醛、二甲苯、酚类、"三致"物质、POPs 等行业特征污染物。

（2）环境风险相关指标。根据原料、中间体及产品自身存在毒性、易燃易爆、腐蚀性等特征，分析使用和储存中容易发生事故，从而判定该产品全过程对环境和生态产生的危害风险。基于毒性风险的指标有：LC_{50}（鸟类、鱼类、哺乳动物）、"三致"效应、人体接触危害、环境最大残留限量、特殊污染特性（遗传毒性、群落毒性、生物富集性）、环境中的光解能力、水解能力。基于生产安全及环境污染的风险指标有：爆炸性、燃烧性、自燃性、遇水燃烧性、氧化性、事故发生次数、发生污染事故的概率等。需要重点关注的是，一般环境风险指标数据的可量化程度较低，所以需要参考一些风险评价标准对风险指标数据进行赋值，如毒性等级、风险等级赋值等，基于同一行业内产品的判定，需要建立统一的赋值标准。

综上所述，建立拟评价对象的环境污染及风险指标集合体系（表 6-1）。基于层次分析法的“双高”判定方法最终的指标综合核算是一个定量的过程，在指标选取的时候一定要充分考虑拟研究对象相应指标的数据可得性及准确性，针对拟研究对象的行业特征及政策需求选择合适的指标尤为重要。所以要针对拟研究对象产品集合的特征选择合适的指标体系。

表 6-1　“双高”指标集合体系

指标	分级指标		指标
污染指标	通用指标	大气	废气、SO_2、NO_x、烟（粉）尘等单位产品产生量
		水环境	废水、COD、氨氮、石油类、总磷、总氮、汞、镉、六价铬、铅、砷、氰化物、挥发酚等单位产品产生量
		固体废物	固体废物、危险废弃物等单位产品产生量
	特征污染物		VOCs、甲醛、二甲苯、酚类、“三致”物质、POPs 等单位产品产生量
风险指标	毒性风险		LC_{50}（鸟类、鱼类、哺乳动物）、“三致”效应、人体接触危害、环境最大残留限量、特殊污染特性（遗传毒性、群落毒性、生物富集性）、环境中的光解能力、水解能力
	生产风险		爆炸性、气体燃烧性、液体燃烧性、固体燃烧性、自燃性、遇水燃烧性、氧化性、事故发生次数、事故发生概率等

6.1.2.3　判定标准与阈值

基于层次分析法的“双高”判定方法其实是一种对环境污染及环境风险属性的比对排序方法，如何通过比对排序来判定“双高”产品就需要基于此方法建立特定的判定标准。

（1）选择阈值产品。该方法是一个比对过程，所以针对拟研究对象，选择同行业已列入“双高”的名录的产品作为阈值产品，通过拟研究产品与阈值产品环境污染及风险指数的比较来确定拟研究产品“双高”属性。

由于已列入“双高”名录的产品其环境污染与环境风险可能也存在较大差异，选取一个或者少数产品作为阈值来进行比较，难以科学地衡量，所以选取多个行业内典型产品作为阈值来进行比较，数量尽量达到 6 个以上。

（2）建立阈值基线。将阈值产品与拟研究产品一起进行环境污染及风险指数核算，将计算结果按照从大到小的顺序排序。以环境污染为例，将所有阈值产品的环境污染指数按照从大到小排序，按照环境污染大小将阈值产品分为两部分。算出环境污染较高的一半阈值产品的环境污染指数平均值，作为环境污染第一基线；算出环境污染较低的一半阈值产品的环境污染指数平均值，作为环境污染第二基线。

（3）判定“双高”。确立了环境污染及风险的第一基线和第二基线，将拟研究产品与基线数值相比较，在第一基线以上视为第一区间，位于该区间产品可考虑列入“双高”名录；两条基线中间视为第二区间，位于该区域的产品作为重点研究对象进行深入研究；第二基线以下视为第三区间，位于该区间产品暂不考虑列入。

6.1.2.4 环境污染计算

（1）建立层次分析层级关系。定性方法就是通过层次分析法对指标进行权重计算。首先建立层级关系，目标层为环境污染或环境风险，准则层为指标层，方案层则为拟研究产品集合。最终要核算出不同产品对环境污染或环境风险这一目标的综合指数，指数越高说明其环境污染或者环境风险程度越高。假设环境污染、环境风险均有 6 个指标，分别为：X_1、X_2、X_3、X_4、X_5、X_6；Y_1、Y_2、Y_3、Y_4、Y_5、Y_6（层级关系见图 6-2）。因为无论是环境污染还是环境风险，只是指标选取的存在差异，指标的计算过程是一致的，所以在后续的方法设计中只取其一进行示例研究。

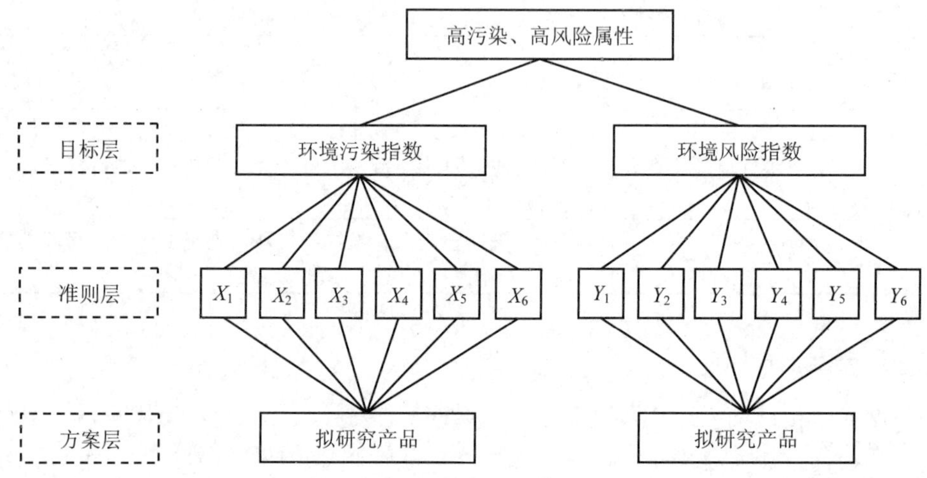

图 6-2 层次分析方法层级构建

（2）专家判定两两指标重要性。双高判定指标是一个综合指标体系，如果将所有指标放在一起进行比较，当指标数量较多或者指标性质差异较大时就会导致结果的不全面和不准确。层次分析法的精髓就在于，不把所有因素放在一起比较；而两两相互比较，对比时根据专家经验及知识采用相对尺度，尽可能减少性质不同的因素相互比较的困难，提高准确度。

一般两两指标重要程度比对采用 1～9 的标度，在层次分析法中比例标度采用 1～9 的整数及其倒数。用比例标度测量的结果表示为正互反判断矩阵。可以根据专家对各个指标重要性的判断结果，结合评价指标设置的需要对判断矩阵进行赋值（表 6-2）。

表 6-2 层次分析法判断矩阵 1～9 标度及其含义

标度	含义
1	表示两个元素相比，具有同等重要性
3	表示两个元素相比，前者比后者稍重要
5	表示两个元素相比，前者比后者明显重要
7	表示两个元素相比，前者比后者强烈重要
9	表示两个元素相比，前者比后者极端重要
2，4，6，8	表示上述判断的中间值
倒数	若元素 i 与元素 j 的重要性之比为 C_{ij}，则元素 j 与元素 i 的重要性为 $C_{in}=1/C_{ij}$

针对指标 X_1、X_2、X_3、X_4、X_5、X_6 编制专家判断表格，基于表 6-2 中的 1～9 个标度的进行判断（表 6-3），C_{ij} 即代表 X_i 相比 X_j 的重要性。

表 6-3 两两指标重要性专家打分表

	X_1	X_2	X_3	X_4	X_5	X_6
X_1	C_{11}	C_{12}	C_{13}	C_{14}	C_{15}	C_{16}
X_2	C_{21}	C_{22}	C_{23}	C_{24}	C_{25}	C_{26}
X_3	C_{31}	C_{32}	C_{33}	C_{34}	C_{35}	C_{36}
X_4	C_{41}	C_{42}	C_{43}	C_{44}	C_{45}	C_{46}
X_5	C_{51}	C_{52}	C_{53}	C_{54}	C_{55}	C_{56}
X_6	C_{61}	C_{62}	C_{63}	C_{64}	C_{65}	C_{66}

其中：$C_{11}= C_{22}= C_{33}= C_{44}= C_{55}= C_{66}=1$，且因为 $A_{ji}=1/A_{ij}$，所以表 6-3 可以简化为表 6-4。

表 6-4 两两指标重要性专家打分简表

	X_1	X_2	X_3	X_4	X_5	X_6
X_1		C_{12}	C_{13}	C_{14}	C_{15}	C_{16}
X_2			C_{23}	C_{24}	C_{25}	C_{26}
X_3				C_{34}	C_{35}	C_{36}
X_4					C_{45}	C_{46}
X_5						C_{56}
X_6						

（3）层次分析法核算指标权重。基于专家对两两指标重要性的判定结果，建立成对比较矩阵，如式（6.1）所示：

$$A=\begin{bmatrix} 1 & C_{12} & C_{13} & C_{14} & C_{15} & C_{16} \\ 1/C_{12} & 1 & C_{23} & C_{24} & C_{25} & C_{26} \\ 1/C_{13} & 1/C_{23} & 1 & C_{34} & C_{35} & C_{36} \\ 1/C_{14} & 1/C_{24} & 1/C_{34} & 1 & C_{45} & C_{46} \\ 1/C_{15} & 1/C_{25} & 1/C_{35} & 1/C_{45} & 1 & C_{56} \\ 1/C_{16} & 1/C_{26} & 1/C_{36} & 1/C_{46} & 1/C_{56} & 1 \end{bmatrix} \tag{6.1}$$

通过判定矩阵 A 求出矩阵特征根λ，求得归一化的特征向量 $w=（w_1，w_2，w_3，w_4，w_5，w_6）^T$[①]。其中 $w_1，w_2，w_3，w_4，w_5，w_6$ 即为指标 X_1、X_2、X_3、X_4、X_5、X_6 所对应的权重值，且 $w_1+w_2+w_3+w_4+w_5+w_6=1$。

（4）权重结算结果一致性检验。假设 $X_1：X_2=C_{12}=3$、$X_2：X_3=C_{23}=2$，那么当 $X_1：X_3=C_{13}=6$ 的时候就说明 X_1、X_2、X_3 3 个指标成对比较是一致的。但是，n 个指标的话就要做 $n（n-1）/2$ 次成对比较，全部一致的要求是太苛刻了。所以层次分析法基本上都是基于成对不一致情况下计算各指标对目标的权重，但同时规定了这种不一致的容许范围。只有不一致程度在其容许范围内，其特征根λ所对应的归一化特征向量 w 才能作为指标的权重向量[②]。

成对判定矩阵 A 为正互反阵，n 阶正互反阵的最大特征值$\lambda \geq n$，当$\lambda=n$ 是 A 是一致阵，λ比 n 大得越多，A 的不一致程度越严重，因此可用$\lambda-n$ 数值的大小来衡量 A 的不一致程度。将

$$CI=\frac{\lambda-n}{n-1} \tag{6.2}$$

定义为一致性指标。$CI=0$ 时，A 为一致阵，CI 越大 A 的不一致程度越高。为了确定 A 的不一致程度的容许范围，需要找出衡量 A 的一致性指标 CI 的标准。所以引入随机一致性指标 RI 这一概念，对于固定的 n，随机构造正互反阵 A'（它的元素 C_{ij} 从 1～9、1～1/9 随机取值），然后计算 A'的一致性指标 CI，如此构造相当多的 A'，用它们的 CI 平均值作为随机一致性指标。已有学者对于不同的 n，通过 100～500 个样本 A'算出随机一致性指标 RI 的数值见表 6-5。

表 6-5　随机一致性指标 RI 值

n	1	2	3	4	5	6	7	8	9	10	11
RI	0	0	0.58	0.90	1.12	1.24	1.32	1.41	1.45	1.49	1.51

① 尹素菊. 北京工业大学线性模型的参数估计理论与方法[D]. 北京：北京工业大学，2005.

② 苏为华. 多指标综合评价理论与方法问题研究[D]. 厦门：厦门大学，2000.

对于 $n \geqslant 3$ 的成对比较阵 A，将它的一致性指标 CI 与同阶的随机一致性指标 RI 之比成为一致性比率 CR，当

$$CR = \frac{CI}{RI} < 0.1 \tag{6.3}$$

时认为 A 的不一致程度在容许范围之内，可用其特征向量 w 作为指标层的权重向量。如果 $CR \geqslant 0.1$，则说明其指标两两对比不一致程度高，如要重新判定指标两两重要性比对，重新构建成对判定矩阵，直到一致性比率 $CR < 0.1$。

（5）指标的去量纲化。由于产品双高判定构建的指标是一个综合体系，并非单一类型指标，其性质、单位均不相同，所以无法直接对指标数据进行加权计算。为了尽可能全面准确地利用指标综合评价，必须对所有指标数据进行定量转换，去掉量纲，才能综合计算环境影响指数。

表 6-6　产品各项指标数据表

	X_1	X_2	X_3	X_4	X_5	X_6
产品 1	a_1	b_1	c_1	d_1	e_1	f_1
产品 2	a_2	b_2	c_2	d_2	e_2	f_2
产品 3	a_3	b_3	c_3	d_3	e_3	f_3
产品 4	a_4	b_4	c_4	d_4	e_4	f_4
……	…	…	…	…	…	…
产品 n	a_n	b_n	c_n	d_n	e_n	f_n

本方法利用模糊数学隶属函数对数据进行去量纲化，就是将所有绝对数值换算成 0～100 之间的相对数值的过程[①]。以指标 X_1 为例，首先判断 X_1 是正向指标还是逆向指标。正向指标是指环境污染或风向程度随着指标数值的升高而升高，即为正相关；逆向指标是指环境污染或风险程度随着指标数值的升高而降低，即为负相关。

若 X_1 为正向指标，隶属函数值计算公式为：

$$R(a_i) = \frac{(a_i - a_{\min})}{(a_{\max} - a_{\min})} \times 100 \tag{6.4}$$

若 X_1 为逆向指标，则用反隶属函数进行转换，计算公式为：

$$R(a_i) = 100 - \frac{(a_i - a_{\min})}{(a_{\max} - a_{\min})} \times 100 \tag{6.5}$$

式中：a_i —— 指标原始数据；

$a_{\min}$、$a_{\max}$ —— 所有产品指标 X_1 数据中的最小值和最大值；

① 张志红. 基于神经网络模糊聚类的研究[D]. 合肥：安徽大学，2004.

$R(a_i)$ —— 去量纲化的数值，且 $100 \geqslant R(a_i) \geqslant 0$。

（6）环境影响指数的计算。去掉量纲后的各指标数据见表 6-7。

表 6-7 产品各项指标无量纲化数据表

	X_1	X_2	X_3	X_4	X_5	X_6
产品 1	$R(a_1)$	$R(b_1)$	$R(c_1)$	$R(d_1)$	$R(e_1)$	$R(f_1)$
产品 2	$R(a_2)$	$R(b_2)$	$R(c_2)$	$R(d_2)$	$R(e_2)$	$R(f_2)$
产品 3	$R(a_3)$	$R(b_3)$	$R(c_3)$	$R(d_3)$	$R(e_3)$	$R(f_3)$
产品 4	$R(a_4)$	$R(b_4)$	$R(c_4)$	$R(d_4)$	$R(e_4)$	$R(f_4)$
……	…	…	…	…	…	…
产品 n	$R(a_n)$	$R(b_n)$	$R(c_n)$	$R(d_n)$	$R(e_n)$	$R(f_n)$

根据上述表格数据及判定矩阵 A 的特征向量 $w=(w_1, w_2, w_3, w_4, w_5, w_6)^T$ 所得到的指标权重，计算环境影响指数：

$$S_{(\text{产品}1)}=w_1R(a_1)+w_2R(b_1)+w_3R(c_1)+w_4R(d_1)+w_5R(e_1)+w_6R(f_1) \quad (6.6)$$

式中：S —— 综合指数；

w_i —— 各分指标项组合权重值；

$R(a_1)$ —— 各分指标评价值。

通过以上计算，得到产品不同的污染指数或风险指数 $S_{(\text{产品}1)}$，$S_{(\text{产品}2)}$，$S_{(\text{产品}3)}$，$S_{(\text{产品}4)}$，$S_{(\text{产品}5)}$，…，$S_{(\text{产品}n)}$。

6.1.2.5 结果分析

将环境污染指数或风险指数按从大到小的顺序排序，排位靠前的环境污染或风险性相对较强，排位靠后的污染或风险性相对较弱。

以判定产品高环境污染为例。①确定判定基线。假设在以上 n 个研究产品中产品 1、产品 2、……、产品 10 这 10 个产品是已列入名录的“高环境污染”产品，将这 10 个产品作为阈值产品来确定判定基线。将这 10 个产品按照环境污染指数从大到小的顺序排序，排在前 5 位的取指数平均值作为环境污染第一基线，排在后 5 位取指数平均值作为环境污染第二基线。②判定“高环境污染”属性。以两条基线为比对标准，在第一条基线以上的第一区间产品考虑列为“高污染”产品；在两条基线中间的第二区间产品作为重点关注产品，进行深入研究；在第二条基线以下的第三区间产品暂时不考虑列入“高污染”产品名录。最终判定结果需通过进一步查阅相关资料、召开行业专家咨询会等方式进行验证。

6.1.2.6 风险值计算

参考《危险评价方法及应用》，确定环境风险分级标准并进行分级计算。确定指标权重及总计算式。对于危险物质风险性评价值的指标赋值参见易燃、易爆、有毒重大危险源

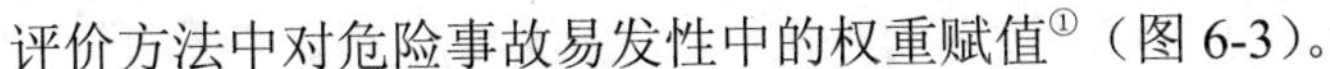

评价方法中对危险事故易发性中的权重赋值[①]（图 6-3）。

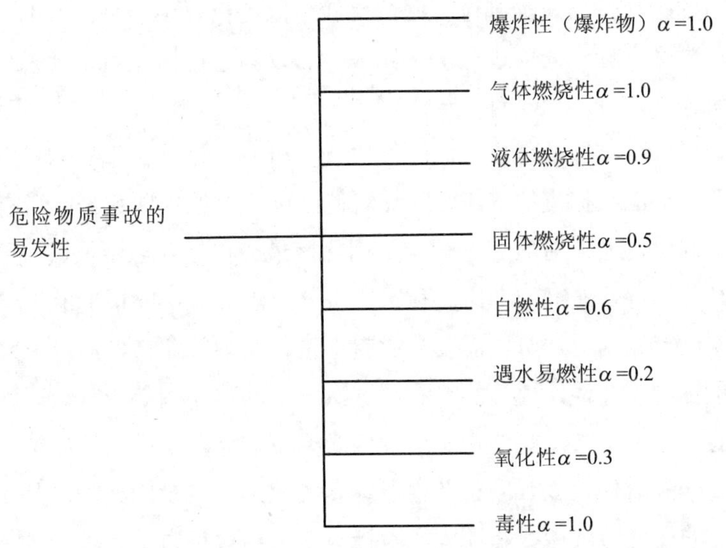

图 6-3　危险物质风险性分类分级框图

每类物质根据其总体危险感度给出权重分值（B）$_i=\alpha_i\times G_I$；每种物质根据其与反应感度有关的理化参数值给出状态分 G；每一大类物质下面分若干小类，共计 19 个子类。对每一大类或子类，分别给出状态分的评价标准。权重分与状态分的乘积即为该类物质危险感度的评价值，即危险物质风险性性的评分值：

$$(B)_i=\alpha_i\times G_I$$

判断矩阵权重计算的方法有两种，即几何平均法（根法）和规范列平均法（和法）。然后根据判断矩阵计算针对某一准则层各元素的相对权重，进行一致性检验。

CI 为层次总排序一致性指标；RI 为层次总排序平均随机一致性指标；CR 为层次踪派讯一致性比例。

$$CR = CI/RI$$

当 $CR<0.1S$ 时，我们认为层次总排序的计算结果具有满意的一致性。

6.1.3　使用条件

作为一个定性分析与定量分析相结合的系统分析方法，利用这个方法解决问题要满足以下几个条件：

① 吴宗之，高进东. 危险评价方法及其应用[M]. 北京：冶金工业出版社，2001.

（1）指标体系中各指标之间需具备一定关联性与可比性。层次分析法判定权重有个重要条件，就是需要指标按某一准则进行两两比较，因此指标不能是零散的、无联系的，指标体系应具有科学性，指标间可进行两两比较，所以构建指标体系要考虑指标间关联性和可比性，充分考虑合理性和科学性。

（2）需要准确、可靠的数据支撑。通过层次分析法只是判定指标的权重，而对指标值综合计算则需要一定的数据支撑。需要能够获得准确可靠的拟研究产品所有指标的对应数据，只有数据有保障，才能对数据进行无量纲化，最终得出环境污染或风险指数。

（3）需要经验丰富、懂行的专家。利用层次分析法要对不同指标的重要性进行两两比对，由于指标难以定量判定，所以需要有经验丰富、孰知行业特性的专家来赋值打分，只有确定了两两指标的重要性比值，才能利用层次分析法建立判定矩阵。因此，具备一定经验丰富、懂行的专家是该方法能够顺利进行的必要条件。

（4）所研究产品需要有多个同行业内已纳入"双高"名录的典型产品作为阈值产品。该方法计算得出的环境污染指数和环境风险指数均为相对指数，所以只能用于环境污染及风险水平的排序比对，所以需要在计算过程中加入同行业已列入"双高"的典型产品作为阈值产品，且考虑单一产品作为判定阈值缺乏准确性和普遍性，所以需要多个"双高"产品共同排序比对，算出平均的阈值基线才能有效比对判定。

6.1.4 适用范围

基于层次分析法的双高判定方法，在具备方法必要条件的保障下，适用范围广、应用性强，只要针对不同的研究对象的特性，选择适用的指标体系即可。

（1）同行业间内所有产品或单一产品所有工艺"双高"属性的排序与重点筛选。因为同行业间不同产品或单一产品不同工艺的判定指标具有一定横向可比性，而且具备行业特征。所以在考虑重点环境污染或风险指标同时深入研究行业污染或风险特性，建立适用的指标体系，就可以对同行业内所有产品或单一产品所有工艺进行比对排序，筛选"双高"产品。

（2）不同行业相似产品的比对排序。对不同行业产品，若产品生产工艺、污染排放、风险特征等关键因素具有一定相似性，指标间具有可比性，或者特征指标一致等，就可以建立统一的指标体系，对不同行业间的相似产品进行综合计算，而从对环境污染指数及环境风险进行比对排序。

6.1.5　方法优缺点

该方法通过层次分析法，将污染排放数据、环境风险值等原来无法直接相加和对比的指标赋上权重，然后将数据去量纲化，最终得到综合环境污染指数值和环境风险指数值。相对于列入条件法，更加定量、客观的评价产品的“双高”属性。

（1）层次分析法的“双高”判定方法优点。①客观性强，定量化程度较高。相对于列入条件法纯定性的主观判定，该方法的主观判定因素大大减小，仅仅需要专家对指标进行两两重要性的比对判定，其他过程均通过定量计算，所以方法更为客观，结果更为准确。②方法使用不受研究样本数量限制。列入条件法显然只能小样本对比，一旦拟研究对象数量较多，就难以比对判定。而该方法不受拟研究样本量影响，因为最终的定量计算需要将数据去量纲化，去量纲是一个将绝对数据转化成相对数据的过程，所以研究对象样本量不受数量限制，只要不是单一产品，无论样本量多大，都可以准确地计算其环境污染及风险指数。所以该方法适用于大量产品“双高”属性的比对筛选。③专家经验的定性判断与科学计算的定量判定结合，方法更有科学性。该方法既不是纯定性方法，也不是纯定量方法。而是依托专家进行指标两两重要性判定、同时利用层次分析为所有指标权重赋值，从而定量计算综合环境污染及风险指数，方法及充分利用了行业内专家的经验，又建立科学的计算模型量化结果，是一种定性与定量相结合的科学方法。

（2）层次分析法的“双高”判定方法缺点。①仍存在一定的主观性。纯定量研究主要应用于相对比较成熟的研究，它旨在进一步推进研究领域有关主题的细化和深入。定量研究方法最大的特点在于它们具有极强的客观性。而该方法层次分析建立矩阵的过程要通过专家经验来进行，具有一定程度的主观性，因此客观性相对纯定量方法较差。②受数据可得性的限制较大。由于该方法其核心部分还是要通过定量计算来完成，所以对于所研究产品的指标数据要求很高，数据一旦不足或者不准确，无法全面反映产品的“双高”特性。所以该方法的所有优势都是在数据有保障的前提下才能体现。③只能反映产品间环境污染或风险的相对水平，无法反映单一产品环境污染或风险的绝对水平。该方法所计算的环境污染指数和环境风险指数是一个相对指数，指数只能用来进行产品间环境污染与风险水平的比对排序，无法反映单一产品的环境污染与水平程度。所以就单一产品无法进行“双高”属性的判定。④适用范围较窄。因为该方法其实是一个比对过程，其主要计算量化都是相对化的，所以指标体系中所有指标的重要性需要具有统一性、横向可比性。这就要求拟研究产品的污染及风险指标需要相同或相似，且权重一致。所以该方法仅针对同行业产品或者不同行业相似产品的对比排序。对行业跨度大、性质差异大的产品不具备适用性。

6.2 工作流程

通过方法的设计，完成了层次分析“双高”判定法的核心基础工作——理论体系的构建，也就是完成了针对产品的环境污染值和环境风险值的核算。但是名录的编制工作不单纯是针对指标体系的核算，它是一个完整的、科学的、规范的工作体系，所以本节从明确编制对象、基础调研、核算论证、结果判断四部分构建层次分析“双高”判定法的工作体系，对工作流程提出具体要求，以期为该方法的使用和实践提供参考和依据，同时也可以规范“双高”名录的编制工作（图 6-4）。

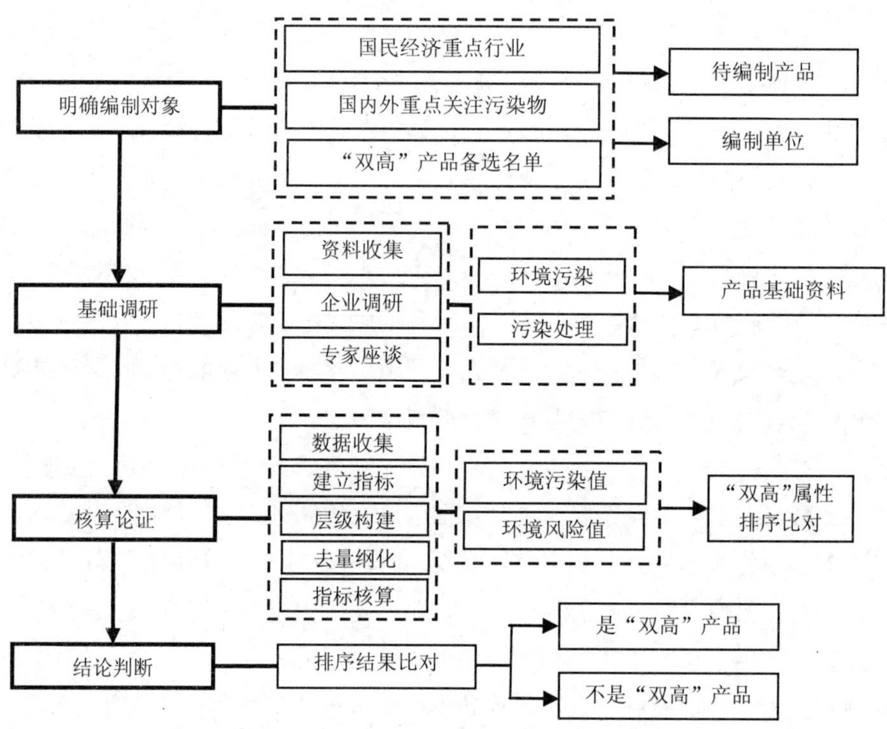

图 6-4　层次分析法判定“双高”产品工作流程图

6.2.1　明确编制对象

编制对象包括待编制的产品和产品编制单位两部分。①根据环保年度工作任务与工作重点，向地方环保部门、国民经济重点行业相关行业协会、企业、研究单位、NGO 和公众等征集当年拟开展研究的备选名录，并参考国外相关研究与政策成果、已发布的污染物名单等；②重点参考“列入条件法”初筛完成的备选清单，对备选名录进行适当增删和调整，形成综合名录待编制的产品清单；③根据待编制产品情况，组织专家对拟申请单位的工作基础、技术储备等进行综合评估，确定产品编制承担单位，承担单位可以是相关研究院所、高校，也可以是具备研究基础的行业协会。

6.2.2　资料收集

通过文献调研、现场调研、专家座谈等方式，对拟评价对象进行情况的初步了解和判断，重点调研产品对象环境污染、污染处理、产业概况、相关政策等情况，按要求完成产品编制说明。重要是对环境污染及风险相关数据的获取，以期对评价模型建立的指标选取、模型建立等提供数据支撑。

（1）资料收集。对国内外行业的基本情况如不同生产工艺的生产能力、生产状况、工艺情况、原材料消耗、能耗、水耗、产品质量、资源利用率、产排污等进行文献查阅。

（2）企业调研。对企业进行了实地考察，听取了企业的情况介绍，了解最先进的工业技术状况、污染防治技术状况，以及废渣等资源综合利用情况。

（3）专家座谈。通过与专家面对面的谈话来收集信息和资料。座谈前通过确定所需收集信息的内容，并制定详细的提问单来引导座谈的主要方向；通过挑选合适的座谈专家来保证座谈质量。通过座谈法可以面对面地获得第一手详细资料，对于尚未搞清楚或者重点关注问题，可以在会上直接持续发问。

表 6-8　产品污染基础数据调查指标

一级指标	二级指标	单位	产品 1（w_1）	产品 2（w_2）	……	产品 n（w_n）
水环境影响	废水产生量	m^3/t（产品）				
	COD 产生量	t/t（产品）				
	氨氮产生量	t/t（产品）				
大气环境影响	废气产生量	m^3/t（产品）				
	SO_2 产生量	t/t（产品）				
	NO_x 产生量	t/t（产品）				
固体废物环境影响	固体废物产生量	t/t（产品）				

表 6-9 产品风险基础数据调查指标

风险指标		产品 1	产品 2	产品 3	产品 4	产品 5	产品 6
产品生产储运过程及设施	危险化学品种类						
	危险化学品数量						
	危险化学品存储状态						
	危险化学品生产在线量						
	废水中主要成分						
	废气中主要成分						
	废渣中主要成分，如何处置						
	可能存在事故隐患的工艺、设备						
	可能存在事故隐患的设备						

6.2.3 核算论证

选择要比对的产品，根据调研得到产品相关数据，选取适当指标体系，构建层次分析指标成对比较矩阵，算出指标权重，将所有产品指标数据去量纲化，核算多个产品的环境污染值和环境风险值，进行产品“双高”属性的比对排序。

6.2.4 结论判断

通过不同产品的“双高”属性对比，判定产品是否为“双高”产品。可以选择典型的“列入条件法”所认定的“双高”产品作为阈值产品，拟判定对象产品和阈值产品做层次分析法比对，核算其环境污染值和环境风险值，其值高于阈值则判定为“双高”产品，其值低于阈值则不列入“双高”名录。最终判定结果通过查阅相关资料、召开行业专家咨询会等方式进行进一步验证。

6.3 案例分析

我国是农业大国，也是农药生产和消费大国。近年来，我国每年生产的农药品种 200 多个，加工制剂 500 多种，原药的生产量约 40 万 t，排在世界第二位，全国每年使用农药达 45 亿亩次。农药在生产、销售、运输、储存、使用和废弃等各个环节都会造成对环境的污染，目前农药的大量使用已经引起一系列环境问题，亟须引起我们的重视。长期大量施用农药对生态系统的结构和功能造成严重危害。

名录中已纳入农药产品 58 种，但是仍有部分大宗的高毒高污染农药尚未纳入名录。本节以农药行业产品为研究对象，进行案例分析。①通过具体产品的实证分析来验证本方法的适用性及科学性；②通过农药行业产品的比对排序作为例证来规范今后名录的编制工作，保证名录制定工作的规范性和合理性。由于风险性的数据可获得性较差，第一阶段主要研究农药的环境污染值，在污染的范围内加入危险废物指标，用来弥补未考虑风险性的不足。

6.3.1　研究对象、指标及数据的确定

本节以农药产品的“高污染”属性判定为例，挑选了农药行业已列入“双高”的草甘膦、敌敌畏等 10 个产品作为阈值产品，按照工艺区分共 16 项（如表 6-10 中 1～16 项灰色部分）；选择混灭威、残杀威等 10 个产品作为拟研究产品，按照工艺区分共 12 项（如表 6-10 中 17～28 项白色部分）；最终研究对象共 28 项。同时基于生产过程中的污染情况，选择生产吨产品产生的废水量、COD、氨氮、总磷、废气量、危险废物 6 个指标进行污染指数综合计算。28 项产品的 6 个指标数据见表 6-10，表中数据均来源于《工业污染源产排污系数手册》①。

表 6-10　农药产品吨产品产污量

序号	产品	生产工艺	废水量/t	COD/g	氨氮/g	总磷/g	废气量/m^3	危险废物/t
1	草甘膦	甘氨酸工艺	25.93	48 410	690	5 770	207.3	1
2		二乙醇胺氧化法	39.19	90 990	7 160	24 570	9 833	0.013
3		亚氨基二乙腈碱解法	10.42	124 400	7 160	24 570	—	1
4	敌敌畏	双碱两步法	6.648	200 200	—	33 790	—	—
5		三甲酯一步法	14.77	212 300	—	3 564	—	—
6	氧乐果	合成	30	200 000	4 000	12 000	5 000	0.2
7	三唑磷	缩合	16.5	63 580	20	10 080	48 960	0.013
8	毒死蜱	三氯乙酰氯法	27.28	1 011 000	51 810	9 600	49 584	0.31
9		四氯吡啶法	3.37	78 370	140	9 600	—	0.176 6
10	杀虫双	氯丙烯溶剂法	10.3	19 070	12	—	95.77	0.09
11	吡虫啉	双环戊二烯法	30.45	1 039 000	10 480	1 463	69 725	1.43
12		丙醛-吗啉法	347.5	900 400	27 500	13 940	22.7	1.4
13	苄嘧磺隆	全合成法	21.1	1 052 000	57 870	—	17 000	1.263
14		半合成法	1.021	514.6	—	—	48 000	0.003
15	乙草胺	酰胺法/甲叉法	5.054	18 940	332	—	172.8	1.764
16	丁草胺	合成	8	44 000	830	2	173	1.7

① 第一次全国污染普查资料编纂委员会. 污染源普查产排污系数手册[M]. 北京：中国环境出版社，2011.

序号	产品	生产工艺	废水量/t	COD/g	氨氮/g	总磷/g	废气量/m^3	危险废物/t
17	混灭威	甲异氰酸酯合成法	8.196	3 861	199	—	10 000	—
18	残杀威	合成	40	35 000	200	—	10 000	—
19	克百威	合成	42.85	39 010	—	—	131 900	—
20	辛硫磷	合成	10.26	211 600	1 520	12 900	—	0.18
21	代森锰锌	合成	12.96	36 580	60 600	—	3 000	0.004 3
22	草除灵	合成	400	800 000	100 000	—	1 000	1.5
23	多菌灵	水解、缩合	8.12	409 400	89 680	—	344	0.6
24	杀虫单	合成	10	20 000	20	—	100	1.2
25	苯磺隆	全合成法	122.8	621 000	2 479	—	—	0.254 7
26		半合成法	—	—	—	—	13 000	0.254 7
27	甲磺隆	全合成法	82.13	793 400	24 630	0	8 500	0.505 2
28		半合成法	0.408 6	205.9	0	0	30 000	0.154

6.3.2 指标权重计算

首先构建层次分析层级结构（图 6-5）。

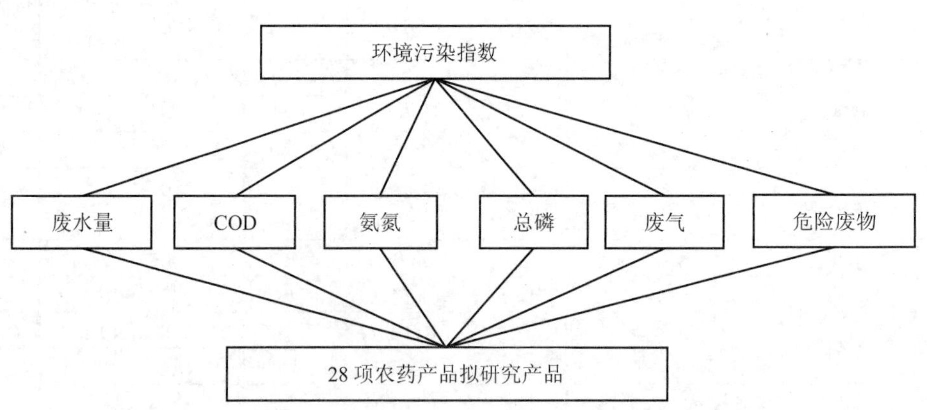

图 6-5 层次分析层级关系结构图

然后基于表 6-2 中层次分析判定标度，邀请行业专家对 6 项指标两两重要性进行判定，编制指标成对比较表格（表 6-11）。

表 6-11　指标重要性两两比较专家打分结果

	废水量	COD	氨氮	总磷	废气	危险废物
废水量		1/4	1/5	1/2	5	1/7
COD			1/2	3	4	1/2
氨氮				3	7	1/2
总磷					4	1/5
废气						1/9
危险废物						

基于表 6-11 中专家打分情况，建立层次分析判定矩阵，见式（6.7）。

$$A=\begin{bmatrix} 1 & 1/4 & 1/5 & 1/2 & 5 & 1/7 \\ 4 & 1 & 1/2 & 3 & 4 & 1/2 \\ 5 & 2 & 1 & 3 & 7 & 1/2 \\ 2 & 1/3 & 1/3 & 1 & 4 & 1/5 \\ 1/5 & 1/4 & 1/7 & 1/4 & 1 & 1/9 \\ 7 & 2 & 2 & 5 & 9 & 1 \end{bmatrix} \tag{6.7}$$

通过判定矩阵 A 求得归一化的特征向量 w=（0.067 8，0.178 6，0.252 5，0.089 1，0.031 0，0.381 0）^{T}。其中 6.78%、17.86%、25.25%、8.91%、3.10%、38.10%，即为废水量、COD、氨氮、总磷、废气、危险废物这 6 个指标所对应的权重值。通过一致性检验得到一致性比率 CR=0.052 3＜0.1，所以结果有效。

6.3.3　指标去量纲化

因为本节所选取的指标对于污染指数均属于正向指标，所以按照隶属函数值计算公式（6.8）将表 6-8 中的每一项指标数据进行去量纲处理。

$$R(a_i)=\frac{(a_i-a_{\min})}{(a_{\max}-a_{\min})}\times 100 \tag{6.8}$$

式中：R（a_i）—— 去掉量纲后的指标值；

$a_{\max}$、$a_{\min}$ —— 该项指标的最大值和最小值，通过公式计算将所有指标数据换算成 0～100 的相对数值（表 6-12）。

表 6-12 农药产品吨产品产污量去量纲化结果

序号	产品	生产工艺	废水量/t	COD/g	氨氮/g	总磷/g	废气量/m^3	危险废物/t
1	草甘膦	甘氨酸工艺	6.483	4.602	0.690	1.708	0.157	56.69
2		二乙醇胺氧化法	9.798	8.649	7.160	7.271	7.455	0.737
3		亚氨基二乙腈碱解法	2.605	11.83	7.160	7.271	0.000	56.69
4	敌敌畏	双碱两步法	1.662	19.03	0.000	10.00	0.000	0.000
5		三甲酯一步法	3.693	20.18	0.000	1.055	0.000	0.000
6	氧乐果	合成	7.500	19.01	4.000	3.551	3.791	11.34
7	三唑磷	缩合	4.125	6.044	0.020	2.983	37.12	0.737
8	毒死蜱	三氯乙酰氯法	6.820	96.10	51.81	2.841	37.59	17.57
9		四氯吡啶法	0.843	7.450	0.140	2.841	0.000	10.01
10	杀虫双	氯丙烯溶剂法	2.575	1.813	0.012	0.000	0.073	5.102
11	吡虫啉	双环戊二烯法	7.613	98.76	10.48	0.433	52.86	81.07
12		丙醛-吗啉法	86.87	85.59	27.50	4.125	0.017	79.37
13	苄嘧磺隆	全合成法	5.275	100.0	57.87	0.000	12.89	71.60
14		半合成法	0.255	0.049	0.000	0.000	36.39	0.170
15	乙草胺	酰胺法/甲叉法	1.264	1.800	0.332	0.000	0.131	100.0
16	丁草胺	合成	2.000	4.183	0.830	0.001	0.131	96.37
17	混灭威	甲异氰酸酯合成法	2.049	0.367	0.199	0.000	7.582	0.000
18	残杀威	合成	10.00	3.327	0.200	0.000	7.582	0.000
19	克百威	合成	10.71	3.708	0.000	0.000	100.0	0.000
20	辛硫磷	合成	2.57	20.11	1.520	3.818	0.000	10.20
21	代森锰锌	合成	3.240	3.477	60.60	0.000	2.274	0.244
22	草除灵	合成	100.0	76.05	100.0	0.000	0.758	85.03
23	多菌灵	水解、缩合	2.030	38.92	89.68	0.000	0.261	34.01
24	杀虫单	合成	2.500	1.901	0.020	0.000	0.076	68.03
25	苯磺隆	全合成法	30.70	59.03	2.479	0.000	0.000	14.44
26		半合成法	0.000	0.000	0.000	0.000	9.856	14.44
27	甲磺隆	全合成法	20.53	75.42	24.63	0.000	6.444	28.64
28		半合成法	0.102	0.020	0.000	0.000	22.75	8.730

6.3.4 环境污染指数

根据层次分析计算得出的指标权重和去量纲化的指标指数，将产品每一项指标指数乘以指标权重，然后算术加和即得该项产品的环境污染指数，并按照环境污染指数对产品环境污染属性进行排序（表 6-13）。

表 6-13　农药产品环境污染指数排序结果

序号	产品	生产工艺	环境污染指数
1	草除灵	合成	78.03
2	吡虫啉	丙醛-吗啉法	65.41
3	苄嘧磺隆	全合成法	60.51
4	吡虫啉	双环戊二烯法	54.07
5	毒死蜱	三氯乙酰氯法	43.42
6	多菌灵	水解、缩合	42.70
7	乙草胺	酰胺法/甲叉法	38.60
8	草甘膦	亚氨基二乙腈碱解法	38.11
9	丁草胺	合成	37.81
10	甲磺隆	全合成法	32.19
11	杀虫单	合成	26.43
12	草甘膦	甘氨酸工艺	25.96
13	敌敌畏	双碱两步法	20.59
14	苯磺隆	全合成法	18.75
15	草甘膦	二乙醇胺氧化法	16.95
16	代森锰锌	合成	16.31
17	氧乐果	合成	15.42
18	辛硫磷	合成	14.56
19	毒死蜱	四氯吡啶法	10.09
20	三唑磷	缩合	7.89
21	苯磺隆	半合成法	5.81
22	敌敌畏	三甲酯一步法	5.66
23	克百威	合成	4.49
24	甲磺隆	半合成法	4.04
25	杀虫双	氯丙烯溶剂法	2.45
26	残杀威	合成	1.56
27	苄嘧磺隆	半合成法	1.22
28	混灭威	甲异氰酸酯合成法	0.49

6.3.5　判定高污染属性

根据基线判定标准确定环境污染第一基线指数和环境污染第二基线指数（表 6-14）。

表 6-14 阈值产品环境污染判定基线

序号	产品	生产工艺	环境污染指数	判定基线
1	吡虫啉	丙醛-吗啉法	65.41	45.49
2	苄嘧磺隆	全合成法	60.51	
3	吡虫啉	双环戊二烯法	54.07	
4	毒死蜱	三氯乙酰氯法	43.42	
5	乙草胺	酰胺法/甲叉法	38.60	
6	草甘膦	亚氨基二乙腈碱解法	38.11	
7	丁草胺	合成	37.81	
8	草甘膦	甘氨酸工艺	25.96	
9	敌敌畏	双碱两步法	20.59	10.03
10	草甘膦	二乙醇胺氧化法	16.95	
11	氧乐果	合成	15.42	
12	毒死蜱	四氯吡啶法	10.09	
13	三唑磷	缩合	7.89	
14	敌敌畏	三甲酯一步法	5.66	
15	杀虫双	氯丙烯溶剂法	2.45	
16	苄嘧磺隆	半合成法	1.22	

参考基线将拟研究产品进行比对（表 6-15）。

表 6-15 拟研究产品高污染属性比对

序号	产品	生产工艺	环境污染指数
1	草除灵	合成	78.03
环境污染第一基线			45.49
2	多菌灵	水解、缩合	42.70
3	甲磺隆	全合成法	32.19
4	杀虫单	合成	26.43
5	苯磺隆	全合成法	18.75
6	代森锰锌	合成	16.31
7	辛硫磷	合成	14.56
环境污染第二基线			10.03
8	苯磺隆	半合成法	5.81
9	克百威	合成	4.49
10	甲磺隆	半合成法	4.04
11	残杀威	合成	1.56
12	混灭威	甲异氰酸酯合成法	0.49

参照表 6-12 的拟研究产品高污染属性比对结果，依据判定标准，由于草除灵环境污染指数远远高于第一基线，可考虑将其列为“高污染”产品；多菌灵、杀虫单、代森锰锌、

辛硫磷以及全合成法生产的甲磺隆、苯磺隆环境污染指数位于两条基线中间，所以作为重要研究对象可进行深入研究；而克百威、残杀威、混灭威以及半合成法生产的甲磺隆、苯磺隆位于第二基线以下，所以暂时不考虑列为“高污染”产品。

同时从工艺角度考虑，甲磺隆、苯磺隆两种产品的全合成工艺位于第二区间，而半合成工艺位于第三区间，所以可将全合成工艺视为“重污染工艺”进行重点研究，而将半合成工艺列为环境友好除外工艺。

第 7 章　基于环境成本的“双高”产品判定方法

随着“双高”产品名录逐渐在经济政策领域里的广泛使用，“双高”产品名录的制定将会面临来自各方面利益群体的压力，因此，“双高”产品制定的方法设计上要对产品在生产过程中产生的环境污染、环境风险所造成的经济损失进行定量化，能较为准确、直观地反映出单个产品或多个产品间的“双高”属性。前述的两种方法主要以定性判定为主，只能反映产品间环境污染或风险的相对水平，无法反映单一产品环境污染或风险的绝对水平。基于环境成本的“双高”产品判定方法，是从经济学的角度，将产品的环境价值作为一个整体，运用环境污染价值量核算原理，对产品生产过程中排放的污染物质超过环境容量和环境承载力所造成的环境质量降级的损失进行货币计量，以此为防止或消除产品在生产过程中产生的污染对环境的负面影响所需要支出的费用的多少来判断其“双高”属性。

7.1　基本原理

7.1.1　概念与机理

环境成本的概念，不同领域对其定义有所差别，并没有统一的定论。从经济角度看，环境成本是指被经济过程所使用的环境货物与环境服务的价值；从环境角度看，它是指同经济活动造成的自然资产实际或潜在恶化有关的成本。在国民经济核算领域，国民经济核算体系（SNA）认为环境成本应包括两部分：①生产者或消费者在提供生产和劳务的过程中为防止和消除对环境的负面影响而实际支付的环保费用；②生产者或消费者在提供生产和劳务过程中所造成的资源耗减和环境降级的虚拟环境成本。环境和经济综合核算体系（SEEA）对环境成本的定义为：当经济活动对环境产生不良影响使环境遭到破坏时，人们为将环境恢复到初期水平所做的努力，可以作为经济活动的环境成本；在环境会计领域，《环境会计和报告的第一份国际指南》将环境成本定义为：某一会计主体在其可持续发展过程中，本着对环境负责的原则，为管理企业活动对环境造成的影响而被要求采取的防治措施成本，以及因企业执行环境目标和要求所付出的其他成本[①,②]。

从现有概念界定和已有成果来看，环境成本是一种用货币量化概念反映区域、企业等主体在发展经济或生产经营活动过程中所造成的环境污染与生态损害，被广泛用来比较环境绩效的优劣。因此，从理论上讲，产品在生产过程中造成的污染和损害的程度，也可以用环境成本来客观地反映出来。

（1）以产品为主体的环境成本评估，即为防止或消除产品在生产过程中产生的污染对环境的负面影响所需要支出的费用。产品生产过程中产生的污染物，一部分经过污染治理措施治理达标，为治理达标而产生的费用是企业的实际支出的，称为实际治理成本[③]。这一部分成本是现存经济核算中已经发生的环境污染治理运行费用；另一部分污染物未得到处理或处理未达标，排放到环境中造成了环境质量的降级，为使“环境恢复到期初水平”，环境降级成本虽然没有实际支出，但也是应该支付的，这一部分成本称为虚拟治理成本[④]。产品环境成本评估的目的就是核算实际治理成本、虚拟治理成本以及由这两部分构成的环境总成本。即：

环境成本=实际治理成本+虚拟治理成本

（2）通过对单位产品生产过程中产生的环境成本分析，能够科学、客观地判定产品的“双高”属性。环境成本的核心是治理和预防产品生产过程中产生的各种污染物所需要付出的经济代价。企业为了进行正常持续生产、预防造成过度的自然资源耗减、生态资源降级等环境影响，企业必须采取相应的防治措施所产生的实际治理成本，以及污染排放行为必然导致有害污染因子进入环境中，对各环境要素和整个环境系统的完整性与健康性造成负面影响，这些本应由企业负担却由社会承担的虚拟成本。这两个成本的高低，实际上是产品污染程度与强度的高低，可作为产品污染程度比较的标尺，所以以产品为主体进行环境成本分析，来判断其“双高”属性是科学可行的。

基于环境成本的“双高”产品判定，是把污染物实物量用货币形式进行定量化，能较为准确地比较同行业或不同行业间几种产品“双高”属性。从环境成本模型机理上来说，环境成本的计算，最主要的是围绕各种污染物的治理量和排放量来进行的，是将各种污染物的物理量进行货币化转化而得到的价值量；而产品在生命周期各阶段中环境影响的表现形式就是产生各种污染物并进行相应治理、之后再向环境中排放，而且就大部分产品来说其污染主要集中在生产阶段，在不考虑产品生产时的时空差异性，以污染物实物量来判断

---

① 过孝民，於方，赵越. 环境污染成本评估理论与方法. 北京：中国环境科学出版社，2009.

② 於方，王金南，曹东，蒋洪强. 中国环境经济核算技术指南. 北京：中国环境科学出版社，2009.

③ 谭亚荣. 环境污染核算体系研究[D]. 杨凌：西北农林科技大学，2007.

④ 蔡锋，陈刚才，彭枫，等. 基于虚拟治理成本法的生态环境损害量化评估[J]. 环境工程学报，2015，9（9）：4217-4222.

几种产品间的“双高”属性的顺序是科学可行的。

（3）根据对现有环境成本核算方法的比较，为产品环境成本核算方法设计提供指导。据模型机理、应用领域、研究目的、研究重点和研究范围的不同，现已开发出多种环境成本核算方法，主要分为两类：基于成本的评估方法和基于损害的评估方法。主要包括工业水污染、大气污染、固体废物污染和污染事故经济损失核算。基于成本的评估技术是从“防护”的角度，计算避免环境功能的退化或恢复已被污染的环境功能所需要投入的成本（表7-1）；基于损害的评估技术是借助一定技术手段和污染损失调查，计算环境污染后，人们愿意付出多少成本来摆脱环境功能退化所造成的损害，可理解为环境质量的成本（表7-2）。

表7-1　基于成本的评估方法分类

方法分类	特征	局限
避免成本法	污染物进入环境之前予以消除	
结构调整：减少活动或完全停止；改变生产或消费模式	避免污染物的产生	需要通过建立宏观计量经济模型，方法较为复杂
消除污染：在获得同样产出的条件下，替代投入或改变工艺	污染物已经产生，在进入环境之前在生产领域内给予消除	此法中的工艺代替途径，由于行业众多，且每个行业又有许多工艺，操作起来十分复杂
恢复成本法	污染物进入环境后进行治理	不同地区的环境有明显的差异性，很难制定统一的标准，因此这种方法对于宏观的核算比较困难，且不具有实用性
治理成本法	所有排放到环境中的污染物都得到治理	虚拟成本测算较为复杂

表7-2　基于损害的评估技术分类

方法分类		评估思路	局限
显露偏好法	市场价格法	测量某种市场能够价格的商品与环境损害关系	无市场价格时不适用
	享乐价格法	建立商品的价值对环境变量和非环境变量的多元模型	需要掌握数据多，建模难度大
	旅行费用法	以旅行费用代表游客对环境服务功能的支付意愿	需要掌握数据多，建模难度大
陈述偏好法	条件估价法	直接询问被调查者对环境服务的支付意愿	适用面窄
	联合分析法	间接询问被调查者对环境服务的支付意愿	适用面窄

（4）“双高”名录产品筛选选择治理成本法，既能反映出实际的治理费用，又能体现出“将环境恢复到初期水平”的环境治理需要的成本，同时也被国内广泛用于国家绿色经济总量核算中。根据前述对现有环境成本评估方法的分析，基于损害的评估方法具有一定

的局限性，无法对所有类型的环境退化情况进行估价，且操作难度大，不适用于“双高”产品的筛选。而基于成本的评估方法中，治理成本法操作简单，既能反映出实际的治理费用，又能体现出“将环境恢复到初期水平”的环境治理需要的成本，同时也被国内广泛用于国家绿色经济总量核算中。

7.1.2　方法设计[①]

7.1.2.1　理论模型

治理成本法是指如果所有污染都得到治理，则环境退化不会发生，因此，已经发生的环境退化的经济价值因为治理所有污染所需的成本。治理成本法核算的环境价值包括两部分：①环境污染实际治理成本，是指目前已经发生的治理成本，包括污染治理过程中的固定资产拆旧、药剂费、人工费、电费等运行费用；②环境污染虚拟治理成本，是指假设造成环境污染所排放的污染物都进行治理所需要的支出。

产品在生产过程中产生的污染物，即废气、废水和固体废物，对环境造成损害导致环境质量降级，为把“环境质量恢复到初期水平”需要付出成本去除全部的污染物。这些污染物有一部分经过处理或处置后被去除，对应的实物量指标是“污染物去除量”；另一部分未能被去除直接被排放到环境中对环境质量造成降级的，对应的实物量指标为“污染物排放量”，这两部分的总和就是产品在生产活动产生的污染物的总量。因此，“双高”产品环境成本评估法的实质是通过核算两部分污染的实物量，并估算出所造成污染的货币价值损失。总体来说：

污染物总产生量=污染物去除量+污染物排放量

对应的价值量等式为：

环境成本=实际治理成本+虚拟治理成本

通过上述对环境成本评估法的研究分析，可知环境成本核算主要分两步骤：①污染实物量核算；②环境价值量核算，价值量核算又包括实际治理成本核算和虚拟治理成本核算。其中污染实物量核算是价值量核算的基础。环境成本评估法的技术路线见图 7-1。

7.1.2.2　基础模型[②, ③, ④]

（1）实际治理成本核算。实际治理成本是指企业为处理产品在生产过程中产生的污染物，降低污染物的排放及从事环境管理相关事物所发生的成本。

① 王迪，温宗国. 企业环境成本核算的理论与方法学研究[J]. 环境保护，2008（8）：43-46.

② 李小鸽. 煤炭企业环境成本的核算与控制[D]. 青岛：中国海洋大学，2010.

③ 张琳. 火力发电厂环境成本核算与控制[D]. 太原：山西财经大学，2010.

④ 吴霞. 纺织印染企业环境成本核算研究[D]. 武汉：武汉理工大学，2008.

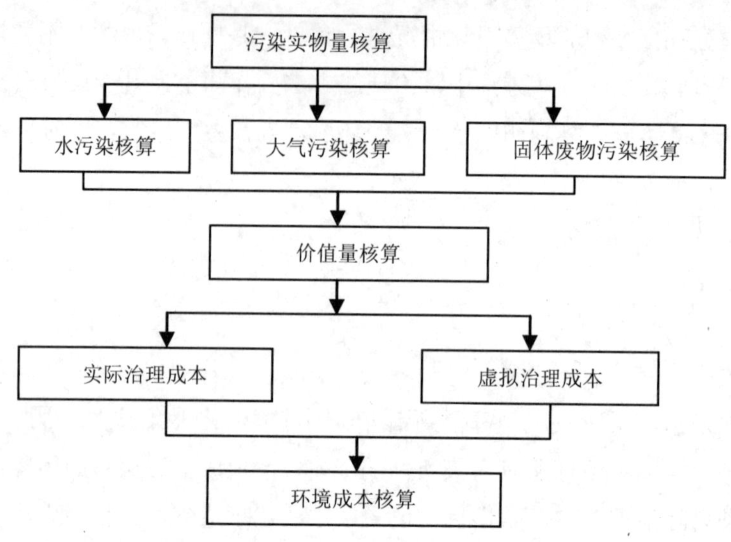

图 7-1　环境成本评估法技术路线图

表 7-3　环境实际费用项目

项目	内容
环境管理费	企业环境管理机构和人员的经费支出及其他环境管理类费用
环境设备费	企业用于环境检测、污染物处理的设备设施的运行费用
排污费	国家各级政府对"三废"正常排放或超标排放征收的费用

实际治理成本用公式表达为：

$$C_a = \sum_{i=1}^{n} C_1 + C_2 + \cdots + C_n \tag{7.1}$$

（2）虚拟处理成本核算。虚拟治理成本是指全部去除直接被排放到环境中的污染所需要的成本。估计虚拟成本的思路比较简单，具体操作程序：

- 弄清各种排放污染物的实物量：在宏观层次上，主要通过环境统计获得各地区、各行业污染物的排放实物量。
- 弄清各种排放污染物的具有代表性的处理方法。通过咨询专家，确定各种排放污染物的最佳或最具有代表性的处理技术。
- 弄清各污染物单位处理费用：根据现行的污染最佳处理技术，估算出单位处理费用系数。

环境统计中已经有污染物排放量的实物数据，只要能知道各种污染物的单位治理成本，将各种污染物的排放量乘以相应污染物的单位治理成本，再进行汇总即可得到虚拟治理成本。问题的关键就在于如何得到每种污染物的单位治理成本，这种思路是基于两个假设：①污染物是可以完全去除的；②假设虚拟单位治理成本和实际单位治理成本一样，即污染物的边际治理成本是不变的。事实上这两个假设在实际操作过程中都不能实现，且当去除率达到一定水平后，污染物的编辑治理成本将呈直线递增。

“双高”产品名录制定中很难收集到所有产品产生的污染物的虚拟处理成本，因此，在本研究中，虚拟单位处理成本的估算可以借鉴排污收费标准，但排污收费标准远低于真实的环境价值。据有关专家估计，我国由于环境污染和环境资源的破坏所造成的损失占 GDP 的 25%，也就是说，排污收费对环境污染损失的补偿度只占 25%。依照此结论，本章虚拟单位处理成本的估算价格为排污收费收费额的 4 倍，即废水虚拟单位处理成本为每一污染量征收 2.8 元，废气虚拟单位处理成本为每一污染量征收 2.4 元，废渣虚拟单位处理成本为 120 元/t。

虚拟治理成本可用公式表示如下：

$$C=\sum_{i=1}^{n}\overline{C}_iQ_i \tag{7.2}$$

式中：C —— 虚拟治理成本；

$\overline{C}_i$ —— 每种污染物的单位治理成本；

Q_i —— 每种污染污染物排放量；

I —— 污染物的类别。

7.1.3 适用范围

基于环境成本的双高判定方法，主要涉及环境污染成本的扣除，其中污染治理成本和环境退化成本的核算是最主要问题，实际污染治理成本是由污染物处理实物量和污染物治理的单位成本数据相乘得到的。因此，产品在生产过程中产生的“三废”的污染物的产生、处理及排放量及污染治理成本数据的准确性是核算价值量的关键。环境成本核算法在“双高”产品筛选上比较适合于对大量产品的初选、相同产品不同工艺的比较。

（1）同行业间同一产品所有生产工艺环境绩效比较。相同产品生产工艺不同，其产排的污染物的种类即使不完全相同一般也具有较大的相似性，其差异性主要体现为“三废”污染物的产生与排放的数量不同，环境成本核算通过实际治理成本和虚拟治理成本的计算，更直观地反映出落后工艺与环境友好型工艺间的价值量的差异，为地方政府产业调整、企业自身技术升级提供较为科学的依据。

（2）不同行业间产品间“双高”属性的比较。本方法可以对不同行业的产品，通过其污染物的产生量和排放量、污染治理成本，计算出其在生产过程中产生的环境负面影响所需要支出的费用。通过对比产品所造成污染的货币价值损失，对产品的污染程度有直观和定量的判断。

7.1.4 方法特征

基于环境成本的“双高”判定方法，以环境经济研究领域中的环境功能退化的价值评价方法为理论基础，能够定量反映产品生产过程中的环境污染所造成的经济损害的相对程度，该方法的优点主要有：①直观地反映环境污染损失的价值量。清晰地反映出产品生产过程中污染物造成的经济损失与环保费用支出，使企业管理者更为直观地认识到自身经营活动对周围环境影响的大小；②为环境费用效益分析提供基础数据，是环境经济决策的技术支撑。经济决策的主要方法是费用-效益分析，将污染经济损失的减少与投入的资金进行比较分析，以确定改变产品生产工艺或替代投入科学性；③为确定环境问题的优先次序提供依据。可以作为定量的指标来衡量各环境要素的污染物危害程度的比较和排序，确定污染控制的优先次序。

基于环境成本的“双高”判定方法，由于模型设计、参数选取、数据获取与使用等层面的一些问题，该方法也存在着一些显著缺点，主要有：①对基础数据的全面性和准确性要求较高。环境成本的核算过度依赖产品污染物的产排污实物量，以“双高”名录目前掌握的基础数据较难保证核算的准确性。②主要关注产品环境污染造成的实际治理成本和虚拟治理成本，且虚拟成本只参考了现有排污收费标准。由于模型机理及数据可得性的限制，对环境风险造成的损失并未予以反映。③环境成本核算研究较为复杂、困难。环境成本核算涉及环境、会计、经济等相关领域，且其本身量化的困难和目前研究方法的不统一使环境成本核算的研究相对较难。

7.2 工作流程与要求

7.2.1 污染物实物量核算

实物量核算[①]是环境污染核算的第一个步骤，通过描述与经济活动相对应的各类污染（物）排放量、处理量及产生量，弄清污染（物）的来源与方向，将经济活动的发生与环境状况的变化联系起来，确定主要部门和地区污染（物）的实物量数据，为环境污染价值量核算奠定基础。

环境污染按污染介质不同可分为水污染、大气污染、固体废物污染。3 种类型的污染

① 於方，王金南，高树婷，等. 绿色核算中的环境污染实物量核算方法[C]. //2007 年全国城镇生活污染源与集中式污染治理设施产排污系数与产排污量测算学术研讨会论文集中国环境规划院，2007：115-130.

在排放标准、量纲、统计指标选取、统计口径等方面都存在很大差异。因此实物量核算按以上 3 种类型分别展开。为了体现环境污染核算体系的完整性和规范性，以及遵循实物量核算与价值量核算相结合的核算原则，所以尽管核算按污染类型分别进行，但 3 种污染类型的实物量核算在表式设计、指标选取等方面应保持统一性。

"双高"产品是从工业行业中进行筛选，因此，实物量核算只对工业污染实物量核算，并不对农业、禽畜、城镇生活污染实物量进行核算。具体来讲：

（1）工业废水污染（物）实物量核算。对重点工业行业的废水及水污染物实物量进行核算，主要核算工业废水产生量、排放量、排放未达标量和排放达标量以及 COD、NH_3-N、有毒有害物质的产生量、去除量和排放量。

（2）工业废气污染实物量核算。核算按照废气产生过程进行，即燃料燃烧过程废气实物量核算和生产工艺过程废气实物量核算。其中燃料燃烧过程核算 SO_2、烟尘和 NO_x 的产生量、排放量和去除量，产生量是排放量与去除量之和。生产工艺过程核算 SO_2、粉尘和 NO_x 的产生量、排放量和去除量，同样产生量是排放量与去除量之和。

（3）工业固体废物的核算。核算工业固体废物（包括一般工业固体废物和危险废物）的产生量、综合利用量、储存量、处置量和排放量。

7.2.2 实际治理成本核算

产品或企业的环境管理成、环境设备成本、排污费等实际治理成本的基础数据可通过企业调研和专家经验判断来获得。实际成本基础数据调查见表 7-4。

表 7-4 实际成本基础数据调查表

产品（行业）	实际治理成本分项			总实际治理成本
	环境管理/元	环境设备设施/元	排污费/元	
产品 1				
产品 2				
……				
产品 n				

7.2.3 虚拟治理成本核算

虚拟治理成本核算按产品或行业展开，但核算仍按照污染类型设计与环境污染实物量核算相对应。虚拟治理成本核算也包括工业水污染、工业大气污染、工业固体废物污染 3

种类型核算。

（1）水污染虚拟成本核算。水污染通常是指由于人类活动或自然过程使有害物质进入水体中，从而造成的环境污染。水污染虚拟治理成本是指对排放至水体中的污染物进行完全消除所需要的成本。根据上述虚拟治理成本核算的方法，参考排污收费标准中对第一类水污染物当量值，根据水污染物排放实物量，计算出产品（行业）的虚拟治理成本的公式分别为：

$$C_e = \sum_{i=1}^{n} \bar{C}_i \times Q_i \tag{7.3}$$

$$C^{水} = C_{e1} + C_{e2} + C_{ei} \tag{7.4}$$

式中：$C^{水}$ —— 产品（行业）总水污染虚拟治理成本；

C_e —— 某污染物虚拟治理成本；

$\bar{C}_i$ —— 某污染物单位虚拟治理成本；

Q_i —— 某污染物污染当量数；

i —— 污染物类别。

水污染虚拟治理成本核算表，横行列示产品类别或行业部门，纵列按废水中污染物核算指标分别列示，见表 7-5。

表 7-5　水污染虚拟治理成本核算　　单位：元

产品（行业）	水污染虚拟治理成本					总虚拟治理成本
	COD	氨氮	石油类	……	污染物 n	
产品 1						
产品 2						
……						
产品 n						

（2）大气污染物虚拟成本核算。大气污染通常是指由于人类活动或自然过程使有害物质进入大气中，从而造成环境污染。大气污染虚拟成本核算方法与水污染虚拟成本核算相同，参考式（7.2）～式（7.4）。大气污染虚拟治理成本核算表，横行列示产品类别或行业部门，纵列按废气中污染物核算指标分别列示（表 7-6）。

产品（行业）总虚拟治理成本：

$$C^{气}=C_{e1}+C_{e2}+\cdots+C_{ei} \tag{7.5}$$

表 7-6　大气污染虚拟治理成本核算　单位：元

产品（行业）	大气污染虚拟治理成本					总虚拟治理成本
	SO_2	CO	NO_x	……	污染物 n	
产品 1						
产品 2						
……						
产品 n						

（3）固体废物虚拟成本核算。固体废物按来源大致可分为一般工业固体废物、危险废物。工业固体废物的实物量指标主要有：产生量、排放量、储存量、综合利用量等。工业固体废物虚拟成本核算公式为：

$$C_e = \sum_{i=1}^{n} Cq_i \tag{7.6}$$

$$C^{固废} = C_e - F \tag{7.7}$$

式中：C_e —— 某污染物虚拟治理成本；

q_i —— 第 i 类固体废物实物量（排放量+储存量）；

F —— 固体废物综合利用收益。

固体废物虚拟治理成本核算表，横行列示产品类别或行业部门，纵列按固体废物中污染物核算指标分别列示（表 7-7）。

表 7-7　固体废物虚拟治理成本核算　单位：元

产品行业	固体废物虚拟治理成本		总虚拟治理成本
	一般工业固体废物	危险废物	
产品 1			
产品 2			
……			
产品 n			

7.2.4　环境成本核算

将上述实际治理成本和各介质的虚拟治理成本求和即为产品（行业）总的环境治理成本。计算公式如下：

$$C_{虚} = C^{水} + C^{气} + C^{固废} \tag{7.8}$$

$$C_{总} = C_{实} + C_{虚} \tag{7.9}$$

7.3 案例分析

为了充分地阐述环境成本评估法对产品（工艺）生产过程中排放的污染物所造成的经济损失严重程度，从而判定该产品或工艺是否纳入“双高”产品或重污染工艺，按照上述环境成本评估法的设计框架和技术路线，以钛白粉行业硫酸法和氯化法生产工艺为例，分析钛白粉行业排放的污染物说造成的经济损失，从而判定钛白粉列入“双高”产品名录。

7.3.1 行业概况

钛白粉是一种重要的无机化工产品，是已知的性能最好的白色颜料，广泛应用于涂料、造纸、化纤、陶瓷、电焊条、电子、冶金、食品和医药等工业。近年来，我国钛白粉行业产能、产量、消费量迅速增加，成为仅次于美国的世界第二大钛白粉生产国。

我国钛白粉行业环境污染较为严重、环境风险巨大，属于重污染行业，主要体现在：①厂点多、规模小，重污染产能占比过高，在建和拟建产能，仍以硫酸法重污染工艺为主；②单位产品产排污强度大，资、能源消耗强度高；③行业排污总量大，资、能源消耗量大，且行业产排污总量和各项污染物在化工行业占比均将显著上升；④行业排放废水污染物浓度高；⑤“三废”治理难度不大，但治理费用高；⑥行业污染事故频发。

7.3.2 行业环境概况

我国钛白粉生产主要是以硫酸法为主，氯化法还在推广阶段。该行业污染物的排放主要是以硫酸法为主。硫酸法生产污染物排放特征是：生产过程排污多、污染排放量大，治理难度不大，但是治理费用高。

（1）生产过程排污点多。从图 7-2、图 7-3 可以看出，硫酸法生产钛白粉污染物排污点为 15 个，清洁生产工艺氯化法为 4～5 个。

（2）污染排放量大。根据有关资料显示，生产每吨钛白粉产生 20%的废硫酸 8 t，酸性废水 100 t，酸性废气（标态）3 万～3.5 万 m^3，黄石膏废渣以硫酸根计算为 2.5 t，$FeSO_4{\cdot}7H_2O$ 约为 3 t。

（3）治理难度不大。钛白粉生产所产生的废气主要是酸雾和粉尘等，采用喷淋洗涤处理和重力沉降等措施即可有效处理废气。废渣可采用填埋、中和等技术处理，而 $FeSO_4{\cdot}7H_2O$、废酸、石膏渣等还可以外销或者综合利用。

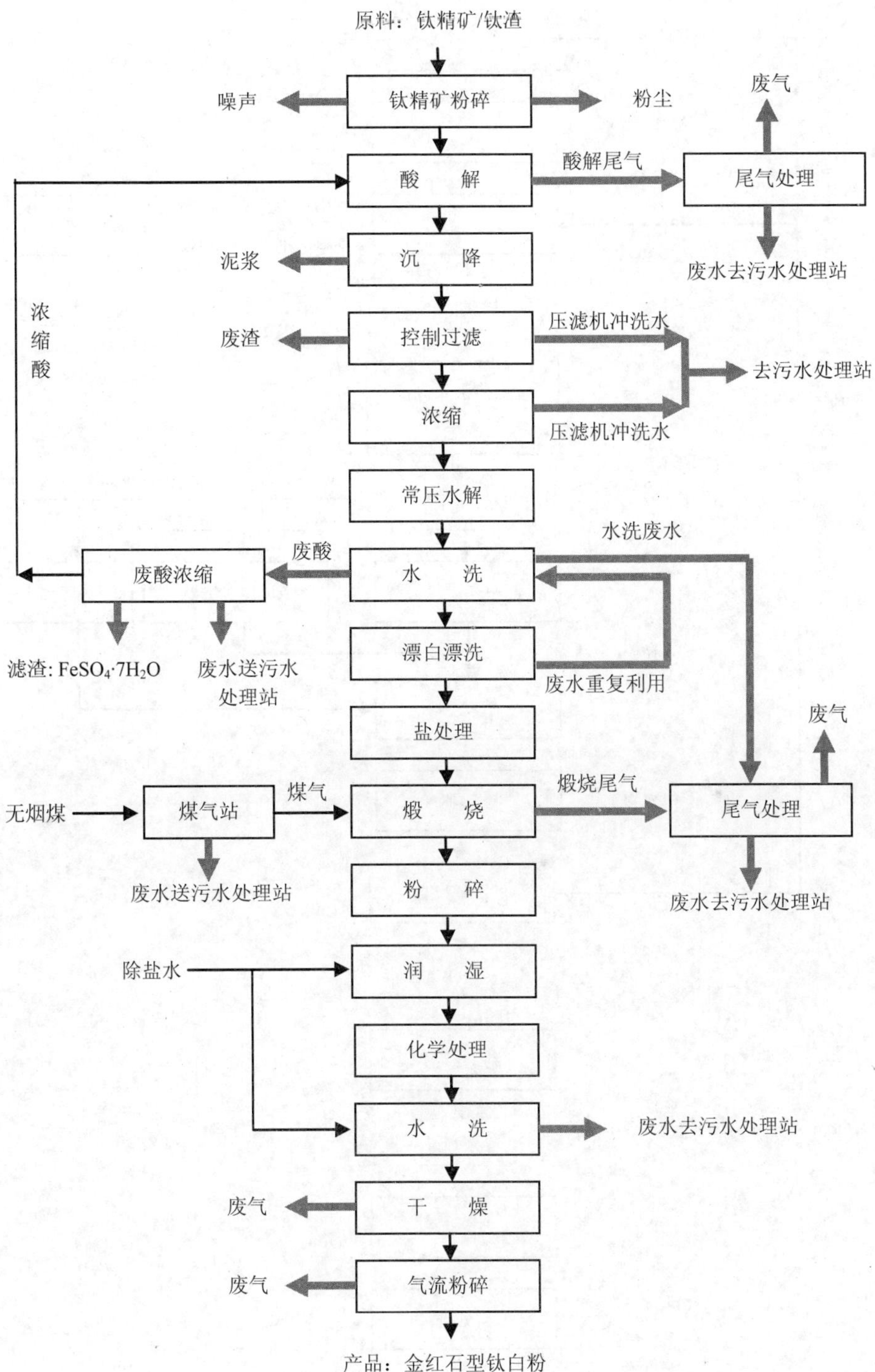

图 7-2　硫酸法金红石型钛白粉“三废”排放点工艺流程

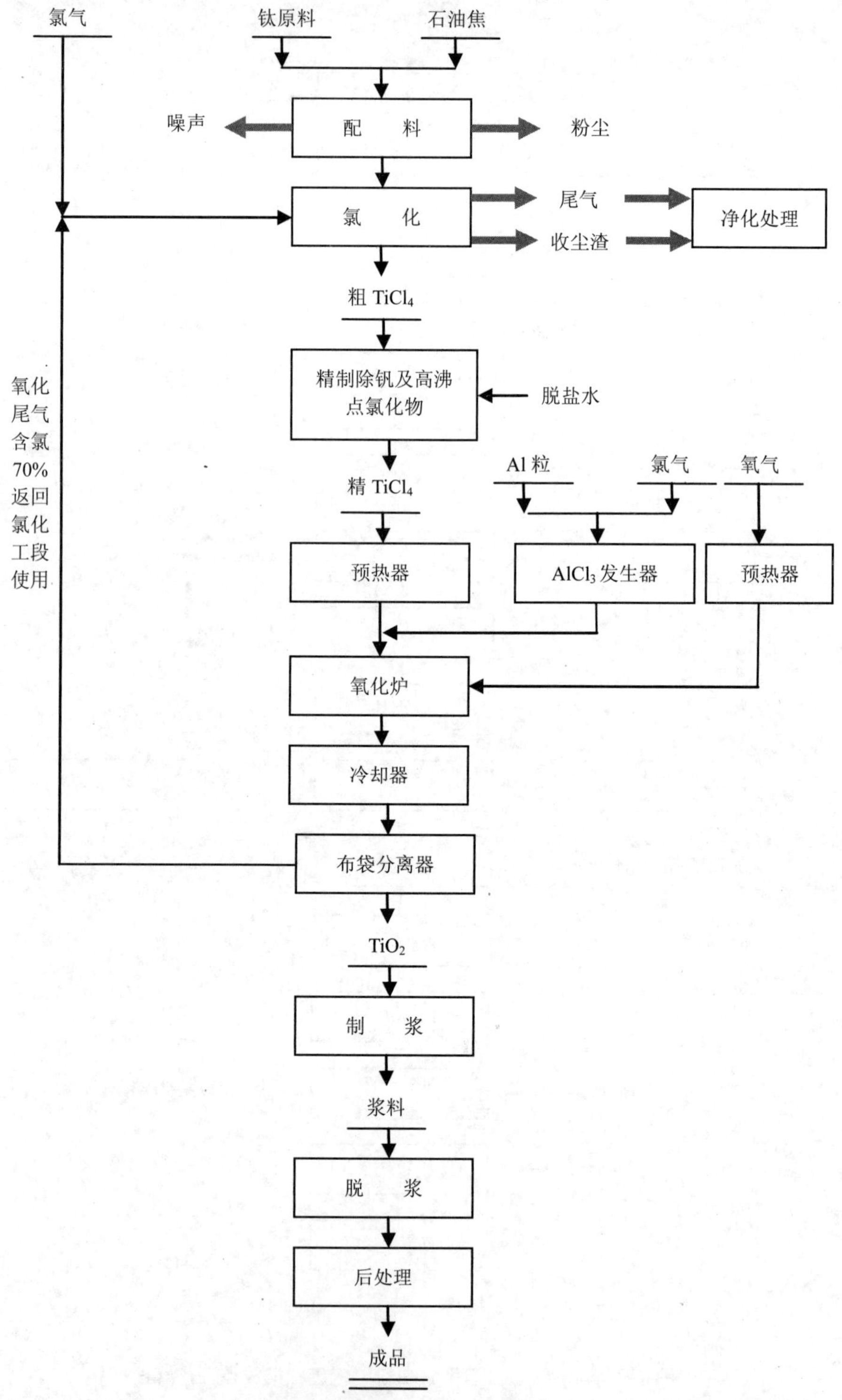

图 7-3　氯化法钛白粉“三废”排放点工艺流程

（4）治理费用高。尽管“三废”治理难度不大，但是由于每吨产品污染物产生量人，因此，污染物治理费用较高。据了解，硫酸法生产每吨钛白粉产生的污染物治理成本高达 1 900 元，氯化法污染物治理成本为每吨钛白粉 800 元。若硫酸法实行联产法清洁生产，每吨钛白粉生产产生的污染物治理成本可以降至 1 600 元。

7.3.3　环境成本核算

（1）实物量测算。钛白粉行业“三废”的实物量数据可通过《中国环境统计年报》《中国统计年鉴》和行业调研可以获得，其中，氯化法熔盐氯化工艺废气排放量（标态）为 1 500 m^3/t 钛白粉；废水排放量为 25 t/t 钛白粉；废渣产生量为 0.5 t/t 钛白粉。硫酸法和氯化法工艺主要污染物排放量见表 7-8。

表 7-8　2009 年钛白行业吨产品主要“三废”排放情况

项目			单位	传统硫酸法	联产法硫酸法清洁生产工艺	氯化法
排污系数	废气	排放量	m^3	30 000～35 000	15 000	1 500 熔盐法
		SO_2	kg	140	7.6	—
		酸雾	kg	13	0.5	—
		粉尘	kg	0.21	0.52	—
		Cl_2	kg	—	—	—
		HCl	kg	—	—	—
	废水	排放量	t	＞100	＜50	25
		COD	kg	10.3	＜2	1.25
		NO_3-N	kg	1	＜0.1	—
		SS	kg	20	＜1.5	—
		SO_4^{2-}	kg	200	＜100	—
		Cl^-	kg	—	—	—
	废渣	酸解废渣	t	0.5	＜025	—
		黄石膏	t	3～8	2	—
		$FeSO_4 \cdot 7H_2O$	t	3	0	—
		废熔盐	t	—	—	0.1
		氯化废渣	t	—	—	0.4

（2）实际成本核算。我国钛白行业氯化法生产工艺占全国中产能的 2%，传统硫酸法工艺占全国总产能的 70%，而传统硫酸法生产工艺每生产 1 t 钛白粉治理成本为 1 900 元，清洁生产工艺氯化法每生产 1 t 钛白粉治理成本为 800 元。2009 年钛白粉行业总产量为 105 万 t，其中氯化法生产工艺占 1.65 万 t。

$$C_{实际}=单位治理成本\times实际总产量$$

$$C_{硫酸}=1900元/t\times73.5\times10^4t=13.965\ （亿元）$$

$$C_{氯化}=800元/t\times1.65\times10^4t=0.1419\ （亿元）$$

（3）虚拟成本核算。依据前文所述，参考国家排污收费标准，本书虚拟单位处理成本为：废水为 2.8 元/kg；废气为 2.4 元/kg；废渣为 120 元/t。根据 2009 年钛白行业污染排放情况，2009 年钛白粉行业硫酸法和氯化法虚拟治理成本见表 7-9。

$$C_{虚}=单位治理成本\times污染物排放量$$

表 7-9　钛白粉行业两种工艺虚拟成本价值核算

生产工艺	各项污染虚拟治理成本/亿元			总虚拟成本/亿元
	废水	废气	废渣	
传统硫酸法	2 058	68.48	5.73	2 132.21
熔盐氯化法	11.55	0.77	0.01	12.33

（4）总环境成本核算。通过上述对钛白行业硫酸法和氯化法实际治理成本和虚拟治理成本的核算，钛白粉总环境成本核算见表 7-10。

表 7-10　钛白粉行业环境成本核算　　单位：亿元

生产工艺	实际成本	虚拟成本	总环境成本
传统硫酸法	13.965	2 132.21	2 146.175
熔盐氯化法	0.142	12.33	12.472

7.3.4　案例结论

运用治理成本法核算钛白行业两种主要工艺环境污染的实际治理成本和虚拟治理成本，通过计算结果的对比，直观地反映出熔盐氯化法工艺环境成本远远低于传统硫酸法工艺。而 2009 年钛白粉行业全年产值为 125 亿元，传统硫酸法的虚拟成本和总环境成本均远远高于钛白粉行业全年产值，由此可以判断出相较于硫酸法工艺，氯化法工艺为环境友好型工艺，在未来钛白粉行业的发展中需要进一步的推广。

在核算钛白粉行业环境成本研究中，主要的难点在于单位虚拟成本的核算和实物量信息的获取，本章结合排污收费标准和对环境损失的补偿度，估算出单位虚拟治理成本，由于实物量基础数据的获取限制和单位虚拟治理成本估算的偏差，钛白粉环境成本的核算数值会略有偏差。

第 8 章　基于 LCA 的“双高”产品判定方法

名录制定方法应同时具备“识别、排序与定性”的功能以及告知产品环境管理所涉及的相关市场主体和社会主体如何力所能及地降低产品环境污染与环境风险的功能。前面 3 章论述的 3 种方法均未解决“如何管理、怎样系统全面降低‘双高’产品的污染与风险水平”等问题。另外，针对产业特征、经济特征和排放特征差异比较大的不同行业的少数几种产品的“精准比较、比选”而言，缺乏方法支撑。面向产品系统的环境管理工具——生命周期评价（life cycle assessment，LCA），由于具有紧密联系经济产品流通系统与生态环境系统，辅助政府和环境管理部门进行全过程、全功能、全方位的综合环境管理决策，以及连接政府、企业和消费者三方主体等一系列特点，所以能够同时解决上述两个问题，因此应成为“双高”产品名录筛选、制定与管理的基础方法之一。

8.1　基本原理

8.1.1　概念与机理

基于 LCA 的“双高”产品环境绩效计算与比较方法是将生命周期分析的已经较为系统成熟的思路、方法、模型、参数以及已有数据库，适当进行拓展、延伸、调整后直接引入“双高”产品名录筛选与制定领域中来的，与国际规范的产品环境绩效分析相接轨的一种分析方法。该方法的主干部分——LCA 分析是一种产品导向的环境管理工具和预防性的环境保护手段，其通过分析研究多阶段、多过程的能量转化、物质利用和废弃物排放来定量化评估一种（或多种）产品的生产消费活动所造成的环境负载，同时 LCA 能够为目标评价环境系统所拥有的潜在改善可能性评估提供理论基础，从而为环境管理人员提供筛选识别有效改善或降低这种环境影响的技术方法和政策工具。

（1）LCA 能够全面、准确地实现产品生命周期过程中的环境绩效分析。①能够评估和比较产品生命周期“全过程整体”和“各阶段分别”的环境影响。生命周期评价（LCA）是一种用于评估从原材料的获取、零部件制造、产品的组装生产、运输销售、用户使用及维护直至最后废弃处置的产品或服务的生命周期全过程、各阶段的环境影响的技术方法[①,②,③]，而且LCA在设计和使用中采取的是生命周期各阶段模块化的研究方式，使该方法既能够从整体上研究、评估和比较，也能够分阶段分别研究、评估和比较。②全面研究和评价各种污染因子、各种污染类型的环境影响。以欧盟的产品环境足迹分析（PEF）为例，该方法将近200种产生与排放量较大、毒性较强、影响范围较广的污染因子纳入产品环境绩效的分析评估范畴，定量评估上述污染因子对于气候变化、人体毒性、生态毒性等14种环境影响类型的具体贡献度。该方法基本上将产品生命周期可能出现的所有污染因子和可能造成的所有环境影响纳入分析评估框架，极大地提高了产品环境绩效评估的科学性与全面性。③提供了科学的产品环境绩效度量与比较的标准。LCA是一种典型的定量化方法，为每种环境影响类别均提供了量化评估的模型与比较的指标，所以，该方法显然是一种易量化、可比较的方法。

（2）将现阶段重点关注的污染因子和环境问题纳入分析框架，使规范化的分析技术能够服务于中国环境管理的现实需求。①可以服务于总量控制、风险防范和环境质量改善等环境管理的需求。一方面，将SO_2、NO_x、COD（各种还原性的在自然界中能够氧化的物质）、氨氮（氮元素的各种还原性的形态）等总量控制污染物或直接或间接地纳入到研究框架，使LCA的研究分析成果能够服务于总量控制污染物减排的政策需求与实践；同时，将严重影响生态环境和人体健康的HF、Hg^{2+}、Be、As、Cr、Pb等污染因子以及较难降解的具有一定持续性危害的突发性和累积性的环境风险的污染物纳入研究框架，使研究成果能够服务于环境风险防范和改善区域环境质量等具体环境管理需求。另一方面，将工艺过程中具有高温高压、易引发重大环境污染事故等特性的工艺过程纳入研究框架，使研究成果能够同时顾及产品生产流程所带来的环境风险。②可以服务于加强针对重金属、地下水、雾霾等重点污染问题的控制需求。将Hg^{2+}、As、Cr^{6+}、Pb等《重金属污染综合防治“十二五”规划》划定的一类与二类防控的重金属均纳入研究框架，同时，将容易对地下水产生持久性危害的有机污染因子以及CO、PM_{10}、$PM_{2.5}$等颗粒物和引发雾霾污染的O_3、VOCs等重要前提物一并纳入研究框架，使筛选结果和研究成果可以切实服务于我国现阶段加强各类别环境问题污染防控的需求。

（3）国内外已有的研究规范与数据库（工具软件）为构建基于LCA的“双高”产品判定方法提供了指导和支撑。①LCA分级与分类的模式为构建方法提供了指导。LCA按照其技术复杂程度可分为三类：概念型LCA（或称为“生命周期思想”）、简化型（速成型）LCA、详细型LCA。其中概念型LCA通常是定性的清单分析评估环境影响，可帮助决策

① 郑秀君，胡彬. 我国生命周期评价（LCA）文献综述及国外最新研究进展[J]. 科技进步与对策，2013，30（6）：155-160.

② 伊坪德宏，田原聖隆，成田暢彥. LCA概論[Z]. 產業環境管理協会丸善出版事業部，2007.

③ 陈莎，刘尊文. 生命周期评价与Ⅲ型环境标志认证[M]. 北京：中国质检出版社，2014.

人员识别哪些产品在环境影响方面具有竞争优势，但不宜作为市场促销或公众传播的依据；简化型 LCA 涉及全部生命周期，但仅限于进行简化的评价，其研究结果多数用于内部评估和不要求提供正式报告场合；详细型LCA包括ISO 14040所要求的目的和范围确定、清单分析、影响评价和结果解释全部 4 个阶段[①]，常用于产品开发、环境声明（环境标志）、组织的营销和包装系统的选择等。②LCA 分析的模型与步骤为方法构建提供了指导。相关国际组织和国内管理部门相继制定发布了众多产品生命周期分析的技术规范，把 LCA 的实施步骤分为目标和范围定义、清单分析、影响评价和结果解析 4 个部分，并详细规定了这 4 个步骤的内容与要求，可以为设计构建基于 LCA 的“双高”产品判定方法的核心部分提供详细的指导。③LCA 已有的研究成果和工具软件库为方法构建提供了有力支撑。诸如 GaBi、LCAiT、PEMS、Simapro[②]和 TEAM[③]等成熟商用数据库中已有了大量的成熟应用、关键参数和研究案例，尽可能多地借助上述已有的研究成果和预制参数，将极大地提高研究效率与精度，大大减少了因查阅文献或调研所消耗的时间和精力。

（4）国内针对产品生命周期各环节均已建立起了较为完善的污染防控政策，使基于 LCA 分析结果制定的降低产品污染与风险水平的政策方案能够有效实施。①我国工业环境管理政策体系较为齐备。我国自 20 世纪 70 年代开展工业污染防治管理至今，初步形成了环境影响评价、“三同时”、排污收费、环境保护目标责任制、城市环境综合整治定量考核、排污许可证、污染集中控制和污染源限期治理 8 项基本制度为框架（近年来又创新、拓展和实施了淘汰落后产能、“区域限批”、总量控制和减排目标责任制等），以污染物排放标准为核心的工业环境管理基本制度已全面建立。②针对产品全生命周期各环节的环保政策体系也基本建立。近年来，国家环保、产业、安监、财税、金融、贸易等相关部门研究创新和开发实施了众多旨在规范工业企业环境行为、降低工业污染与风险的环境管理相关政策，既有基于末端绩效的政策，又有基于产排污强度的进行源头控制和过程管理的政策，既有鼓励类也有限制类甚至淘汰类政策，既有针对项目准入、监管和淘汰全流程的政策，也有针对生产、储存、运输、使用、处理处置、再生利用等产品生命周期全流程的政策。③LCA 分析的六大传统应用领域在国内也有较大的应用潜力。LCA 分析在工业部门中的应用，具体有产品系统的生态辨识与诊断、产品生命周期影响评价与比较、产品改进效果评价、生态产品设计与新产品开发、循环回收管理及工艺设计以及清洁生产审计 6 个方面，既可以解决微观产品层面的生产、使用、再生和处置等生命周期各阶段的资源和环境的合理配置，也可以了解宏观层面上社会经济体系和自然生态规律体系之间的相互作用和相互

---

① SETAC. A technical frame framework for life cycle assessment [R]. Brussels，Belgium：SETAC，1993.

② Goedkoop M，Oele M，Effting S. Simapro database manual methods library. Netherland：Pre. Consultants. 2004.［2009-02-03］. http：/ /www. pre. nl /simapro /impact_assessment_methods. htm.

③ 稲葉敦監修．LCA シリーズ「第二分冊」：LCA の実務[Z]．産業環境管理協会丸善出版事業部，2005.

影响，从而为政府管理部门制定地区和行业的环境发展政策提供依据。近年来，通过产品生命周期评价，一些国家相继在环境立法上开始反映产品和产品系统相关联的环境影响，制定环境法律、政策与建立环境产品标准；通过一系列生态标志计划促进生态产品设计、制造技术的创新，为评估和区别普通产品与生态标志产品提供了具体的指标，优化政府的能源、运输和废物管理方案，向公众提供有关产品和原材料的资源信息，促进国家环境管理体系的建立。

8.1.2 方法设计

（1）方法框架。基于 LCA 的“双高”产品筛选与计算方法主要分为产品确定、LCA 数据库与工具选择（GaBi、LCAiT、PEMS、Simapro 和 TEAM 等）、目标和范围确定、清单分析、影响评价、影响比较、结果解析 7 个部分，其中第三至第五以及第七部分为参照国标 ISO 14040 中给出的 LCA 实施的标准步骤，而第一至第二以及第六部分为将 LCA 分析应用于“双高”产品筛选领域所专门设计的部分，方法框架与步骤见图 8-1。

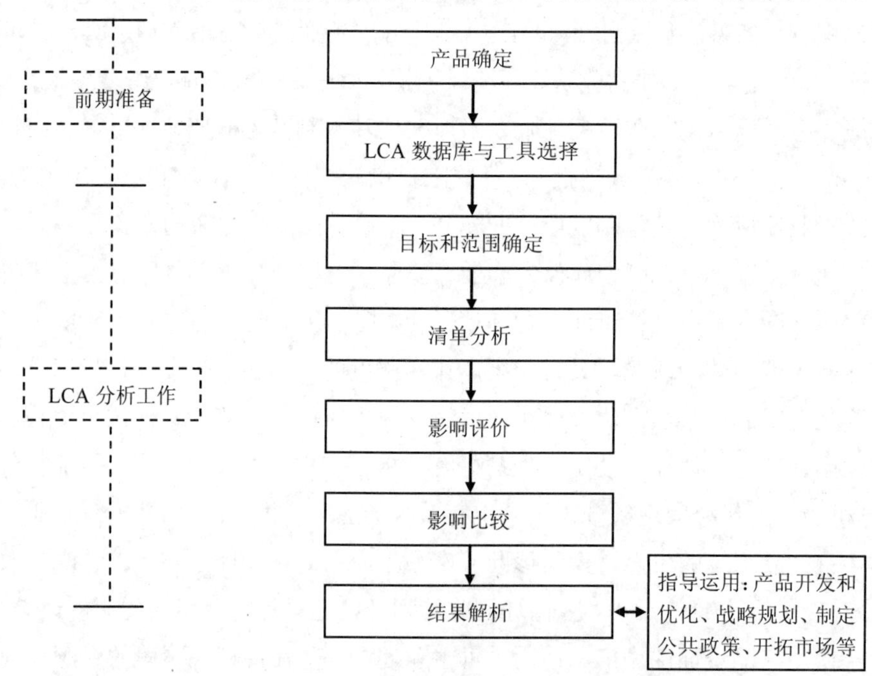

图 8-1 基于 LCA 的“双高”产品判定方法框架与步骤

（2）基于 LCA 的环境污染与环境风险划定。基于 LCA 的“双高”产品筛选与计算方法是严格参照规范 LCA 分析的定量分析方法，其若干关键假定与模型假设完全参照借鉴详细型 LCA 分析。该方法主要包括如下考虑：①该方法针对产品的生产、运输、使用以及处理处置 4 个阶段以及原料、产品、“三废”等不同的物质形式进行评价，从而确保产品环境污染与风险分析的全面性；②基于 LCA 的“双高”产品筛选与计算方法全盘采用生命周期分析中对于环境影响的分类以及其所关注的污染因子，共关注 14 种环境影响类型（表 8-1）近 200 种污染因子，所以其对环境污染与环境风险的关注比较全面而且比较规范；③该方法不仅研究污染与风险的原因与种类，也延伸研究各种污染物所造成的环境损害。以列入条件法、层次分析法“双高”判定法等为代表的方法，仅研究到企业排污口等污染排放这个阶段、不研究污染物进入环境后在各要素间的迁移转化和实际损害；而环境成本法适当延伸了研究逻辑与领域，将环境以一种整体的、不分要素的形式纳入方法构建中，以一种泛化了的“1”或者“元”来表征实际的环境损害，作为区分环境污染程度的标尺；而基于 LCA 的“双高”产品筛选与计算方法，在将多种污染因子纳入研究范围的基础上，将各种污染因子所可能引发的实际环境影响，通过归纳总结为上述 14 种环境影响类型，从而拓展延伸了研究和方法所关注的逻辑链条，使得方法更贴合和紧扣前述的“环境污染”的概念。

表 8-1　LCA 分析规定的 14 类环境足迹影响及相关污染因子清单

环境足迹影响类型	主要清单物质
1. 气候变化	CO_2、CH_4、N_2O……
2. 臭氧层消耗	CCl_4、$C_2H_3Cl_3$、CH_3Br……
3. 淡水的生态毒性	HF、Hg^{2+}、Be……
4. 对人体的毒性-致癌效应	As、Cr、Pb……
5. 对人体的毒性-健康效应	Hg^{2+}、HF……
6. 颗粒物	CO、PM_{10}、$PM_{2.5}$……
7. 电离辐射-健康效应	C-14、Cs-134……
8. 光化学臭氧	C_2H_6、C_2H_4……
9. 酸化	SO_2、NO_x、NH_3……
10. 富营养化（陆地）	N……
11. 富营养化（水体）	P、N……
12. 水资源消耗	H_2O
13. 矿产、化石能等耗竭性资源利用	Fe、Mn、Co……
14. 土地用途转换	土地利用面积与用途变化……

（3）比较与判定标准。本方法参照了 LCA 分析中环境影响的分类和所关注的污染因子，所以，同样也承袭了 LCA 分析中的相关环境影响类型的评价指标和计算方法。具体比较与判定标准建立的思路，可以分为两种：①针对纳入研究的 14 种环境影响类型分别进行比较，那么比较的指标和标准就针对每种具体的环境影响类型分别建立（表 8-2）；②采用统一的“产品生态指数值”或“产品环境影响指数值”，若可以采用“环境指数方

法（eco-indicator）"，该方法建立了包含资源消耗、土地使用、气候变化、离子辐照、酸化、富营养化和生态毒性的全新的环境影响模型，将产品清单分析所得的数据，按照一定的环境机制，按类划分到各个环境问题类中，再将各类环境问题做归一化处理，最终归结到对资源、人类健康和生态系统的损害，按一定的权重系数相加，即可得出单一的产品生态指数值，所以该值可以独立作为单一比较与判定标准。

表 8-2 《PEF 指南》推荐的评价方法与评价指标

环境足迹（EF）影响类别	EF 影响评价模型	EF 影响类别指标
1. 气候变化	Bern 模型：GWP	kg CO_2 当量
2. 臭氧层消耗	EDIP 模型：ODPs	kgCFC-11 当量
3. 淡水的生态毒性	USEtox 模型*	CTUe（生态系统相对毒性单位）
4. 对人体的毒性-致癌效应	USEtox 模型	CTUh（人体相对毒性单位）
5. 对人体的毒性-健康效应	USEtox 模型	CTUh（人体相对毒性单位）
6. 颗粒物	RiskPoll 模型	kg $PM_{2.5}$ 当量
7. 电离辐射-健康效应	人体健康效应模型	kg U^{235} 当量
8. 光化学臭氧	LOTOS-EUROS 模型	kg NMVOC（非甲烷挥发性有机物）当量
9. 酸化	累积超标模型	mol H^+当量
10. 富营养化（陆地）	累积超标模型	mol N 当量
11. 富营养化（水体）	EUTREND 模型	kg P 当量（淡水）；kg N 当量（海洋）
12. 水资源消耗	瑞典 Ecoscarcity 模型	m^3 水资源利用量（相对本地稀缺性）
13. 矿产、化石能等耗竭性资源利用	CML2002 模型	kg Sb 当量
14. 土地用途转换	土壤有机质 SOM 模型	kg（赤字量）

注：* 全球 LCA 数据库指导原则与中国技术指南[C]. 北京：中国 LCA 数据库建设与路线图研讨会资料，2012.

（4）已有数据库与分析工具选择。国际上已经开发了多种分别适用于欧洲等不同地区，针对化工、塑料、造纸等行业与产品的 LCA 商用数据库，该数据库涵盖了工业制造和物流等工业过程以及多种原材料、能源和废弃物。能够在清晰界定研究产品的范围、边界、基本情况和特性以及准确选择所采用商用数据库和软件工具的基础上，极大地减轻 LCA 分析所需要的数据量和工作量，同时提高工作效率与精度。各数据库与软件的具体情况如下：

- ☞ GaBi①：GaBi 是德国 PE International 公司所开发出的生命周期环境影响评估数据库软件，目前版本为 GaBi6.0，该数据库能提供超过 800 种的能源与材料流程。每一种流程又可以让使用者自行发展出一套子系统。数据库中也提供工业流程，归纳在 10 余种基本流程中，如工业制造、物流、采矿、动力设备、服务、维修等。多功能的会话环境让使用者可自行编辑资料。输出时提供能量、质量等多种对照

① 张磊. 基于 GABI4 的电动汽车生命周期评价研究[D]. 合肥：合肥工业大学，2011.

表，也可以输出至微软 Excel 软件，适合有经验的 LCA 软件使用者，但是由于其内部采用图形界面设计，因此初学者也可以轻易上手。

- LCAiT：LCAiT（LCA Inventory Tool）乃是瑞典 Chalmers Industriteknik 所开发出的软件，它仅提供有限的数据库，包括能源、生产燃料及物流、化学物质、塑料、纸浆及纸制品等内容，其优点是可外接其他数据库，适合具有物质能量流动概念的非专业技术的初学者使用。
- PEMS：PEMS（Pira Environmental Management System）系由英国 Pira International 公司所研发出来，可以选择 109 种材料、49 种能源、37 种废弃物管理及 16 种物流等，来计算影响评估程度，参数主要采用欧洲的资料，且不可自行修改或编辑，输出资料可选择采用文字或图表。初学者及专业人士皆可适用。
- Simapro：Simapro 是由荷兰 PRe Consultant 公司在 1990 年开发的用于收集、分析和监测产品和服务环境信息的 LCA 集成影响评估软件工具，是数据库最丰富的 LCA 软件之一。该款软件容量较小，容易操作，其制造阶段的数据库较为详尽，且其可以选择图文输出方式，使用者操作更为简便。在产品版本里可以导入最新的管理程序评价方法 ECO-indicator 99 和 EPS。该软件用户之间非常流行用电子邮件交换信息，是世界上较为普及的一款 LCA 软件。不过，这一软件不支持感应度分析、误差分析、定量解释参数等功能。
- TEAM：TEAM 系由美国 Ecobalance 公司所开发的软件，其数据库分为 10 大类及 216 个小类个别资料文档。10 大类分别有纸浆造纸、石化塑料、无机化学、铜、铝、其他金属、玻璃、能量转换、物流、废物管理。使用者可自行定义及编辑资料或单位。因为其输出界面并未使用图形界面，使用者操作起来较不方便，此软件较适合生命周期评估专家使用。

8.1.3　使用条件

基于 LCA 的“双高”产品筛选与计算是一种精细、科学、规范的分析工具，具有覆盖全面、分析细致、结果结论权威性较强的特点，但也是一种专业知识要求较多、结构复杂、精细程度高、工作周期长的分析工具，所以，使其能够在“双高”名录制定工作体系中准确、有效地发挥作用是有一系列前提条件的，主要有：

（1）有足够深入与细致的研究需求。这是特别需要强调的一点，该方法非“双高”产品名录研究、筛选与定性的常规方法、必需方法，前述开发的 3 种方法，在定性的准确性方面精度已经足够。而基于 LCA 的“双高”产品筛选与计算方法是一种超高精度的重型方法，其数据需求、工作程序均较为复杂，工作周期长、工作经费需求量大，不具有简便、快捷的操作便捷性，所以其并不适合于一般精度要求下、一般工作条件约束下的“双高”产品筛选，只有在超高的精度要求、“双高”定性存在较大且较难解决的争议、需要针对“双高”产品量身定制非常细致的改进方案等较为极端的情况下，才使用该方法。

（2）已购买主要的 LCA 商业数据库的使用权。LCA 分析所需数据量巨大且很难通过调研、测试等方式获取所有所需数据，而且即使能够获取，所需要的时间成本、人力成本和经济成本也是巨大的，将使得工作变得低效、缓慢，甚至使工作变得很难完成。而 GaBi、LCAiT、PEMS、Simapro 和 TEAM 等成熟的 LCA 商用数据库中已有了大量的成熟应用、关键参数和研究案例，所以，如果在研究相关行业的产品时使用上述商用数据库与软件来进行研究辅助，则能够提升工作效率和精度。

（3）有研究行业（产品）的重点企业的调研、数据等方面的技术支持，以及提供部分经费支持。LCA 分析所需数据种类多、量巨大，即使有上述商用数据库辅助支撑研究也不可能从中获取所有所需的数据，必须由研究者自行赴所研究产品的生产者、销售者或使用者进行调研、测试补充获取部分关键数据，同时，也可以对通过商用数据库获取的部分数据进行修正与完善，从而获得更贴近我国实际情况、更贴近该行业现状的实际参数，使研究数据、研究结论更能够切实反映所研究行业和产品的现实污染与风险情况。另外，由于整体上国家提供的工作经费有限，无法比较大范围地支持开展此类深入针对几种产品的深入调查研究，所以，开展此类研究一般应该在有外在经费来源和资金支持的条件下进行。

（4）有既熟悉所研究行业（和产品）又熟悉生命周期分析的专家参与工作。LCA 是一项科学、规范的分析工具，虽然其流程、模型和工作步骤早已经成熟规范，而且有专业软件工具辅助分析，但是，在进行 LCA 分析时仍有较多的工作步骤需要人工参与、需要借助专家经验。另一方面，LCA 分析本身就是一个专业性比较强的领域，使用该模型和方法来进行“双高”产品分析也需要比较多的专业知识和经验。所以，总体上说，有同时熟悉上述两个领域的专家参与“双高”分析判定工作，也是基于 LCA 的“双高”产品筛选与计算方法能够精确有效发挥作用的一个条件和前提。

8.1.4 适用范围

基于 LCA 的“双高”产品筛选与计算方法具有数据需求量大、定量化程度高、分析比较全面深入细致等特点，上述特点能够显著提升“双高”判定的科学性、准确性与权威性，但是，也使工作量增加过多，显然并不适用于纳入对比的产品主体比较多或是工作周期较短等的情况，明显限制了方法的适用范围。总体来说，基于 LCA 的“双高”产品筛选与计算方法在“双高”名录制定方法中，属于“非常用方法”“备用型方法”，其使用条件主要有以下少数几种情况：

（1）已列入“双高”名录中重点大宗产品（或主要企业）针对性改进方案与管理政策方案制定。常规来讲，LCA 分析的结果一般不被用来进行污染与风险程度的定性与比较，主要被用来针对重点产品量身定制改进与提升生命周期各环节中环境绩效的技术方法与政策手段，主要用在产品系统的生态辨识与诊断、产品生命周期影响评价与比较、产品改进效果评价、生态产品设计与新产品开发、循环回收管理及工艺设计以及清洁生产审计 6 个方面，即 LCA 分析的主要功能不是“评”而是“改”，能够识别主要环节、设计改进方案，并对多方案成效进行比较评估，从而挑选环境最佳、经济最可行的改进方案和手段。所以，该方法在“双高”名录制定中最主要的应用，就是针对已列入“双高”名录的重点大宗产品或者针对生产该产品的主要企业，量身定制环境绩效改进与提升方案。

（2）针对产品链条较长、较靠近产业链后端与末端的重点大宗消费品的“双高”产品的定性与论证。现行筛选“双高”产品的行业范畴和最终纳入“双高”产品名录的行业范畴，多集中在化工、有色、农药、涂料、染料、建材等基础原材料工业，上述行业具有靠近产业链的前端与中端、污染主要集中在生产阶段、研究逻辑链短、研究范畴较清晰等特点，所以，采取前述几种方法进行“双高”定性比较清晰、准确和便捷。消费品安全事关消费者的人身健康和财产安全，部分消费品在原材料、生产、使用和废弃环节还会对生态环境造成重大破坏，所以，“双高”产品名录的制定与研究必须关注消费品。而“双高”名录中虽也有部分终端消费品纳入，但整体上多集中在含汞农药、含汞电池、含 PFOA/PFOS 的氟树脂涂料等淘汰类的落后产品上，对真正环境影响较大的大宗消费品研究关注不多、同时采取前述方法也难以进行准确判断和有效定性。而 LCA 分析研究的最主要产品就是消费品，LCA 分析的第一个产品实例就是针对饮料瓶的分析，而且，如 GaBi 等 LCA 商用数据库中也重点关注了消费品、存储了关于消费品的案例和参数，同时，LCA 分析具有关注的工艺过程和产业链条较长的特点，所以，该方法整体上较为适合针对产品链条较长、工艺过程多、较靠近产业链后端与末端的重点大宗消费品的“双高”的定性与论证。

（3）通过其他方法已纳为或拟纳为“双高”产品但又存在较大争议的重点疑似“双高”产品的争端解决与确认。“双高”名录的定性由于涉及环保、产业、贸易、财税等多项负向控制的政策，所以涉及比较多的行业利益问题，经常会面对各方面的压力与阻力。这一方面对“双高”比较与判定的方法的科学性提出了很高的要求；另一方面也需要能够建立一种科学、精确且能够为各方所接受的争议仲裁机制，而 LCA 分析由于在世界范围内得到广泛认可，所以可以此为基础来提升方法的科学性和建立仲裁机制，是比较恰当的。

8.1.5 方法的优缺点

基于 LCA 的“双高”产品筛选与计算方法在理论层面、方法设计层面和实践应用层面，较“双高”产品名录制定体系中的其他方法均有一些显著的特点，其优点主要体现在以下几方面：

（1）比较全面、分析最深入。从关注的产品的生命周期各阶段的完整度和清晰度、纳入研究的环境影响类型的全面度和分类的规范度、纳入研究的污染因子的种类与数量等方面来说，可以说基于 LCA 的“双高”产品筛选与计算方法在为“双高”名录制定所开发的各种方法中，是对基础材料要求与掌握最全面、对产品全生命周期中环境污染与环境风险的产生机制、节点和表象分析最深入的。

（2）定量化程度较高，过程与结果的客观性较高，定性较准确，结果较权威。LCA 分析的模型和步骤已经固定，且已制定了相应的国际标准和国家标准，而且已开发了诸多商用数据库和数据软件，所以，可以说整个计算和研究过程的定量化和自动化程度比较高，结合前述的研究全面、分析深入等特点，再结合以国际公认的 14 种环境影响类型的评价指标或单一的“环境指数方法（eco-indicator）”的评价指标作为比较对象，总体上使本方法能够准确定性与筛选“双高”产品，其结果的受认可程度比较高。

（3）能够针对具体“双高”产品量身定制全面细致的环境绩效改进与提升方案。这是 LCA 的主要功能，也是本方法开发的主要应用，因为该方法有纳入比较的方面最广最全面、分析与比较最深入等特性，能够使本方法对产品的污染与风险的原因识别最清晰、最全面，因而就能够针对产品生命周期中的各个节点、各种污染与风险产生原因和机制，全面定制一套改进和提升该产品环境绩效的方案和方法。

同时，该方法也存在几个方面显著的缺点：①数据需求量过大、工作周期长。该方法所需数据类多量大，有相当多数据需要研究者自行调研或实地测试得到，使得研究的工作周期拉长，虽然提升了工作的精度，但是也相应地增加了工作的难度、降低了工作的效率。②对方法使用者本身的专业知识和技能经验要求较高。虽然工作流程清晰规范也有专业数据库和软件辅助研究，但整体上讲，LCA 分析本身和应用 LCA 在某种具体行业和产品上，本身是技术性、经验型要求比较高的工作，而且又涉及对该行业产品影响比较大的“双高”定性问题，所以需要同时数量两个领域的专家来进行研究操作，只熟悉某一领域的专家是不能胜任或者说不宜用此种工具来进行“双高”产品名录制定的，所以说研究专家的可选范围就比较窄。③存在主观性、数据的完整性和精度等方面的问题，目前 LCA 中部分选择和假定，如系统边界的设置、数据收集渠道和影响类型选择及归类等，也存在诸多主观选择与主观因素。另外，数据完整性和精度有限；LCA 研究需要大量的数据，数据资料可得性是研究的重要问题，研究人员必须经常依据典型的生产工艺、全国平均水平、工程估算或专业判断来获取数据，这就可能造成数据不精确或误差较大，有可能不能得到正确的结论。同时，在数据收集过程中由于不同企业使用的监测设备、方法不尽相同，使获取的数据存在一定程度的不准确性，也会影响最终的评价结果。

8.2 工作流程

为了充分保证方法的科学性与可应用性，本节给出基于 LCA 的“双高”产品筛选与计算方法中每一个部分与步骤的详细内容与具体要求。具体有：

8.2.1 产品确定

确定纳入比较的产品的数量、名称、所属行业等基本情况与性质特征。一般来讲，采用 LCA 进行“双高”产品的环境绩效计算、比较与筛选所涉及的产品不应过多，一般应局限在 2～4 项为宜；同时，应准确界定进行比较的产品的名称与所属行业等基本信息，具体可以参照国家统计局发布的《国民经济行业分类与代码》（GB/T 4754—2011）和《统计用产品分类目录》（国家统计局令，2010 年 第 13 号）等相关国家规范性文件，而且在符合上述规范性标准要求的基础上，也要将产品在 LCA 工具库相对应的行业分类中所对应的具体行业进行明确。

8.2.2 LCA 数据库与工具选择

本部分主要是根据上部分已进行清晰界定的拟进行 LCA 研究的相关产品所属行业等情况与特性，以及相关数据库与软件工具的针对行业、适用地区、包含工业过程、包含原料与废弃物种类等的覆盖与包含情况，选择使用合适的 LCA 分析辅助数据库和软件工具，常见的生命周期评价软件平台以及数据库的各自特点见表 8-3。

表 8-3 常见 LCA 软件平台与数据库

SimaPro 软件	最大的特点是整合不同的数据库，将不同来源的数据分级储存，因此兼顾实用性与保密性，该软件数据来源清楚，选单式的指令容易学习，除了可使用其他生命周期软件开发的数据，也可将产品生命周期组合不同制程或产品的生命周期，对于环境冲击评估可利用不同的特征化、标准化及权重的方法；使用者无须花太多时间学习生命周期评估的过程，就能用生命周期的理念来设计产品。由 Dutch Input Output Database95、Data Archive、BUWAL250、ETH-ESU 96 Unit process、IDEMAT2001、Ecoinvent 等 8 个数据库联合组成，包括能源与物料之投入产出贵料、20 世纪 90 年代初期各项数据、包装材料数据、油品与电力等各种产业数据及环境冲击、全球变暖、温室效应等数据，可提供使用者进行分析时之足够的参考依据。SimaPro 的画面依照 LCA 理论编排，分成盘查分析、冲击评估、阐释、案例底稿与产品普通数据，使用时只要依照 LCA 流程，找到 SimaPro 对应的项目即可开始操作

GaBi 软件	整合产业界与研究单位的清单数据库，包括800种不同能源与材料流程，数据库有能源与物质流及生产技术两大项。其主要优点：自动计算复杂流程图并显示各单元名称及流量；流程进行层次化结合，使生命周期流向结构清晰；数据库的分类整理完善，容易找到数据；可进行敏感度分析、冲击分析与成本分析；由数据质量指数加强数据可靠性。由IKP、Codes、Ecoinvent与BUWAL等数据库联合组成，包括全球地理、欧洲化工业生态冲击与包装材料等数据。数据库比较丰富，但在种类上与SimaPro有所差异，足以让使用者参考利用。操作上不如SimaPro方便，虽然功能强大，但操作上限制和要求较多，需要培训。在引用数据库时，要经过复杂的联结过程
GaBi 数据库	GaBi数据库包含的生命周期清单涵盖的行业有：有机中间产品、无机中间产品、能源、钢铁、铝、有色金属、贵金属、塑料、喷粉、处置、电子器件、可再生材料、建筑材料、交通、纺织品生产、食品饲料等。GaBi数据库中的数据主要适合欧洲地区适用，也有部分数据适用于全球情况
Ecoinvent 数据库	Ecoinvent数据含的生命周期清单有：能源（电力、石油、煤炭、天然气生物质、生物燃料、生物能源、水电、核电、光伏、风电、沼气）；材料（化学品、金属、矿物、塑料、纸、生物质、生物材料）；废物管理（焚烧、填埋、废水处理）；交通运输（公路、铁路、航空、船运）；农产品和加工，电子，金属工艺和建筑通风。数据支持多种格式如XML或Excel。数据库中的数据适用地区涵盖欧洲、北美、中国、日本等，数据涵盖区域比较广，一般而言数据的可信度高于GaBi数据库

8.2.3 目标与范围确定

该阶段是对LCA研究的目标和范围进行界定，是LCA研究中的第一步，也是最关键的部分，是清单分析、影响评价和结果解释所依赖的出发点与立足点，决定了后续阶段的进行和LCA的评价结果，直接影响到整个评价工作程序和最终的研究结论。

目标确定主要说明进行LCA的原因和应用意图，范围界定则主要描述所研究产品系统的功能单位、系统边界、数据分配程序、数据要求及原始数据质量要求，还要指出分析中涉及的假设条件、约束条件。其中功能单位的设定是对产品系统输出功能的量度，其基本作用是为有关输入和输出提供参照基准，以保证LCA结果的可比性。目标与范围确定直接决定了LCA研究的深度和广度。另外，鉴于LCA研究是一个反复的过程，根据收集的数据和信息，可能修正最初设定的范围来满足研究的目标。在某些情况下，由于某种没有预见到的限制条件、障碍或其他信息，研究目标本身也可能需要修正。

8.2.4 清单分析（LCI）

清单分析是对所研究系统中输入和输出数据建立清单的过程，是目前LCA中发展最为完善的一部分，也是最为花费时间和精力的阶段。通过对产品生命周期每一过程负荷的种类和大小进行登记列表，从而对产品或服务的整个周期系统内资源、能源的投入和废物的排放进行定量分析的过程，可以清楚地确定系统内外的输入和输关系。清单分析的主要程序包括：数据收集准备、数据收集、确认数据的有效性与完整性、连接完系统边界、分配流入和排出量、最后提出清单分析的限制条件。数据清单工作具体可以从以下几个方面开展：

（1）数据收集的准备。根据目标定义和范围界定的产品系统绘制详细具体的产品工艺流程图；确定需要量化和细化的指标，包括资源消耗和污染物排放；编制计量单位清单及收集说明。

（2）数据收集。现有的相关数据库、企业内部工艺信息、各类文献和统计报表、实验室测试或模拟试验数据。由于这部分数据收集困难，大多数研究者使用 LCA 软件数据库中的数据。清单分析需要处理庞大的数据，必须运用软件计算。

（3）数据处理。完善数据检测系统，避免不必要的数据分配；根据物质能量守恒定理及专业知识，对各功能单元或过程进行评估；将各功能单元和过程中相同影响因素的数据求和，以获得该影响因素的总量，为产品级的影响评价提供必要的数据。

（4）数据质量评价。采用如地域代表性、数据年代等数据质量指标；进行不确定性分析。

8.2.5　影响评价（LCIA）

本部分将清单数据转化为具体的影响类型和指标参数，根据清单分析阶段的结果对产品生命周期的环境影响进行定量或定性的描述和评价，包括以下几个步骤：对清单分析过程中列出的要素进行分类、运用环境知识对所列要素进行定性和定量的分析、识别出系统各环节中的重大环境因素，并且对识别出的环境因素进行分析和判断。

生命周期影响评价（LCIA）是 LCA 中难度最大、争议最多的部分，相关国际标准尚处于制定阶段。目前国际上采用的评价方法，基本上可以分为两大类：“环境问题法”和“目标距离法”。前者主要着眼于环境影响因子和影响机理，对各种环境干扰因素采用当量因子转换的方法进行数据标准化和对比分析，如瑞典 EPS 方法、瑞士和荷兰的生态稀缺性方法（生态因子）以及丹麦的 EDIP 方法等；后者则着眼于影响后果，用某种环境效应的当前水平与目标水平（标准或容量）之间的距离来表征某种环境效应的严重性，其代表方法是瑞士临界体积方法。

8.2.6 影响比较

影响比较是将所研究的几种产品的影响评价结果进行横向比较，从而确定哪种（或哪几种）属于“双高”产品的过程。比较的标准主要依据前一阶段“影响评价”阶段（LCIA）所选取的评价方法确定，或是针对 14 种环境影响类型分别进行比较，比较的指标和标准见表 8-1；或是采用统一了的评价指标，如“环境指数方法（eco-indicator）”或是将上述 14 种指标采用层次分析法根据其重要程度统一而得到的标准值。依据比较的标准值来进行几种产品环境影响程度的比较，筛选确定“双高”产品。

8.2.7 结果解释

结果解释是基于清单分析和影响评价的结果识别出产品生命周期中的重大问题，提出降低产品环境污染、改善环境绩效的政策建议；同时，对本次评估结果进行包括完整性、敏感性和一致性检查在内的评估，评估本次 LCA 分析的可靠性、有效性。主要有以下 3 个方面：①贡献度分析，分析各过程对各指标的贡献率，从而辨识问题出现的主要环节和原因；②敏感度分析，分析清单数据对各指标的灵敏度，配合改进潜力估计，从而辨识最有效的改进点；③进行感应度分析、不确定分析和数据质量评估，因为在清单分析中使用的数据大部分不是实际测定的数据，通常含有推测的数据和引用的数据，所以需要进行上述 3 项分析。

8.3 案例分析

中国是世界上最大的纺织品生产国和出口国。一方面，纺织行业为我国 GDP 的增长以及外汇获取贡献了重要的作用；另一方面，纺织行业也给我国带来了环境污染问题。因此，纺织行业的绿色可持续性发展对我国国民经济有着至关重要的意义。本研究选择纯棉 T 恤作为研究对象，利用生命周期评价方法对这种代表产品进行环境影响分析，识别其生命周期中热点，并且针对这类产品提出可行的改进建议。

8.3.1 功能单位与系统边界

本研究的功能单位是一件短袖纯棉 T 恤，具体参数为：尺寸：XXL（180/96A）；肩宽：50 cm；胸围：110 cm；袖长：20 cm；衣长：70 cm。本研究的系统边界见图 8-2。

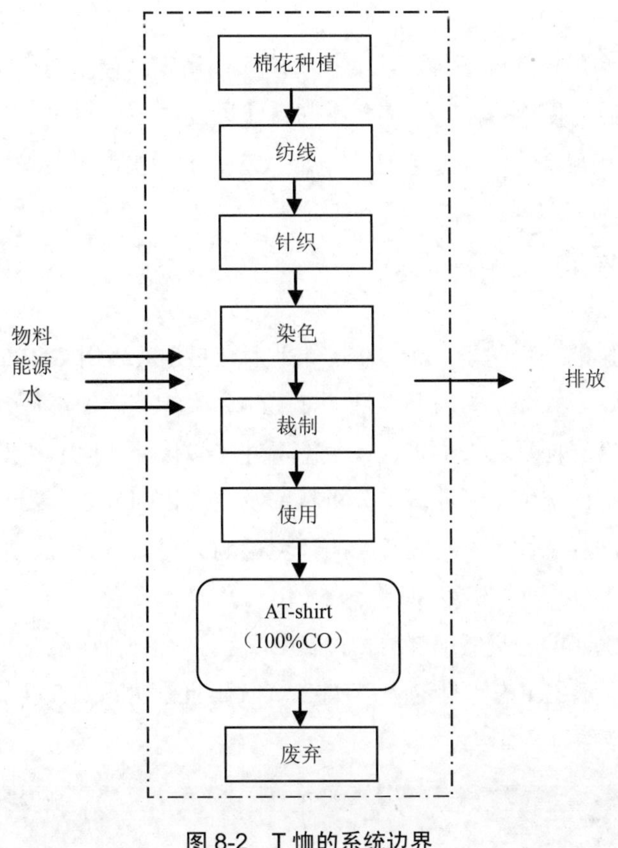

图 8-2　T 恤的系统边界

8.3.2　清单分析

本研究的棉花种植、运输以及废弃阶段的数据来源于 Ecoinvent 数据库，本研究的生产数据主要来源于企业调研的一手数据，使用阶段的数据来源于问卷调查。GaBi 软件中的内置数据库以及 Ecoinvent 数据库为清单分析提供上游生产数据。此外，当调研数据存在缺失时，可以通过技术资料以及文献提供数据补充。

通过企业现场调研主要需要完成以下几项工作来完成数据清单：确定 T 恤的生产工艺流程图；了解调研企业的规模，技术水平以及相关产品类别与产量；详细了解研究对象产品的每个工艺环节；获取每个工艺环节的物料消耗、能耗、水耗以及“三废”排放的数据。通常一家企业生产的产品会有多种，因此需要对数据进行筛选与分配。对可以明确进行筛选的物料消耗进行筛选。例如，某些助剂只是部分化纤面料生产时所需要的，就应该从纯棉织物的物料消耗中剔除。对于与其他产品共同消耗物料的情况，应该选择适合的分配系数进行数据分配。例如，不同产品的水耗系数不同，可以根据水耗系数与产品产量进行数据分配。

通过网络问卷和现场问卷两种方法调查中国居民纺织品使用习惯调查（回收 924 份有效问卷），了解 T 恤的使用寿命，洗涤频率与方式以及洗涤剂的使用习惯，可以计算得出一件 T 恤在整个使用寿命中的洗涤水耗、电耗、洗涤剂的消耗以及排放。

8.3.3 环境影响评价

本研究的环境影响评价基于 GaBi6.0 软件平台见图 8-3，采用 CML2001 评价方法体系，考虑的影响被分成 3 个大类：材料和能源（非生物和生物资源的消耗）的消耗，污染（温室效应的加强、臭氧层耗竭、人类毒性、生态毒性、酸化、其他）和损害。该方法是面向问题的方法，是基于传统生命周期清单分析特征及标准化的方法，采用中间点分析减少了假设的数量和模型的复杂性。本研究考虑的环境影响类别如下：ADP（element）资源消耗潜力（元素）；ADP（fossil）资源消耗潜力（化石）；AP 酸化潜力；EP 富营养化潜力；GWP 温室效应潜力；ODP 臭氧消耗潜力；POCP 光化学潜力；FAETP 淡水水生生态毒性潜力；MAETP 海水水生生态毒性潜力；HTP 人体毒性潜力；TETP 陆生生物毒性潜力，其评价结果（图 8-4）。

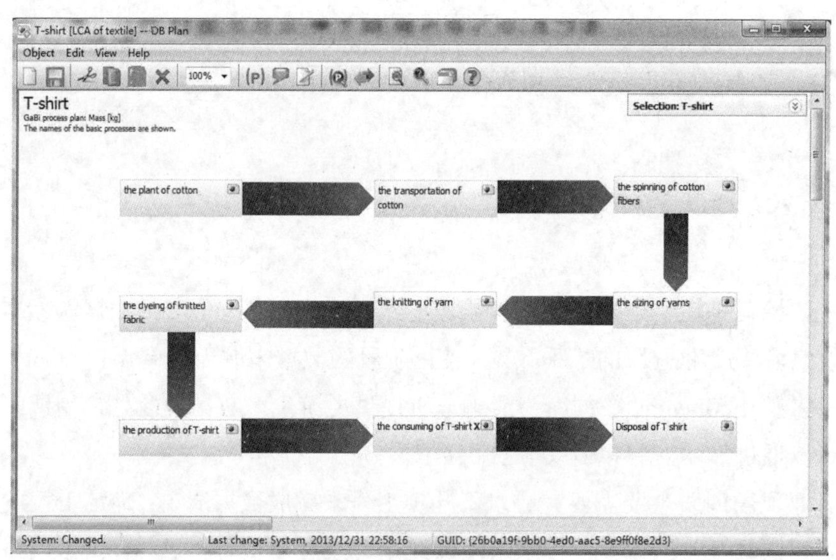

图 8-3 T 恤生命周期在 GaBi 软件中的建模

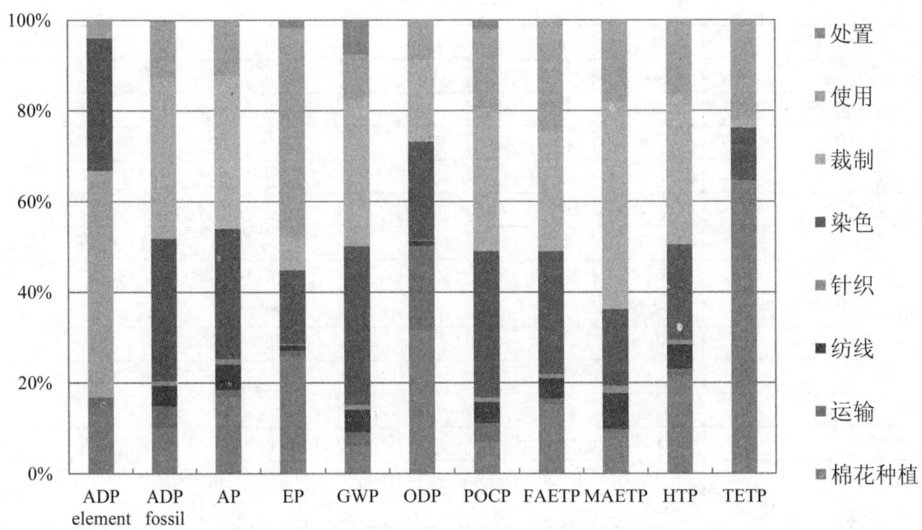

图 8-4　T 恤生命周期各个阶段的环境影响贡献

8.3.4　热点识别与改进建议

热点是指基于地理位置或者影响类别通过具体的机织在产品生命周期的某个阶段中存在潜在的重大环境和社会影响的一项活动。潜在热点可以根据以下步骤进行判断：①基于 LCA 的结果识别对每个环境影响贡献最大的主要过程；②基于 CML 2001 体系和数据清单识别每个过程，分析导致其环境影响的基础流；③确定引发基础流的主要人类活动为热点。本节识别出来的热点见图 8-5。根据识别出来的热点，可以提出切实可行的改进建议来提高 T 恤在整个生命周期的环境绩效（表 8-4）。

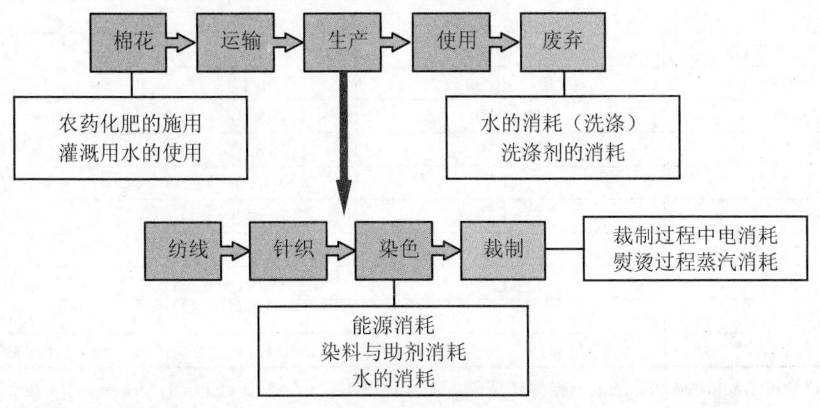

图 8-5　T 恤生命周期的热点

表 8-4　对应热点的改进建议

改进建议	对应热点	建议机制
改良化肥配方	棉花种植中化肥的使用	降低化肥中的重金属含量
施肥前开展土地配方测试	棉花种植中化肥的使用	根据测土结果科学施肥
推进有机肥的使用	棉花种植中化肥的使用	减少化肥生产中矿产资源的使用
使用低毒农药	棉花种植中农药的使用	降低农药的环境影响
改良棉花品种	棉花种植中化肥与农药的使用	提高抗虫性与吸收营养物质能力
节水灌溉	棉花种植中水的消耗	定向灌溉
改善居民洗涤习惯	洗涤中的水耗，电耗以及洗涤剂的使用	提高居民的环保意识
促进污水处理厂的建设	洗涤废水的排放	洗涤污水经处理后再排放
改进建议	对应热点	建议机制
废热再利用	染色环节煤的使用	减少能量损失
设备革新	染色环节煤的使用；裁制过程中的电耗	
扩大生产规模	染色环节煤的使用；裁制过程中的电耗	企业集成带来规模效应
加强现场管理	染色环节煤的使用；裁制过程中的电耗	促进节能绩效评估与教育
开发和使用无水印花技术	染色环节中水的使用	超临界流体染色技术
节约洗涤用水	染色环节水的使用	通过宣传教育提高居民的节水意识

8.3.5　两种棉纺织品的环境影响比较

基于生命周期评价 LCA 理论和 GaBi6.0 软件，采用 Eco-indicator99（生态指数法）环境影响评价指标体系，其中归一化用的方法是层次分析法，人类健康、生态系统质量、资源消耗的权重分别是 300、500、200，分析比较一件纯棉 T 恤与一套纯棉 4 件套的生命周期环境影响。利用 GaBi 软件计算出一件纯棉 T 恤与一套纯棉 4 件套的特征化结果与归一化结果分别见表 8-5、表 8-6。

表 8-5　纯棉纺织品特征化结果

影响类别	单位	T 恤	床上 4 件套
酸化/富营养化	PDF/（m^2·a）	0.26	3.892
生态毒性	PDF/（m^2·a）	0.068 3	1.281
致癌效应	DALY	1.58×10^{-6}	2.63×10^{-5}
气候变化	DALY	1.25×10^{-6}	2.09×10^{-5}
臭氧层破坏	DALY	1.69×10^{-10}	3.80×10^{-9}
辐射	DALY	7.57×10^{-9}	1.46×10^{-7}
大气无机污染	DALY	6.80×10^{-6}	1.08×10^{-4}
大气有机污染	DALY	2.65×10^{-8}	3.36×10^{-7}
化石燃料耗竭	MJ surplus energy	2.95	61.589
矿产资源耗竭	MJ surplus energy	0.043	0.737

注：DALY（disability adjusted life years）伤残疾调整寿命年；PDF/（m^2·a）（potentially decrease fraction）每年每平方米生物种群的潜在减少值；MJ surplus 能源开采额外需要消耗的能源。

表 8-6　纯棉纺织品归一化结果

环境影响类别	T 恤	床上 4 件套
酸化/富营养化	6.93×10^{-4}	0.010 38
生态毒性	8.42×10^{-5}	0.001 58
致癌效应	7.91×10^{-4}	0.013 13
气候变化	5.23×10^{-4}	0.008 74
臭氧层破坏	7.73×10^{-7}	0.000 02
辐射	2.82×10^{-4}	0.005 47
大气无机污染	6.35×10^{-4}	0.010 08
大气有机污染	3.87×10^{-4}	0.004 91
化石燃料耗竭	3.57×10^{-4}	0.007 46
矿产资源耗竭	2.91×10^{-4}	0.004 98

依据表 8-6 的结果，使用之前所列权重可以分别计算得出 T 恤与床上 4 件套的生命周期环境负荷单一值（表 8-7），通过比较可以发现，床上 4 件套的环境负荷约是 T 恤的 16 倍。

表 8-7　纯棉纺织品单一环境负荷值

损害类型	T 恤	床上 4 件套
人类健康	0.786	12.703
生态系统质量	0.389	5.979
资源消耗	0.129	2.487
合计	1.304	21.168

8.3.6　案例结论

本章论述了基于 LCA 的“双高”产品判定方法的优缺点以及应用于“双高”产品名录筛选、制定与管理工作中的可行性。其优点：①相对于前面章节论述的几种方法，本方法比较方面更为全面、分析更为深入；②定量化程度较高、过程与结果的客观性较高，定性较准确、结果较权威；③能够针对具体“双高”产品量身定制全面细致的环境绩效改进与提升方案；④国内外已有的研究规范与数据库（工具软件）也大大提高了方法的可行性。同时，T 恤与床上 4 件套的环境负荷分析结果直观、定量地表明了床上 4 件套的环境负荷约是 T 恤的 16 倍。综上所述，基于 LCA 的“双高”产品判定方法优点突出、可行性较高，同时相关产品实证较为顺利，基本确定了该方法在“双高”产品筛选中是可行的。

第 9 章　基于 DEA 的产品环境绩效指数法

为进一步降低名录制定中主观因素的影响，规范与统一数据输入、评价指标和判定标准，基于在多要素投入、多要素产出情况下评价同类组织工作绩效相对有效性的常用工具数据包络分析（data envelopment analysis，DEA），开发了基于 DEA 的产品环境绩效指数方法。该方法以标准的国民经济行业分类为基础，以国民经济中工业行业的产业经济统计数据和环境统计数据作为数据支撑，通过构建统一的资源环境投入与经济社会产出指标体系、建立统一的参照集和参照值，并分行业建立统一的判定阈值，在数据需求量不大且可得的前提下，极大地提升了“双高”产品计算、判定过程中的定量化和一致性程度。

9.1　基本原理

9.1.1　概念与机理

基于 DEA 的产品环境绩效指数法是以数据包络分析（DEA）为基础，以相同资源环境投入（污染物排放和资源消耗）情况下经济社会指标的产出大小作为比较标的，识别相同资源环境成本下经济社会产出“相对无效”的产品，并将其定性为“双高”产品的一种方法。该方法通过构建覆盖全面、数据可得的指标体系，预先针对《国民经济行业分类与代码》（GB/T 4754—2011）中 36 个两位代码行业，逐行业计算出了标准参考值（作为单一产品“双高”的判定阈值），在具体使用与判定过程中，依据统一的投入产出指标体系将所研究产品的各项资源环境投入情况和各项经济社会产出情况输入 DEA 模型，计算得到该产品的环境绩效值，将该值与该产品所属的《国民经济行业分类与代码》（GB/T 4754—2011）中两位代码行业的标准参考值进行比较，根据相对大小情况即可判定其是否为“双高”。

（1）DEA 是评价多决策单元投入产出有效性的常用工具，在环境领域中应用较为广泛。

DEA由Charnes、Cooper等[①]于1978年创建，通过对多个决策单元（decision making units，DMU）的投入指标和产出指标线性分析后，确定各DMU的相对有效性，从而评价DMU是否为高效的[②]，已成为现代管理学、运筹学和数理经济学中的重要方法。早期的DEA被用于对医疗、教育、军事、社会公共设施等领域，后逐渐发展被应用到企业、区域的绩效评价中。1992年，傅平等[③]利用DEA方法对企业的经济、管理及排污3个方面的素质进行了评价，进而形成企业素质综合指数，并期望将综合指数用于总量控制指标的分配。此后，DEA方法在企业环境绩效评价领域逐渐发展起来。

（2）产品是通过资源环境等方面投入来换取经济社会产出的主体，其投入与产出绩效的高低可以通过DEA方法来进行比较。产品的生产与再生产全过程，是通过资金、技术、人力、资源环境等方面投入来获取功能性、经济性和社会性等方面产出的过程，虽然不同产品的具体名称、种类、制作方法、功能、外观、性状等差异巨大，但是应该看到，基本所有产品所需要投入的要素种类与产出的要素种类基本相同，不同产品间每种要素投入的数量与产出的数量又有明显差异，所以，产品是一个典型的多要素投入、多要素产出，且投入与产出间呈非线性关系的决策单元，其投入与产出的相对有效性可以通过DEA方法来进行比较。

（3）国内现有的环境统计与环境影响评价等制度基础和工作基础，基本上使针对每种产品都可以计算其基于DEA的环境绩效指数。用基于DEA的环境绩效指数方法筛选与判断“双高”产品，主要需要两个方面数据：①构建包含36个主要行业的参照集和每个行业标准参考值所需要的36个行业的资源环境投入和经济社会产出数据，上述数据可以通过环境统计年报获取；②计算产品的基于DEA的环境绩效指数，需要获取产品的资源消耗量、污染治理设施能力、治理设施运行费用、排污环境成本等投入情况，以及产值、纳税和从业人数等产出情况，上述每一项指标数据均可以通过产品典型生产企业的环评报告获取。

（4）应用该方法不仅可以进行单一产品判定，而且可以比较不同产品的环境绩效。传统DEA计算是当次有效，即参加单次DEA排序得到的每个决策单元的绩效值是一个没有绝对含义的仅当次有效的相对值，因此不同次的DEA排序之间的绩效值不能进行直接比较。而本方法通过设置统一的包含36个主要行业的参照集，在将每种产品与36个参照集进行DEA排序的基础上，一方面，通过将每种产品的绩效值与相应所属行业的标准参考值进行比较，能够确定该产品是否属于“双高”；另一方面，可以通过两种（甚至更多种）

① Charnes，W. W. Cooper，E. Rhodes. Measuring the efficiency of decision making units[J]. *European Journal of Operational Research*，2（1978），429-444.

② 江媛媛. 基于DEA的企业环境绩效评价方法研究[D]. 青岛：中国海洋大学，2010.

③ 傅平，王华东. 水质污染总量的合理分配研究[J]. 重庆环境科学，1992（2）：10-14.

产品与参照集进行一次 DEA 排序、直接计算不同产品绩效值进行比较的方式，或者两种（甚至多种）产品分别与参照集进行DEA排序并与相应行业的标准参考值进行比较的方式，比较分属不同行业的产品的环境绩效值，可以通过某一种公认的或“已经定性”的“双高”产品的环境绩效值进行间接的“双高”产品判定，整体上拓展了该方法的适用范围。

9.1.2 方法设计

（1）模型设计与关键问题分析。

☞ 理论模型：数据包络分析（DEA）是现代管理学、运筹学和数理经济学中的重要方法。DEA 通过对多个决策单元（DMU）的投入指标和产出指标线性分析，确定各 DMU 的相对有效性，从而评价 DMU 是否为高效的①。DEA 与传统线性规划不同，它不是在恒定的线性不等式约束下寻找最优解，而是不断地变化权重寻找各 DMU 同时达到最优时的状态，因此，DEA 能够模拟和自动计算出最优状态时各投入指标和产出指标的权重，避免了评价体系的指标权重确定时存在的人为主观干扰②，③。

典型 DEA 结构与机理如下。首先假设一个具有 n 个同质的决策单元[DMU_j(j=1，2，…，n)] 的系统，投入指标和产出指标的个数分别为 m 和 s，则投入、产出向量分别为：

$$X_j=(x_{1j},x_{2j},\cdots,x_{mj}),j=1,2,\cdots,n$$
$$Y_j=(y_{1j},y_{2j},\cdots,y_{sj}),j=1,2,\cdots,n \quad (9.1)$$

式中：x_{ij} —— 第 j 个 DMU 第 i 种（i =1，2，…，m）投入指标，投入指标来自环境、资源、能源的相关指标；

y_{kj} —— 第 j 个 DMU 第 k 种（k =1，2，…，s）产出指标，产出指标来自工业产值的相关指标。

在产品的生产过程中，各个投入指标和产出指标的重要程度和作用不同，因此在对产品进行评价，须对它的投入指标和产出指标进行线性综合分析，即把它们看作只有一个综合投入和综合产出的过程，也就是说，对每个投入指标和产出指标恰当的权重（图 9-1）。

---

① 江媛媛. 基于 DEA 的企业环境绩效评价方法研究[D]. 青岛：中国海洋大学，2010.

② R. Fare，S. Grosskopf，C. Lovell，et al. Multilateral productivity comparisons when some outputs are undesirable：a nonparametric approach[J]. *The Review of Economics and Statistics*，1989，71（1）：90-98.

③ 戴攀，陈光，刘田，等. 基于 DEA 的电力行业环境绩效测度模型[J]. 湖南大学学报（自然科学版），2013，10：71-77.

$$
\begin{array}{ccccccccccc}
 & & & 1 & 2 & & n & & & \\
\hline
v_1 & 1 & \to & x_{11} & x_{12} & \cdots & x_{1n} & & & \\
v_2 & 2 & \to & x_{21} & x_{22} & \cdots & x_{2n} & & & \\
\vdots & \vdots & \vdots & \vdots & \vdots & & \vdots & & & \\
v_m & m & \to & x_{m1} & x_{m2} & \cdots & x_{mn} & & & \\
\hline\hline
 & & & y_{11} & y_{12} & \cdots & y_{1n} & \to & 1 & u_1 \\
 & & & y_{21} & y_{22} & \cdots & y_{2n} & \to & 2 & u_2 \\
 & & & \vdots & \vdots & & \vdots & \vdots & \vdots & \vdots \\
 & & & y_{m1} & y_{m2} & \cdots & y_{mn} & \to & s & u_s \\
\hline
\end{array}
$$

图 9-1　DEA 投入产出逻辑关系

每个决策单元 DMU_j 都有相应的绩效评价指数：我们可以适当地取权系数 v_i 和 u_k，使得 $h_j \leqslant 1$。

$$h_j = \frac{u^T \cdot y_j}{v^T \cdot x_j} = \frac{\sum_{k=1}^{s} u_k \cdot y_{kj}}{\sum_{i=1}^{m} v_i \cdot x_{ij}}, j = 1,2,\cdots,n \tag{9.2}$$

我们对第 j_0 个决策单元进行绩效评价。一般来说，相对有效性 h_{j0} 的大小，代表了决策单元 DMU_{j0} 的投入与产出之间的关系。这时，选择不断地变化权重 v_i 和 u_k，使得尽量多的决策单元的 h_{j0} 达到最大值 1，并以此为最优化配置，构建了如下 C^2R 模型：

$$
\begin{aligned}
& \max \frac{u^T \cdot y_0}{v^T \cdot x_0} = h_{j_0} \\
& \frac{u^T \cdot y_j}{v^T \cdot x_j} \leqslant 1, j = 1,\cdots,j_0,\cdots,n \\
& v \geqslant 0, v \neq 0 \\
& u \geqslant 0, u \neq 0
\end{aligned}
\tag{9.3}
$$

式中：$v \geqslant 0$，$v \neq 0$ —— 对于 $i=1$，2，…，m，有 $v_i \geqslant 0$，并且至少存在某 i_0（$1 \leqslant i_0 \leqslant m$），满足 $v_{i0} > 0$；$u \geqslant 0$，$u \neq 0$ 的含义相同。

上述的 DEA 模型是基础的 C^2R 模型在此基础上，BC^2、C^2GS^2、FG、ST 和 WY 等新的模型不断出现，其优化与改进主要体现在评价时反映有效性还是规模有效性、是否能够反映规模收益情况、是否能对指标给予“偏好”的权重，以及是否能对决策单元给予“偏袒”系数等。

☞ DEA 模型的重要概念主要有：决策单元、生产可能集、生产前沿面和相对有效性等。①决策单元（decision making unit，DMU）是 DEA 的决策对象，确定 DMU 的原则主要有三条[①]：a. 具有相同的目标或任务；b. 具有相同的外部环境；c. 具有相同的投入指标和产出指标。②生产可能集（production possibility set，PPS）也就是投入和产出指标数据集，包含了每一个 DMU 的全部投入和产出指标的数据，可以说生产可能集描述了每一个 DMU 的投入情况和它们对应的产出情况[②]。③生产前沿面（production frontier），即如果把 DMU 都置于坐标系中，生产前沿面则是指所有相对有效的 DMU 组成的空间中的面，也就是说位于前沿面上的 DMU 是相对有效的，且距离前沿面越近的 DMU 相对有效性越高[③]。④相对有效性（efficiency），相对有效性是 DEA 方法评价的最终目标，通过对 DMU 所有投入和产出指标数据的综合分析，可以得出每个 DMU 的综合绩效，从而将全部 DMU 进行排序，同时分析 DMU 相对有效和相对无效的原因，给决策者提供决策信息[④]。另外，DEA 的相对有效性可分为技术有效性和规模有效性，规模有效性的大小表征了各 DMU 的投入规模合理程度，其规模状况可为决策者提供规模扩大和减少的参考意见。

☞ 方法设计：DEA 方法计算得到的产品的环境绩效指数是相对值，因此，传统地想要对比多个不同产品的环境绩效的大小通常将它们同时置入生产可能集进行 DEA 计算，计算得到的产品绩效相对于生产可能集内的产品有含义，而这个指数相对于生产可能集外的产品没有任何意义。参照集是为了避免这一 DEA 缺陷提出的概念，当我们将所有产品都与且仅与参照集中的产品构成生产可能集计算环境绩效时，所有产品的环境绩效指数就有了同一个实际意义，它们都是相对于参照集的环境绩效指数，可随时进行相互比对。因而，参照集是指用于达到产品环境绩效可比的参照样本集。

本研究在方法构建中提出 DEA 筛选机的概念，具体来讲，是通过将需要筛选的产品逐个与参照集中的产品进行 DEA 测评，来判断产品是否属于“双高”。筛选机主要包括以下两部分：①固定的样本参照集；②确定判定阈值。方法结构如图 9-2 所示，首先，将有待判定是否属“双高”的产品 A 与筛选机中的参照集进行一次 DEA 计算，得到产品 A 的环境绩效指数，然后将产品 A 环境绩效指数与阈

---

① 尹传奇. 基于 DEA 的我国证券公司效率评估[D]. 合肥：中国科学技术大学，2011.

② 魏权龄，王鑫. DEA 与数据挖掘[J]. 数学的实践与认识，2009，24：141-151.

③ 魏权龄. DEA 及其经济背景[A]. 中国运筹学会，中国运筹学会第七届学术交流会论文集（上卷）[C]. 中国运筹学会，2004：16.

④ 罗艳. 基于 DEA 方法的指标选取和环境效率评价研究[D]. 合肥：中国科学技术大学，2012.

值进行比对，判定产品 A 是否属于“双高”产品。阈值是指产品“双高”属性的纳入标准，一般认为环境绩效指数高于阈值的产品建议列入“双高”产品名录中，环境绩效低于或等于阈值的产品建立暂缓纳入。

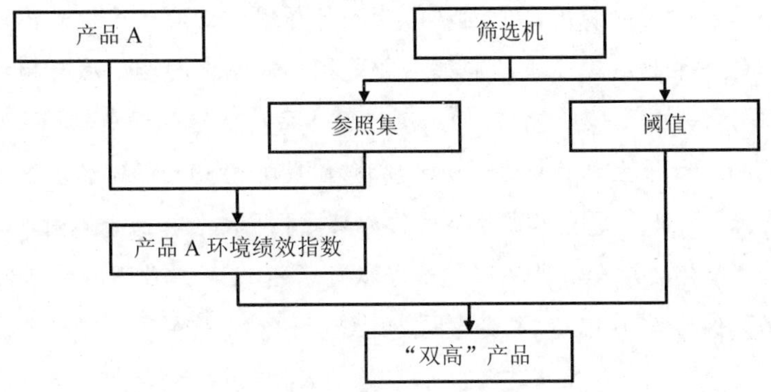

图 9-2　基于 DEA 的产品筛选方法原理

☞ 关键问题分析：基于前述关于模型机理、关键概念的分析以及关于基于 DEA 的产品环境绩效指数法框架设计思路，本部分提出在细化与完善方法设计中的关键内容，概括起来，主要包括 DEA 模式选取、投入产出指标选取、参照集选取、阈值选取等四部分。具体来讲，关于 DEA 模式选取，由于评估产品的环境绩效指数需要同时考虑技术有效性和规模有效性进，所以本研究选用 C^2R 模型，模型中的决策单元（DMU）为被评估的产品，投入为产品的能源、资源消耗以及污染物排放等负面指标，产出为产品的销售收入、产品生产解决的就业问题等正面指标。通过 DEA 运算得到的产品投入产出绩效，是指产品消耗等量资源后，产生收益的能力，即产品环境绩效。关于参照集选取，考虑到统一性、规范性与全面性，选取国民经济行业分类中的 36 个主要污染行业作为 DEA 参照集。关于阈值选取，考虑的主要因素有是否纳入行业先进度（整体污染严重的行业是否应该“一刀切”，对不同行业确定不同参考值）等。其中，指标选取、参照集选取、判定阈值选取等三大方面内容，在后续章节中逐一详细介绍。

（2）指标确定。投入和产出指标体系的建立是环境绩效指数模型构建的核心和关键部分，具体来讲，需要考虑以下几方面因素：①指标的选取应考虑全面反映产品生产对环境损害、社会和经济发展等各方面的影响；②选取的指标应该是可以获取能够进行研究和产品筛选实际实践的；③应选取符合 DEA 模型机理的要求与假设，即需要指标的重要性应基本相近且满足各指标之间的相关性不大的要求。

☞ 指标的全面性：考虑投入指标的选取应反映产品的环境、资源、能源的使用和消耗情况；产出指标的选取应反映产品对社会和经济发展的效益。

A. 考虑产品生产中对环境的消耗或破坏。在产品生产过程中，产生的污染物质通过治污工程的处理之后，达标或者不达标的排放进入环境中。这个过程带来了三部分的消耗。①治污工程建设费用，以治理工程处理能力表征，即环保投资；②治污工程运行的费用，即治理污染运行费用；③治理达标或不达标后排放进入环境中的污染物质对环境的危害，即是指标体系中的理论污染物排污收费总额。

B. 考虑产品生产中对水资源的消耗。在产品的生产过程中，往往伴随着大量水资源的使用，如每生产 1 t 钛白粉需要消耗 100 ~ 150 t 新鲜水，而淡水资源在我国极为紧张，因此考虑将水资源利用作为只要指标之一。由于不同产品生产工艺的差异，对水质的要求会有所不同，如造纸行业 2011 年工业用水量为 128.8 亿 t，而实际取水量仅为 45.6 亿 t，主要原因是造纸行业对水质的要求较低，在工艺过程中大量循环用水。综合以上考虑，将取水量纳入投入指标体系中，即水资源消耗量。

C. 考虑产品生产中对能源的消耗。在产品的生产过程中，除了污染物的排放和水资源的消耗以外，还需将能源消耗纳入投入的指标体系中。据统计，每消耗 1 t 标煤，将排放 0.075 t SO_2、0.037 t NO_x 和 0.68 t 粉尘；我国 SO_2 和 NO_x 排放中，热力和电力供应行业所占比重分别高达 47.5%和 67.7%。因此，对能源的大量消耗会给环境带来一定程度的破坏，将能源消费总量纳入投入指标体系中，即能源消耗总量。

D. 考虑将行业资产状况纳入投入指标体系中。产品的生产，是原材料转化为消费品的过程，在此过程中，需要对生态环境、水资源、能源等进行索取，同时也需要生产装置、流动资金作为后盾。本节研究的产品环境绩效是投入与产出的比值，也就是消耗与效果之间的比值；固定资产和流动资金等资产总和，是投入与消耗的重要组成部分，因此，纳入投入指标体系中。

E. 考虑产品生产对社会发展和经济发展的贡献。选取从业人数情况、产值工业生产总值和产品纳税情况，分别表征产品的生产对社会民生、经济增长以及对国家的贡献。由于 DEA 是样本之间有效性程度的比较，比较结果为样本系统中的相对值，并不是具备实际的绝对量，因此，以上各个不同的指标之间均不需要进行单位变换。

☞ 考虑可行性：参照上述 5 方面的考虑，在查阅我国年鉴数据库，同时借鉴可持续发展指数等研究成果后，构建切实可行能够获取数据的指标体系。本节选取了《中国环境年鉴》中的 19 个指标（$B_1 \sim B_{19}$），《中国工业经济统计年鉴》中的 1 个指标（B_{20}），《中国能源统计年鉴》中的 1 个指标（B_{21}）和《中国统计年鉴》中的 4 个指标（$B_{22} \sim B_{25}$），构建了如表 9-1 所示的 25 个二级指标和 10 个一级指标组成的指标体系。

表 9-1　初始主要指标

类别	一级指标	二级指标
投入指标	理论排污收费总额 A_1	化学需氧量排放量 B_1
		氨氮排放量 B_2
		二氧化硫排放量 B_3
		氮氧化物排放量 B_4
		烟（粉）尘排放量 B_5
		一般工业固体废物贮存量 B_6
		危险废物贮存量 B_7
		汞排放量 B_8
		镉排放量 B_9
		总铬排放量 B_{10}
		铅排放量 B_{11}
		砷排放量 B_{12}
		石油类排放量 B_{13}
		挥发酚排放量 B_{14}
		氰化物排放量 B_{15}
	治污运行费用 A_2	废水治理设施运行费用 B_{16}
		废气治理设施运行费用 B_{17}
	废水治理能力 A_3	废水治理设施处理能力 B_{18}
	废气治理能力 A_4	废气治理设施处理能力 B_{19}
	水资源消耗量 A_5	取水量 B_{20}
	能源消耗总量 A_6	能源消费总量 B_{21}
	行业资产状况 A_7	资产总计 B_{22}
产出指标	从业人数情况 A_8	全部从业人员年平均人数 B_{23}
	产值增长情况 A_9	工业总产值 B_{24}
	纳税情况 A_{10}	本年应交增值税 B_{25}

☞ 指标整合与处理：随着评价指标的数量增加，DEA 测算结果的精度会有所下降[①]，因此，需要将指标尽可能减少。通过将二级指标 B_1 ~ B_{15} 整合成为一级指标 A_1，将二级指标 B_{16} ~ B_{17} 整合成为一级指标 A_2，可使指标数量从 25 项减少为 10 项。其中，治污运行费用 A_2，仅通过简单加和即可得到，下面讨论理论污染物排污收费总额 A_1 的整合计算方法。

本节引用排污收费制度中，对各污染物核算的排污收费当量值作为污染物排放量指标整合的系数。我国排污收费制度在制定和设计[②]时，研究了纳入国家《大气污染物综合排放标准》《污水综合排放标准》的污染物的排污收费标准，包含了本节选取的 B_1～B_{15} 的

① 魏权龄. 评价相对有效性的数据包络分析模型[M]. 北京：中国人民大学出版社，2012.

② 杨金田，王金南. 中国排污收费制度改革与设计[M]. 北京：中国环境科学出版社，1998.

15 种污染物，它们的具体收费标准见表 9-2。排污收费标准是整合毒性当量、费用当量和有害当量后计算得到的综合当量值，其单位为元/kg。其中，毒性当量通过《地面水环境指标标准》中对Ⅲ类水体的污染物浓度标准计算；费用当量通过污染物消减所需成本计算；有害当量通过《污水综合排放标准》中一级排放标准的浓度值计算。计算公式如下：

$$A_1 = \sum B_i \cdot P_i \tag{9.4}$$

式中：A_1 —— 理论污染物排污收费总额；

B_i —— 污染物排放量；

P_i —— 污染物 B_i 的排污收费标准。

各 P_i 取值见表 9-2。

表 9-2　我国排污收费制度中的单因子污染物收费标准

序号	污染物名称	收费标准 P_i/（元/kg）
1	化学需氧量	2
2	氨氮	2.38
3	二氧化硫	3.6
4	氮氧化物	5.04
5	烟（粉）尘	0.68
6	一般工业固体废物	0.025
7	危险废物	1
8	汞	3 800
9	镉	380
10	总铬	47.5
11	铅	95
12	砷	95
13	石油类	19
14	挥发酚	23.75
15	氰化物	38

☞ 指标相关性分析与冗余剔除：指标之间存在相关性时，会影响 DEA 测算结果的准确性。为提高模型运算绩效，同时增加运算的准确程度[①]，本节以 36 个行业作为样本，对 10 个一级指标进行线性相关性分析，考察各指标之间的相关性大小，并剔除相关性较大的指标。表 9-3 为整合和处理后的 36 个行业的 10 个一级指标基础数据。使用 SPSS 对指标进行相关性分析后，分析结果如下：

① 智冬晓. 指标相关性对 DEA 评价效用的影响[J]. 统计教育，2009（6）：40-44.

表 9-3　指标相关系数计算结果

控制变量			A_1	A_2	B_{18}	B_{19}	B_{20}	B_{21}	B_{22}	B_{23}	B_{24}	B_{25}
理论排污收费总额	A_1	相关性	1									
		显著性	.									
治污工程运行费用	A_2	相关性	0.16	1								
		显著性	0.36	.								
废水治理设施处理能力	B_{18}	相关性	0.29	0.84	1							
		显著性	0.09	0.00	.							
废气治理设施处理能力	B_{19}	相关性	0.08	0.97	0.84	1						
		显著性	0.63	0.00	0.00	.						
取水量	B_{20}	相关性	0.79	0.58	0.70	0.49	1					
		显著性	0.00	0.00	0.00	0.00	.					
能源消费总量	B_{21}	相关性	0.23	0.66	0.81	0.69	0.67	1				
		显著性	0.17	0.00	0.00	0.00	0.00	.				
资产总计	B_{22}	相关性	0.21	0.72	0.65	0.70	0.53	0.64	1			
		显著性	0.23	0.00	0.00	0.00	0.00	0.00	.			
全部从业人员年平均数	B_{23}	相关性	0.19	0.08	0.11	0.09	0.24	0.27	0.64	1		
		显著性	0.26	0.64	0.51	0.59	0.16	0.12	0.00	.		
工业总产值	B_{24}	相关性	0.32	0.41	0.47	0.40	0.52	0.62	0.86	0.80	1	
		显著性	0.05	0.01	0.00	0.01	0.00	0.00	0.00	0.00	.	
本年应交增值税	B_{25}	相关性	0.16	0.49	0.43	0.48	0.41	0.58	0.91	0.70	0.85	1
		显著性	0.35	0.00	0.01	0.00	0.01	0.00	0.00	0.00	0.00	.

由表 9-3 中相关性计算结果得到，①治污工程运行费用 A_2 分别与废水治理设施处理能力 B_{18}、废气治理设施处理能力 B_{19} 存在显著的相关（相关性 r=0.84，显著性 Sig=0.00）、（相关性 r=0.97，显著性 Sig=0.00）；②本年应交增值税 B_{25} 分别与资产总计 B_{22}、工业总产值 B_{24} 存在显著相关（相关性 r=0.91，显著性 Sig=0.00）、（相关性 r=0.85，显著性 Sig=0.00）。

由于治污工程运行费用 A_2、废水治理设施处理能力 B_{18} 和废气治理设施处理能力 B_{19} 都是表征产品环境负担的指标值，具有相似的含义且存在较大的相关性，因此，去除指标体系中的废水治理设施处理能力 B_{18} 和废气治理设施处理能力 B_{19} 两项指标。

资产总计 B_{22} 属于投入指标，工业总产值 B_{24} 和本年应交增值税 B_{25} 属于产出指标，因此，保留资产总计 B_{22}，去除指标体系中的应交增值税 B_{25}。

因此，相关性分析后将环境绩效指数的指标体系调整为表 9-4 所示，去除原指标体系中的废水治理设施处理能力 B_{18}、废气治理设施处理能力 B_{19} 和应交增值税 B_{25} 三项指标。最终的指标体系包含了 7 项一级指标和 22 项二级指标。

表 9-4 最终指标体系

类别	一级指标	二级指标
投入指标	理论排污收费总额 A_1	化学需氧量排放量 B_1
		氨氮排放量 B_2
		二氧化硫排放量 B_3
		氮氧化物排放量 B_4
		烟（粉）尘排放量 B_5
		一般工业固体废物贮存量 B_6
		危险废物贮存量 B_7
		汞排放量 B_8
		镉排放量 B_9
		总铬排放量 B_{10}
		铅排放量 B_{11}
		砷排放量 B_{12}
		石油类排放量 B_{13}
		挥发酚排放量 B_{14}
		氰化物排放量 B_{15}
	治污运行费用 A_2	废水治理设施运行费用 B_{16}
		废气治理设施运行费用 B_{17}
	水资源消耗量 A_3	取水量 B_{20}
	能源消耗总量 A_4	能源消费总量 B_{21}
	行业资产状况 A_5	资产总计 B_{22}
产出指标	从业人数情况 A_6	全部从业人员年平均人数 B_{23}
	产值增长情况 A_7	工业总产值 B_{24}

（3）参照集的确定。

☞ DEA 本身对参照集选取的要求：DEA 要求待评价的决策单元（DMU）之间属性相似、类型相符，具体来说，构成一组 DMU 的实体通常需要具备以下三方面的特性[①,②]：①原则上各 DMU 应该有一共同的目标或任务；②各 DMU 应在相同的外部环境下完成生产活动；③各 DMU 的主要投入和产出指标应该相同。

产品（行业）完全符合上述条件，①各产品的生产目标都是服务于人类和推动经济增长；②各产品的投入和产出在同一个外部环境中，投入的外部环境相同是指环境、资源、能源 3 项投入指标对产品的供应是公平的等，产出的外部环境相同是指产品的销售在相同的市场竞争下进行等。

☞ 作为参照应满足的一般性要求：参照集在筛选机中充当"测评对照组"的角色，任何被评价的 DMU 都是通过与参照集的对比得出其分数的。为保证评价方法公

① 盛昭翰，朱乔，吴广谋. DEA 理论、方法与应用[M]. 北京：科学出版社，1996.

② 魏权龄. 数据包络分析[M]. 北京：科学出版社，2004.

平公正，且不失一般性，参照集中的DMU应该尽可能反映全部领域DMU的平均水平，以避免对任何被评价的DMU出现“偏袒”现象。

综合以上两方面的考虑，本节选取《国民经济行业分类》中属于第一产业的36个行业作为对象，一方面36个行业具有可比性或同质性，另一方面36个行业的综合反映了工业产品的平均水平。36个被选入参照集的行业清单，见表9-5。

表9-5　参照集中的样本清单

序号	行业名称	序号	行业名称
1	煤炭开采和洗选业	19	化学原料和化学制品制造业
2	石油和天然气开采业	20	医药制造业
3	黑色金属矿采选业	21	化学纤维制造业
4	有色金属矿采选业	22	橡胶和塑料制品业
5	非金属矿采选业	23	非金属矿物制品业
6	农副食品加工业	24	黑色金属冶炼和压延加工业
7	食品制造业	25	有色金属冶炼和压延加工业
8	酒、饮料和精制茶制造业	26	金属制品业
9	烟草制品业	27	通用设备制造业
10	纺织业	28	专用设备制造业
11	纺织服装、服饰业	29	汽车制造业
12	皮革、毛皮、羽毛及其制品和制鞋业	30	电气机械和器材制造业
13	木材加工和木、竹、藤、草制品业	31	计算机、通信和其他电子设备制造业
14	家具制造业	32	仪器仪表制造业
15	造纸和纸制品业	33	其他制造业
16	印刷和记录媒介复制业	34	废弃资源综合利用业
17	文教、工美、体育和娱乐用品制造业	35	电力、热力生产和供应业
18	石油加工、炼焦和核燃料加工业	36	燃气生产和供应业

☞ 参照集环境绩效指数计算结果：使用 C^2R 模型和上述最终指标体系计算得到参照集环境绩效指数（图9-3）。计算结果中，以电力、热力生产和供应业（Score=0.324）及煤炭开采和洗选业（Score=0.346）为首的29个行业环境绩效得分低于1，为DEA无效，即这些行业环境绩效相对较低，没有达到全国行业中的先进水平。而纺织服装、服饰业和废弃资源综合利用业等7个行业（Score=1）的环境绩效得分相对较高，也就是说，这些行业同等的环境资源投入得到的产出较一般行业更多，其环境绩效处于我国全部行业的前沿。

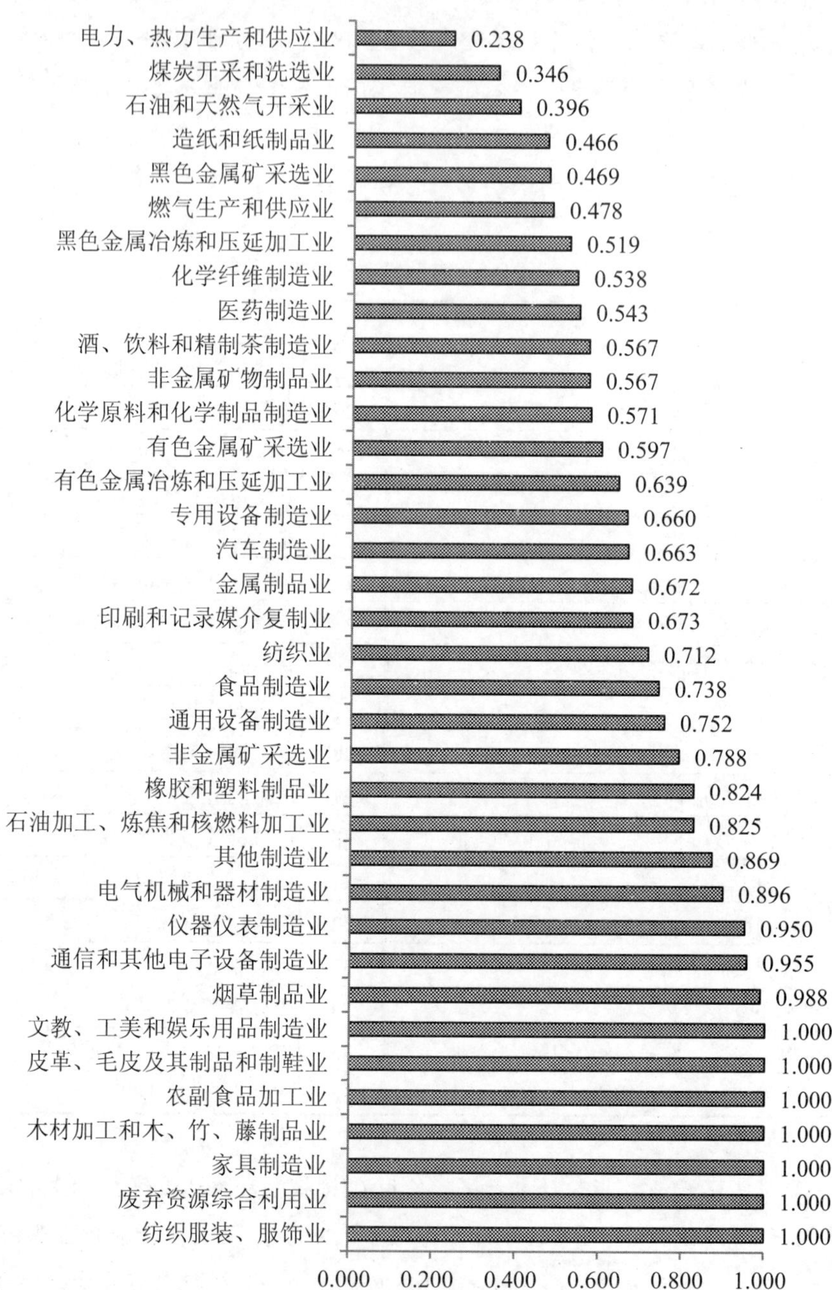

图 9-3 36 个行业环境绩效运算结果

（4）判定标准参考值确定。

☞ 参考值确定的考虑因素：将产品代入参照集后，计算得到产品相对于参照集样本的环境绩效指数，该指数代表产品的相对有效性，相对有效性较大的考虑列入“双高”名录，相对有效性较小的不被列入。

为规范产品列入“双高”名录的判定过程，应确定相对有效性的参考值，以产品相对有效性为依据，定量地将产品划分为“双高”产品和“非双高”产品两部分。

在参考值确定时主要考虑以下问题：

a. 对不同行业进行区别对待，对属于高污染行业的产品适当放宽参考值。从图 9-3 中 36 个行业的环境绩效指数计算结果来看，行业的环境绩效指数相差较大，其中电力、热力生产和供应业、煤炭开采和洗选业的 Score 分别为 0.238 和 0.346，而纺织服装、服饰业等的 Score 为 1.000。也就是说，在参考值确定中，如果不对不同行业进行区别对待，将会出现电力、热力生产和供应业，煤炭开采和洗选业等污染相对较高的行业的全部产品都被判定为“双高”产品的现象，而不能达到筛选出各行业内需要优先控制的产品的目的。因此，本节对不同行业进行区别对待，分别制定参考值。

b. 参考值的确定是否以已列入“双高”名录的产品为参考。为继承和表达“双高”名录中现有产品的污染程度，应该以已列入“双高”名录的产品为参考制定参考值。然而，由于目前“双高”名录中所列产品的基础数据缺失，短时间内无法为本研究所借鉴。因此，本节的参考值确定不以已列入“双高”名录的产品为参考。

c. 各行业参考值的确定依据和主要考虑因素分析。各行业设定的参考值应参考国民经济和社会发展规划，以及国家环境保护规划等对产业结构调整具有指导意义的政策性文件；同时，最大化地协调环境与经济的发展，确保达到可行的最为清洁化的产业结构。在满足以上两点要求的基础上，本节引入行业先进值概念，对各行业制定参考值。

综上所述，考虑“双高”产品筛选方法是服务于名录的一项方法工具，需要与名录工作紧密结合，因此，本节在参考值确定时，对不同行业进行区别对待，对 36 个行业分别确定；另外，由于数据资料等条件的制约，在本节中针对 36 个行业分别确定参考值时，不参考已列入“双高”名录的产品；此外，本节将对 36 个行业分别计算“先进值”，表征国家对该行业清洁化发展的要求程度，并以此计算各行业的参考值。

（5）参考值的定量化。

☞ 参考值的计算方法：在尊重行业发展应协调环境和经济特征的基础上，引入代表了行业发展趋势的“先进值 V_i”来确定各行业参考值 T_i。行业参考值 T_i 为行业环境绩效指数得分 h_i 与行业的先进值 V_i 的比值。计算公式如下：

$$\begin{cases} T_i = \dfrac{h_i}{V_i}, i = 1,2,\cdots,36 \\ T_i \leqslant 1 \end{cases} \tag{9.5}$$

式中：i—— 各行业序号，见表 9-5；

T_i—— 各行业参考值；

h_i—— 各行业环境绩效指数得分，见图 9-3；

V_i—— 各行业先进值。

☞ 行业先进值计算：行业先进值的确定应反映国家工业结构调整规划中的要求，同时反映产业绿色化发展的要求。本研究一方面考虑美国等发达国家的工业结构，另一方面结合《国民经济和社会发展第十二个五年规划》中对各行业总产值的规划目标确定先进值。本节采用几何平均值法[①]将我国行业规划要求和美国行业结构的参考看作是衡量行业先进度优劣的两个同等重要的指标，强调任一指标的重要作用，对先进值进行综合计算。计算公式如下：

$$V_i = \sqrt{\frac{\left(\dfrac{\rho_{1i}}{\rho_{0i}}\right)^2 + \left(\dfrac{\rho_{2i}}{\rho_{0i}}\right)^2}{2}}, i = 1,2,3,\cdots,36 \tag{9.6}$$

式中：ρ_{0i}—— 2011 年我国各工业总产值占比；

ρ_{1i}—— 2015 我国年各工业总产值目标值占比；

ρ_{2i}—— 2011 年美国各工业总产值占比。

其中，ρ_{0i}、ρ_{1i}和ρ_{2i}由各行业产值计算得到，公式如下：

$$\rho_{ji} = \frac{P_{ji}}{\sum_i P_{ji}}, i = 1,2,3,\cdots,36; j = 1,2,3 \tag{9.7}$$

式中：j—— 取 1，2，3 分别代表我国 2011 年、2015 年目标和美国 2011 年目标；

P_{ji}—— 工业总产值或总产值目标值。

为计算行业先进度 V_i，需收集 36 个行业的 3 个指标数据 P_{0i}、P_{1i}和 P_{2i}（附表 2），即我国 2011 年各行业总产值、2015 年各行业总产值的规划值和美国 2011 年各行业总产值。

我国工业总产值方面，2011 年各行业总产值 P_{0i}的数据来自《中国工业经济统计年鉴》。我国工业规划值方面，2015 年规划目标值 P_{1i}的数据来自表 9-6 所列的 18 个"十二五"规划文件中，其中，煤炭开采和洗选业等 18 个行业的目标值由各分行业的"十二五"规划中明确给出，而未进行明确规划的金属制造业等行业由《国民经济和社会发展"十二五"规划》中的 GDP 增长值 7%测算 2015 年目标值。

① 胡树华. 方案选优的几何平均值法[J]. 数量经济技术经济研究，1987（9）：43-45，50.

表 9-6　相关行业"十二五"规划要求汇总

序号	规划全称	年均增长比例/%
1	煤炭工业发展"十二五"规划	3.8
2	食品工业"十二五"发展规划	15
3	纺织工业"十二五"发展规划	8
4	产业用纺织品"十二五"发展规划	15
5	中国皮革行业"十二五"发展规划	10
6	中国家具行业"十二五"发展规划	15
7	造纸工业发展"十二五"规划	4.6
8	石化和化学工业"十二五"发展规划	13
9	医药工业"十二五"发展规划	20
10	化纤工业"十二五"发展规划	8
11	钢铁工业"十二五"发展规划	11
12	有色金属工业"十二五"发展规划	8
13	机床工具行业"十二五"规划	7.78
14	电子信息制造业"十二五"发展规划	12
15	"十二五"资源综合利用指导意见	31
16	能源发展"十二五"规划	4.3
17	天然气发展"十二五"规划	13
18	国民经济和社会发展"十二五"规划	7

美国总产值方面，美国 2011 年各行业的工业总产值 P_{2i} 的数据来自美国经济分析局[①]（U.S. Bureau of Economic Analysis，BEA）。此外，美国行业分类方法与我国略有不同，获取行业总产值数据后，应该将美国行业统计口径与我国行业统计口径进行对应才可使用。戴建军在研究中美服务业统计分类时，指出美国使用的《北美产业分类体系》与我国使用的《国民经济行业分类（2002 年）》均参照了联合国《国际标准产业分类》，因此，两者之间具有相似的分类口径。本节参照戴建军的研究成果，按照表 4-4 中所列，给出了两国行业口径的对应情况。

按照式（9.8）对附表 2 中的我国 2011 年各行业总产值、2015 年规划目标值和美国 2011 年各行业的工业总产值进行处理，得到我国 2011 年各行业产值占比、2015 年规划目标值占比和美国 2011 年各行业的工业产值占比情况（附图 1）。

与我国 2015 年目标值对比，通用设备制造业，电力、热力生产和供应业等 22 个行业的产值占比有所下降，其中通用设备制造业下降最为显著，农副食品加工业、化学原料和化学制品制造业等 15 个行业的产值占比有所上升，其中农副食品加工业上升最为显著。这说明我国现阶段更加重视农副食品加工业、化学原料和化学制品

① U. S. Bureau of Economic Analysis . Gross-Domestic-Product-（GDP）-by-Industry Data[EB/OL].（2015-04-23）[2015-04-28]. http：//www. bea. gov/industry/gdpbyind_data. htm.

制造业等行业的扩张，对通用设备制造业，电力、热力生产和供应业等行业则更趋向于限制产能。

与 2011 年美国总产值相比，黑色金属冶炼和压延加工业、农副食品加工业等 19 个行业的产值占比有所下降，其中黑色金属冶炼和压延加工业下降最为显著，食品制造业、石油加工、炼焦和核燃料加工业等 18 个行业的产值占比有所上升，其中食品制造业上升最为显著。这说明美国现阶段较我国更加重视食品制造业、石油加工、炼焦和核燃料加工业等行业的扩张，对黑色金属冶炼和压延加工业、农副食品加工业则更趋向于限制产能。

☞ 参考值的结果分析：根据式（9.7）的计算方法和附图 1 中各行业的总产值占比ρ_{ji}，计算得到各行业先进值 V_i，根据式（9.6）计算方法和各行业环境绩效指数 h_i 计算得到参考值 T_i（表 9-7）。

表 9-7 各行业先进值与标准参考值

序号	行业名称	先进值 V_i	环境绩效指数 h_i	标准参考值 T_i
1	煤炭开采和洗选业	0.608	0.346	0.569
2	石油和天然气开采业	2.555	0.396	0.155
3	黑色金属矿采选业	0.703	0.469	0.667
4	有色金属矿采选业	0.692	0.597	0.863
5	非金属矿采选业	0.769	0.788	1
6	农副食品加工业	0.867	1	1
7	食品制造业	4.674	0.738	0.158
8	酒、饮料和精制茶制造业	1.163	0.567	0.488
9	烟草制品业	1.294	0.988	0.764
10	纺织业	0.686	0.712	1
11	纺织服装、服饰业	0.870	1	1
12	皮革、毛皮、羽毛及其制品和制鞋业	0.726	1	1
13	木材加工和木、竹、藤、棕、草制品业	0.867	1	1
14	家具制造业	1.397	1	0.716
15	造纸和纸制品业	1.464	0.466	0.318
16	印刷和记录媒介复制业	2.107	0.673	0.319
17	文教、工美、体育和娱乐用品制造业	1.247	1	0.802
18	石油加工、炼焦和核燃料加工业	2.183	0.825	0.378
19	化学原料和化学制品制造业	1.067	0.571	0.535
20	医药制造业	1.692	0.543	0.321
21	化学纤维制造业	1.561	0.538	0.345
22	橡胶和塑料制品业	1.137	0.824	0.725
23	非金属矿物制品业	0.680	0.567	0.834
24	黑色金属冶炼和压延加工业	0.778	0.519	0.667
25	有色金属冶炼和压延加工业	0.756	0.639	0.845

序号	行业名称	先进值 V_i	环境绩效指数 h_i	标准参考值 T_i
26	金属制品业	1.454	0.672	0.462
27	通用设备制造业	0.641	0.752	1
28	专用设备制造业	0.884	0.660	0.747
29	运输工具制造业	1.269	0.663	0.522
30	电气机械和器材制造业	0.679	0.896	1
31	计算机、通信和其他电子设备制造业	0.948	0.955	1
32	仪器仪表制造业	1.274	0.950	0.746
33	其他制造业	0.749	0.869	1
34	废弃资源综合利用业	3.550	1	0.282
35	电力、热力生产和供应业	0.668	0.238	0.356
36	燃气生产和供应业	2.954	0.478	0.162

各行业参考值中，食品制造业（0.168）、燃气生产和供应业（0.176）、石油和天然气开采业（0.196）和废弃资源综合利用业（0.282）的值最小，也就是说，这几个行业中的产品被纳入“双高”产品名录的概率最小。分析其原因主要是由于它们的行业先进值比较高，使得最终“双高”筛选参考值较低，依次表现为食品制造业（4.674，0.168）、燃气生产和供应业（2.954，0.176）、石油和天然气开采业（2.555，0.196）、废弃资源综合利用业（3.55，0.282）。因此，较高的行业先进值代表该行业应优先发展并受到更多的鼓励和保护。

（6）运算软件。C^2R 模型是评价决策单元投入产出绩效的最优化线性规划，通常涉及大量指标和数据的线性关系处理，因此一般需要利用数学软件进行模拟计算[①,②]。学者使用 MATLAB 处理和计算 C^2R 模型中各决策单元的有效性，本节借鉴他们的方法进行数据处理。

MATLAB 中标准的线性规划是极小化形式，算术表达式如下：

$$\begin{cases} \min f \times w \\ \text{s.t.} A \times w \cdot b, Aeq \times w = beq, LB \cdot w \cdot UB \end{cases} \tag{9.8}$$

式中：w—— 变量；

f—— 函数的权重向量；

A—— 不等式的约束性权重矩阵；

Aeq—— 等式的约束性系数矩阵；

LB—— 变量的最低值；

UB—— 变量的最高值。

① 彭育威，吴守宪，徐小湛. MATLAB 在数据包络分析中的应用[J]. 西南民族学院学报（自然科学版），2002（2）：139-143.

② 秦毅，姜钧，译. 应用 MATLAB 解决常用 DEA 模型的评价分析[J]. 电脑编程技巧与维护，2013（22）：66-68.

在 MATLAB 中的语句为：

$$w = LINPROG(f, A, b, Aeq, beq, LB, UB) \tag{9.9}$$

本研究使用北京瑞沃卫研咨询有限公司开发的软件 MaxDEA 进行 DEA 模拟和计算。该软件以 Microsoft Office Access 为基床，根据类似于 MATLAB 的线性规划建模方式，进行编程而获得。目前专业版的 MaxDEA 能够解决大部分的 DEA 模拟计算需求，包括：径向、非径向（SBM）距离；成本、收益和利润 DEA 模型；投入导向、产出导向和一般化导向；CRS、VRS、NIRS、NDRS 和 GRS 的规模收益状态测试等。

9.1.3 使用条件

基于 DEA 的产品环境绩效法在用于筛选“高污染、高环境风险”产品时，需要有一定的基础条件，包括合理的指标体系，可靠的参照集和翔实准确的数据。具体项目如下：

（1）构建可靠的投入产出指标体系。产品的环境绩效是由产品的投入和产出指标数据计算得到的，因此可靠、可行、全面的投入产出指标体系是基于 DEA 的产品环境绩效法建立的最重要基础。原则上，为保证 DEA 模型评价结果的准确性，所构建的投入产出指标的数量应大于 3 个且小于 10 个。一般来说，投入产出指标可按照名录制定时的具体需求进行调整，如“双高”产品名录大气污染子目录的制定中，应适当增加大气污染物、能源消耗量等方面指标的数量，以强调和提高指标体系中大气污染的重要性，从而筛选出对大气污染造成重要影响的产品。

（2）具备较为全面的参照集数据库。数据库中至少包含 20 项作为参照集的样本。为保证 DEA 模型的计算，需要在计算过程中提供 20 个以上的测试样本以及它们的全部投入、产出指标数据，以此形成一次 DEA 运算。目前我国满足这方面要求的数据库主要有环境统计、产排污手册、环境影响评价书等。且目前初步构建的 36 个行业为参照集、7 个投入产出指标为指标体系的 DEA 模型，通过《2013 年中国环境年鉴》《2012 中国统计年鉴》获得了全部需求数据。

（3）所提供的任何数据应尽可能精确。DEA 模型是通过分析所有样本的所有指标，自动生成各个投入产出指标权重的数学模型，其中无论哪个数据发生较大偏差都会很大程度上影响权重值的计算，从而影响各个产品的环境绩效指数。因此，无论是参照集还是被评价产品的投入产出指标数据都应该是不缺项、无偏差的。

9.1.4 适用范围

DEA 名录制定方法适用于“双高”产品的筛选、排序和判定，核算范围为生产阶段的环境污染和环境风险，概括起来，该方法适用于以下两种情况：

（1）应用于单一备选产品的“双高”判定。利用 DEA 模型构建的产品环境绩效方法可以计算得到具有相对可比意义的产品环境绩效值。①通过比较这一数值的大小可将不同产品进行环境绩效排序；②在设定行业标准参考值后，与各产品的环境绩效比对后即可筛选出模型计算得到的待判定的“双高”产品；③通过行业专家和环保专家的会议研讨，分析产品的用途和可替代性、上下游产业供给、技术创新升级潜力等方面的因素，判定产品是否纳入“双高”产品名录。

（2）应用于不同行业间差异较大的产品的污染程度对比。本方法通过设置统一的包含 36 个主要行业的参照集，可以通过两种（甚至多种）产品与参照集进行一次 DEA 排序、直接计算不同产品绩效值进行比较的方式，或者两种（甚至多种）产品分别与参照集进行 DEA 排序并与相应行业的标准参考值进行比较的方式，比较分属不同行业的产品的环境绩效值，通过某一种公认的或“已经定性”的“双高”产品的环境绩效值进行间接的“双高”产品判定。

9.1.5 方法的优缺点

DEA 方法具有定量化程度高，科学性程度高等特点，且适用范围广，可操作性强，全面性强。其优点主要有：

（1）DEA 模型的计算过程不包含定性成分，是纯粹的定量化方法，具备公平公正性。相比于过去常用的列入条件法，本方法是纯定量方法，能够在没有任何人为干扰的情况下计算出产品的环境绩效，并直接生成产品是否纳入“双高”产品的建议。因此，避免了列入条件法过多人为因素所带来的公平公正性无法考量的缺点。定量化程度的提升和公平公正性的体现是“双高”产品名录加大影响力和应用领域的必要条件。

（2）该模型中指标权重的赋予，依赖数据分析中的自动生成，其科学性较高。与传统的指标权重赋予方式不同，DEA 模型对投入产出指标进行权重赋予时，不像层次分析法一般过多地夹杂人为因素，也不像熵权法一般以数据的可靠性来评价其权重，而是在完全信任数据准确可靠的基础上，通过对数十个样本的比对，从而区分出始终达到高效和始终无法达到高效的产品。这种基于线性规划分析法，尊重产品之间本身的优劣，具备更高的科学性。

（3）DEA 方法适用于“双高”产品的筛选、排序和判定，能够满足名录制定中的大部分要求。对比过去 3 种方法，无一能够同时满足筛选、排序和判定 3 个方面的要求。其中列入条件法只能进行产品的筛选和判定，无法将产品的环境效益优劣排出顺序；而层次分析法和环境成本法能够对同一行业的产品的环境效益排序，但是不能制定出一个可靠准确的阈值来判定“双高”。

（4）DEA 方法中的指标可以根据制定需求的不同更换，最大限度地适应实际情况。由于“双高”产品名录工作的不断深化，其作用领域也在不断扩大，近年来“大气污染防治子目录”等形态的名录不断产出，对名录制定方法提出了新的要求。基于 DEA 的产品环境绩效法很好地满足这一要求，通过在投入指标中增加“大气污染”方面指标的数量，同时减少“水污染”和“污染污染”两方面指标的数量，可以达到筛选出对大气污染贡献较大的产品的目的。

另外，DEA 方法也存在一些弊端，主要表现为：

（1）对全部数据的要求较高，个别数据的偏差会带来整个模型的误差。由于该方法主要是基于样本之间的相互对比而得到各个样本的绩效值，因此，任何样本的数据出现错误或者偏差，都将对测试样本带来影响。尤其是参照集中样本的数据一旦出现错误，将影响所有被测试样本的准确性。

（2）指标权重的生成过于抽象，无法在较浅的层面进行分析和解释，且不能保证权重的准确性。由于该方法中指标权重的确定均是数学模型自动计算生成的结果，因此，对每一个指标权重值的来源无法进行更深一步的解释。换句话说，只要参照集发生重大变化，便会影响各个指标自动生成权重值的大小，从而使得指标权重无法完全获得使用者的信任。

（3）仅适用于产品生产阶段的环境绩效计算。DEA 模型要求所提供的投入、产出指标具有高度的同一性，被核算的产品都必须有这些指标的统计数据，为满足这一要求，我们仅选用生产过程中的指标放进评价指标体系中，对生产过程以外的其他生命周期阶段的指标不予纳入。主要用于不同生产阶段的指标大致相同，而运输、储存、消费、回收利用等阶段的指标差异较大、指标数据获取困难。为此，通过基于 DEA 的产品环境绩效法计算得到的产品环境绩效也仅仅是反映产品生产阶段的绩效。

9.2 工作流程与要求

基于 DEA 的产品环境绩效法是纯定量研究方法，在评价产品“双高”属性时，一般的工作流程包括：确定评价对象、收集相关数据、计算环境绩效法、确定产品所属行业和阈值、判定产品“双高”属性。

9.2.1　确定评价对象

本方法主要采用《统计用产品分类目录》中对产品的分类和命名方式；本方法采用《国民经济行业分类与代码》（GB/T 4754—2011）中对行业的划分进行行业甄别。被评价产品需对应查找“产品代码”和“行业代码”。

9.2.2　指标数据收集

“双高”产品名录编制负责单位通过行业协会、高校、科研机构等技术支撑单位申报提供的方式初次获取被评价产品的基础数据（包括表 9-4 中所列的全部二级指标数据），此后经过专家论证、企业调研、互联网意见收集等步骤核准数据真实性。

9.2.3　计算产品环境绩效值

获取产品基础数据后，使用 DEA 环境绩效计算模型计算产品环境绩效值。所使用 DEA 环境绩效模型中的模式设计、指标选取、参照集建立等主要技术内容可查阅和参考本书 9.1.2。

9.2.4　标准参考值确定

本方法对不同行业的产品差别化的设定标准参考值，各行业标准参考值可查阅表 9-7。产品的行业归属参考《国民经济行业分类与代码》（GB/T 4754—2011）》。各行业标准参考值的设计原理参考本书 9.1.2（4）。

9.2.5　定量化判定产品“双高”属性

通过对比步骤（3）计算所得产品环境绩效和步骤（4）所得产品所属行业标准参考值的大小确定产品是否被基于 DEA 的产品环境绩效法判定为“双高”。一般情况下，环境绩效值低于行业标准参考值的产品属于“双高”产品，环境绩效值高于行业标准参考值产品不属于“双高”产品。

9.2.6 纳入"双高"产品名录

"双高"产品名录是综合考虑产品经济、社会和环境等方面影响制定的，用于调节我国产业结构的，具体针对大宗产品的产品黑名单。一旦被纳入"双高"产品名录将受到税收、贸易、信贷等多方政策的压力，因此，任何产品的纳入均需慎重考量。为此，应组织各行业领域和环境政策领域专家进行深入研讨，针对基于 DEA 的产品环境绩效法判定具备"双高"属性的产品分别提出纳入"双高"产品名录的必要性和可行性后进行最终纳入。

9.3 案例分析

9.3.1 样本选取

选取生产和出口量大、应用范围广、目前关注度高和环境污染严重的产品作为实证研究的样本，尽量使得样本中既包含已纳入"双高"名录中的产品又包含尚未纳入名录的产品，既存在相同行业的产品又存在属于不同行业的产品。此外，根据第 3 种建立的指标体系中提出的 7 项指标，寻找和定位我国目前数据库中的主要数据来源，最终确定使用经国家批准和验收的《项目环境影响评价报告》作为产品数据源。在确保产品符合生产和出口量大、应用范围广、目前关注度高和环境污染严重的基础上，保证产品具备可靠的数据来源，选取了草甘膦、毒死蜱、氯菊酯、大豆油、铜版纸、重铬酸钠和氧化铝作为本研究的样本。样本基本情况如下：

（1）草甘膦是一种高效、低毒、广谱灭生性除草剂。我国草甘膦原药生产主要有 IDA 工艺和甘氨酸工艺，2008 年草甘膦原药的产能达到 70 万～75 万 t，实际产量达到 39 万 t，其中 80%用于出口。2010 年 10%的草甘膦水剂被纳入"双高"产品名录，而草甘膦原药至今未被纳入。

（2）毒死蜱属中毒农药。对鱼类及水生生物毒性较高，降解较难，残留时间长；对作物要害较小。毒死蜱的剂型较多，主要可分为颗粒、微乳剂和乳油等，特别是以 40%乳油含量的毒丝本、新农宝、博乐为最多，杀虫效果也最好；以 5%含量的颗粒剂主要有佳丝本等，用于蔬菜害虫的防治；而 30%的微乳剂正在快速推广。该产品至今未列入"双高"产品名录中。

（3）氯菊酯是一种高效且低毒的杀虫剂。主要用于防治作物虫害、卫生虫害和畜牲虫害，该农药对害虫的威胁强烈，一般 100×10^{-6} 以下就能将害虫杀死，常用的氯菊酯药剂

为 20×10^{-6}～50×10^{-6}，每亩有效成分的用量一般只有 5～10 mL。该产品至今未列入“双高”产品名录。

（4）大豆油是世界上最常用的食用油之一，是我国特别是北方人的主要食用油。大豆油又称黄豆油，是由黄豆压榨加工而来的，在压榨黄豆的过程中一般会使用浸出法来获取黄豆中大部分的油脂，而浸出和精炼过程中的轧坯、浸出、碱炼、水洗、脱臭等工序中会产生大量工艺废水。该产品未列入“双高”产品名录。

（5）铜版纸是以原纸涂布白色涂料制成的高级印刷纸。在原纸基础上，将高岭土等白色颜料、聚乙烯醇等胶黏剂，以及光泽剂、硬化剂等其他辅料，涂抹加工再经干燥和压光而制成，因此在制浆和漂白等工序中会产生大量工艺废水。该产品由于商业原因未列入“双高”产品名录。

（6）重铬酸钠主要用于生产铬酸酐等化工原料，此外被用作染料、医药、印染等行业的氧化剂、制革工业的鞣革剂、电镀工业的光亮剂和玻璃工业的着色剂。生产每吨重铬酸钠会产生 3 t 铬渣、50～60 kg 含铬铝泥、800 kg 含铬硫酸钠、20 000 m^3/t 重铬酸钠含尘尾气。该产品已被纳入“双高”产品名录。

（7）氧化铝主要是用于生产原铝，也可用于生产刚玉、陶瓷、耐火制品及其他氧化铝化学制品。生产 1 t 氧化铝产生 4 t 废水、1.1 kg COD、0.07 kg 石油、9.6 kg 总磷、20 000 m^3 废气、500 kg 工业粉尘和 0.3～4.4 kg SO_2。氧化铝（拜耳法工艺除外）已被“双高”产品名录纳入。以上 7 种产品的数据来自原国家环境保护部受理的环评项目公示，具体情况见表 9-8。

表 9-8　产品基础数据来源

序号	产品	环评报告书名称
1	草甘膦	广西易多收科技有限公司年产 2 万 t 草甘膦制剂技改项目环境影响报告
2	毒死蜱	安徽华星化工股份有限公司年产 5 000 t/a 毒死蜱原药项目环境影响报告
3	氯菊酯	南通功成精细化工有限公司年产 50 t 唑螨酯、50 t 氯菊酯项目环境影响
4	大豆油	红蜻蜓粮油工业靖江有限公司巴西基地靖江大豆项目环境影响评价书
5	铜版纸	江苏王子制纸有限公司达标水排放方式变更环境影响报告书
6	重铬酸钠	白银昌元化工有限公司 10 万 t/a 重铬酸钠项目环境影响评价报告书
7	氧化铝	铜陵有色金属集团控股有限公司铜冶炼工艺技术升级改造项目（“奥炉改造工程”）变更工程环境影响评价报告书

9.3.2　数据处理

将环境影响评价书中的数据摘录和汇总得到表 9-9 中所列草甘膦等 7 种产品的基础数

据。其中理论排污收费 A_1（万元）由排污收费公式计算得到。

表 9-9 产品基础数据

产品	单位	草甘膦	毒死蜱	氯菊酯	大豆油	铜版纸	重铬酸钠	氧化铝
规模	万 t	2	0.5	0.005	100	80	10	110
化学需氧量排放量 B_1	t/t	103.75	232.5	254	8.15	3018	0	23.8
氨氮排放量 B_2	t/t	13.75	102	178.5	0.41	30	0	0.6
二氧化硫排放量 B_3	t/t	195.35	716	2 203	0.28	0	2 120.8	1 952
氮氧化物排放量 B_4	t/t	56.98	300.5	1 150.5	1.04	0	925.2	2 815
烟（粉）尘排放量 B_5	t/t	86.72	401	1 521	8.34	0	1 319.2	1 222.6
一般固废产生量 B_6	t/t	8.54	2.94	1.277	17 208	0	310 440	0
危险废物产生量 B_7	t/t	22.86	28.41	4.38	0	0	600	0
汞排放量 B_8	t/t	0	0	0	0	0	0	0
镉排放量 B_9	t/t	0	0	0	0	0	0	0
总铬排放量 B_{10}	t/t	0	0	0	0	0	3.62	0
铅排放量 B_{11}	t/t	0	0	0	0	0	0	0
砷排放量 B_{12}	t/t	0	0	0	0	0	0	0
石油类排放量 B_{13}	t/t	0	0	0	0.16	8	0	0
挥发酚排放量 B_{14}	t/t	0	0	0	0.05	0	0	0
氰化物排放量 B_{15}	t/t	0	0	0	0	0	0	0
理论排污收费 A_1	万元	0.24	0.34	0.20	46.35	625.94	2 172.79	2 209.52
治理设施运行费用 B_{16}	亿元	0.02	0.04	0.05	0.14	20	0.91	3.27
取水量 B_{20}	万 t	13.89	18.38	28.32	53.6	3 000	22.71	253
能源消费总量 B_{21}	万 t	0.24	0.41	0.36	0.35	40	58.24	47.3
资产总计 B_{22}	亿元	0.15	0.8	1.6	12.68	158.31	13.38	25.30
从业人员人数 B_{23}	万人	0.01	0.00	0.01	0.03	0.3	0.03	0.13
工业总产值 B_{24}	亿元	0.86	0.08	0.1	11.55	62.83	15	25.38

资料来源：环境影响评价报告书。

9.3.3 结果分析

利用 C^2R 模型和 36 个行业的参照集，计算了氧化铝、重铬酸钠、铜版纸、大豆油、氯菊酯、毒死蜱、草甘膦 7 个产品的环境绩效指数，结果见表 9-10。得到的环境绩效指数排序为：毒死蜱＜铜版纸＜氯菊酯＜氧化铝＜重铬酸钠＜大豆油＝草甘膦，此外农药行业的排序为：毒死蜱＜氯菊酯＜草甘膦。

观察 7 次测试结果中参照集的环境绩效指数，第 2～6 组全部一致，第 1 组存在差别。电力、热力生产和供应业和专用设备制造业等行业的环境绩效指数均保持不变，特别的是第 1 组测试中，加入草甘膦后测算得到的参照集环境绩效指数与第 2～6 组中的指数存在差异，表现在电气机械和器材制造业、纺织业，以及有色金属冶炼和压延加工业的环境绩效指数由 0.235、0.697 和 0.621 上升为 0.238、0.712 和 0.639。这主要是因为草甘膦的投入产出绩效较高，影响了整个生产可能集的平均水平，使整个参照集的环境绩效指数均发生变化。

表 9-10　产品环境绩效指数计算结果（节选）

DMU	草甘膦	毒死蜱	氯菊酯	大豆油	铜版纸	重铬酸钠	氧化铝
产品	1.000	0.118	0.194	1.000	0.170	0.473	0.423
电力、热力生产和供应业	0.235	0.238	0.238	0.238	0.238	0.238	0.238
电气机械和器材制造业	0.896	0.896	0.896	0.896	0.896	0.896	0.896
纺织服装、服饰业	1.000	1.000	1.000	1.000	1.000	1.000	1.000
纺织业	0.697	0.712	0.712	0.712	0.712	0.712	0.712
非金属矿采选业	0.788	0.788	0.788	0.788	0.788	0.788	0.788
……	…	…	…	…	…	…	…
有色金属冶炼和压延加工业	0.621	0.639	0.639	0.639	0.639	0.639	0.639
造纸和纸制品业	0.432	0.466	0.466	0.466	0.466	0.466	0.466
专用设备制造业	0.660	0.660	0.660	0.660	0.660	0.660	0.660

对比产品环境绩效指数和行业“双高”阈值的情况判定，建议纳入的有：毒死蜱纳入（0.118，0.535）、氯菊酯（0.194，0.535）、铜版纸（0.170，0.318）、重铬酸钠（0.473，0.535）和氧化铝（0.423，0.845）；建议暂缓纳入的有：草甘膦（1.000，0.535）和大豆油（1.000，1.000）。实际名录纳入情况基本吻合，特别是铜版纸和氯菊酯存在不吻合的现象，产品筛选方法判定结果与实际名录纳入情况的具体对照见表 9-11。

表 9-11　基于 DEA 的产品筛选方法判定信息表

产品名称	所属行业	环境绩效指数	阈值	是否纳入	名录现状	是否吻合
草甘膦	化学原料和化学制品制造业	1.000	0.535	否	未纳入	吻合
毒死蜱	化学原料和化学制品制造业	0.118	0.535	是	已纳入	吻合
氯菊酯	化学原料和化学制品制造业	0.194	0.535	是	未纳入	不吻合
大豆油	农副食品加工业	1.000	1.000	否	未纳入	吻合
铜版纸	造纸和纸制品业	0.170	0.318	是	未纳入	不吻合
重铬酸钠	化学原料和化学制品制造业	0.473	0.535	是	已纳入	吻合
氧化铝	有色金属冶炼和压延加工业	0.423	0.845	是	已纳入	吻合

9.3.4 案例结论

本章使用基于 DEA 的"双高"产品筛选方法对有色、化工、造纸、农副食品 4 个行业中的氧化铝、重铬酸钠、铜版纸、大豆油、氯菊酯、毒死蜱和草甘膦 7 种产品进行实证研究，取得的初步结果表明，基于 DEA 的"双高"产品筛选方法能够适应"双高"产品的筛选工作。筛选结果的分析主要如下：

（1）DEA 模型整体稳定性高、可信度大，计算的各产品环境绩效指数具有较强的可比性。通过对 7 种产品进行的 7 次 DEA 测试，到各产品的环境绩效指数，也得到了相应的参照集的环境绩效指数，情况为第 2～6 组全部一致，第 1 组与其他仅存在细微差别，表示 7 个产品的环境绩效指数均是相对于同一参照水平的值，具有可比性。

（2）判定结果与我国"双高"产品名录目前的纳入情况基本一致，能够基本适用于当前的"双高"产品筛选。表 9-11 显示仅存在铜版纸和氯菊酯两处不吻合现象，主要是由于铜版纸在商业上存在较大需求，专家论证后认为不宜过早纳入名录；氯菊酯是产能较小、品种较新的农药产品，尚未被相关协会和专家关注。

（3）在行业内进行"双高"产品筛选测试的结果较为合理，能适应同行业内产品的筛选。农药行业内的草甘膦、毒死蜱和氯菊酯 3 个产品的环境绩效指数分别为 1、0.118 和 0.194，与 3 种产品在功能地位和毒性等方面的环境影响程度基本吻合。其中草甘膦、毒死蜱和氯菊酯的 LD_{50}（大鼠经口）分别为 4 300[①, ②]、163[③, ④]、2 000[⑤, ⑥]（mg/kg），与 3 个产品的环境绩效指数结果吻合。

（4）在行业间进行"双高"产品筛选测试的结果较为合理，能适应不同行业内产品的筛选。本章构建的"双高"产品筛选方法计算出了各个产品相对于参照集的环境绩效指数，能够跨行业进行环境绩效比较；同时划定了各个行业的阈值，可以独立地进行"双高"属性判定。得到的环境绩效指数排序为：毒死蜱＜铜版纸＜氯菊酯＜氧化铝＜重铬酸钠＜大豆油＝草甘膦，不存在明显的与行业常识相悖之处。

综上所述，基于 DEA 的"双高"产品筛选方法在行业内和行业间的实证较为顺利，基本确定了该方法在"双高"产品筛选中是可行的。

---

① 刘攀. 草甘膦对土壤微生态的影响及其抗性和降解真菌的研究[D]. 长春：吉林大学，2009.

② 周垂帆，李莹，张晓勇，俞元春. 草甘膦毒性研究进展[J]. 生态环境学报，2013，10：1737-1743.

③ 张辰. 农药毒死蜱对大鼠皮层神经细胞的毒性及儿童监护人农药使用行为调查[D]. 长沙：中南大学，2014.

④ 刘强. 毒死蜱对凡纳滨对虾的毒性效应研究[D]. 上海：上海海洋大学，2013.

⑤ 龚得春. 梁滩河流域拟除虫菊酯农药多介质残留和环境行为研究[D]. 重庆：重庆大学，2013.

⑥ 赵李娜，赖子尼，李秀丽，等. 珠江河口沉积物中拟除虫菊酯类农药污染及毒性评价[J]. 生态环境学报，2013，8：1408-1410，1413，1411-1413.

9.4　计算软件开发

产品筛选的基本流程（图 9-4），将每一个产品的数据与参照集的数据（固定的）一起进行 DEA 计算，得到产品的环境绩效指数（Scroe），并将 Scroe 与产品所属行业的阈值进行比对，判定产品是否属于“高污染、高环境风险”。

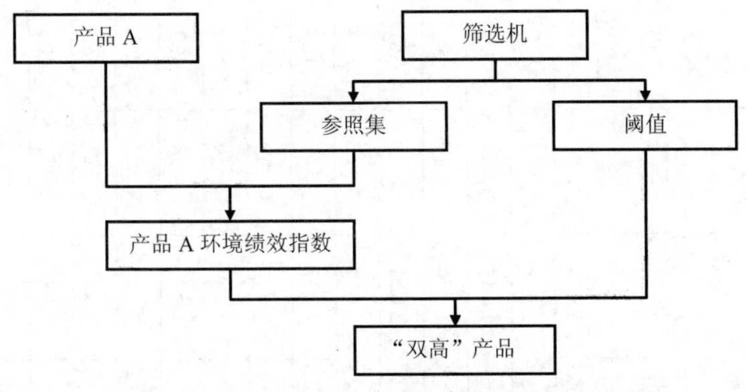

图 9-4　筛选原理

基于 DEA 的高污染环境风险筛选平台，是一款 Windows 的应用程序，其工作原理为输入产品名称、产品代码、行业代码等信息，然后系统根据算法计算出相应的结果。在 Windows 上安装程序后，双击图标进入系统，软件界面（图 9-5）。

图 9-5　软件截图

在软件提供的文本框输入相应的计算数据，然后点击“判断”，系统会根据算法自动计算出结果。

附表 1　36 个行业处理后的 10 个指标基础数据

序号	行业名称	理论污染物排污收费总额 A_1/万元	治污工程运行费用 A_2/亿元	废水治理设施处理能力 B_{18}/（万 t/d）	废气治理设施处理能力 B_{19}/（10^4 m^3/h）	取水量 B_{20}/万 t	能源消费总量 B_{21}/万 t（标煤）	资产总计 B_{22}/亿元	全部从业人员年平均人数 B_{23}/万人	工业总产值 B_{24}/亿元	本年应交增值税 B_{25}/亿元
	行业总计	11 843 943	2 310	31 389	1 567 365	3 276 245	246 156	675 784	9 169	844 254	26 302
1	煤炭开采和洗选业	904 892	33	1 212	6 077	87 380	11 566	37 936	521	28 920	2 356
2	石油和天然气开采业	3 795	24	369	290	29 263	3 934	18 785	111	12 889	1 072
3	黑色金属矿采选业	1 736 380	16	1 362	1 945	81 191	1 921	7 155	65	7 904	415
4	有色金属矿采选业	1 055 020	42	707	638	67 300	1 147	3 558	53	5 035	195
5	非金属矿采选业	817 762	2	70	4 057	11 017	1 174	2 121	54	3 848	153
6	农副食品加工业	165 755	25	928	25 698	171 549	2 664	19 725	361	44 126	861
7	食品制造业	42 099	21	302	7 034	69 192	1 518	8 512	177	14 047	478
8	酒、饮料和精制茶制造业	77 727	23	370	35 777	100 912	1 197	9 441	137	11 835	511
9	烟草制品业	1 946	2	19	2 144	3 647	272	6 169	20	6 806	843
10	纺织业	84 421	64	1 078	12 234	291 821	6 269	19 993	589	32 653	814
11	纺织服装、服饰业	5 275	23	108	1 062	23 517	753	7 468	382	13 538	371
12	皮革、毛皮及其制品和制鞋业	20 714	6	126	1 364	31 459	371	4 260	260	8 928	255
13	木材加工和木、竹、藤制品业	12 034	4	20	6 093	5 389	1 097	3 797	129	9 002	244
14	家具制造业	498	0	2	2 439	1 160	202	2 952	106	5 090	133
15	造纸和纸制品业	962 729	86	2 709	20 627	455 926	3 984	10 934	147	12 080	319
16	印刷和记录媒介复制业	1 981	1	6	436	1 952	390	3 147	71	3 861	129
17	文教、工美和娱乐用品制造业	1 630	1	9	651	2 540	233	1 791	110	3 212	74
18	石油加工、炼焦和核燃料加工业	319 402	121	439	31 878	162 268	17 057	18 870	96	36 889	1 130

序号	行业名称	理论污染物排污收费总额 A_1/万元	治污工程运行费用 A_2/亿元	废水治理设施处理能力 B_{18}/（万 t/d）	废气治理设施处理能力 B_{19}/（10^4 m^3/h）	取水量 B_{20}/万 t	能源消费总量 B_{21}/万 t（标煤）	资产总计 B_{22}/亿元	全部从业人员年平均人数 B_{23}/万人	工业总产值 B_{24}/亿元	本年应交增值税 B_{25}/亿元
19	化学原料和化学制品制造业	1 400 510	165	2 555	61 510	507 804	34 713	44 919	455	60 825	1 685
20	医药制造业	85 700	19	195	9 498	70 471	1 523	13 221	179	14 942	670
21	化学纤维制造业	71 527	12	179	4 621	72 854	1 530	5 237	46	6 674	145
22	橡胶和塑料制品业	15 410	8	83	7 014	17 686	3 538	14 506	348	22 910	531
23	非金属矿物制品业	183 882	132	548	205 117	81 866	30 015	29 889	517	40 180	1 434
24	黑色金属冶炼和压延加工业	1 237 599	408	9 588	360 019	347 518	58 897	52 025	340	64 067	1 388
25	有色金属冶炼和压延加工业	644 337	83	524	60 609	82 790	13 991	23 710	193	35 907	827
26	金属制品业	63 508	35	301	11 942	40 654	3 533	15 191	312	23 351	582
27	通用设备制造业	19 116	20	41	4 384	20 465	3 823	29 854	495	40 993	1 136
28	专用设备制造业	8 621	4	26	4 678	9 528	1 887	22 778	323	26 149	730
29	汽车制造业	58 772	16	341	24 393	39 661	3 996	54 341	579	63 251	1 805
30	电气机械和器材制造业	21 466	18	47	4 703	13 373	2 276	37 584	600	51 426	1 268
31	通信和其他电子设备制造业	148 894	30	238	10 641	58 306	2 623	41 511	819	63 796	1 326
32	仪器仪表制造业	10 515	1	20	431	3 599	318	6 077	124	7 633	208
33	其他制造业	7 036	2	16	1 318	6 240	1 642	4 087	124	7 190	159
34	废弃资源综合利用业	15 650	17	11	697	3 376	89	1 312	16	2 624	85
35	电力、热力生产和供应业	1 580 342	844	6 773	634 672	281 798	24 372	83 821	253	47 353	1 839
36	燃气生产和供应业	4 008	1	5	665	2 589	605	3 458	20	3 142	80

数据来源：①《2011 年中国环境年鉴》；②《2011 年中国工业经济统计年鉴》；③《2011 年中国能源统计年鉴》；④《2011 年中国统计年鉴》。

附表 2　总产值对比情况

序号	行业名称		中国		美国
	中国	美国	2011 年总产值/亿元	2015 年规划值/亿元	2011 年总产值/百万美元
1	煤炭开采和洗选业	Coal mining	28 920	33 573	65 002
2	石油和天然气开采业	Oil and gas extraction	12 889	16 895	343 662
3	黑色金属矿采选业	Iron，gold，silver，and other metal ore mining	7 904	10 361	23 775
4	有色金属矿采选业	Copper，nickel，lead，and zinc mining	5 035	6 600	13 565
5	非金属矿采选业	Other nonmetallic mineral mining and quarrying	3 848	5 044	17 389
6	农副食品加工业	Forestry，fishing，and related activities	44 126	77 177	47 681
7	食品制造业	Dog and cat food manufacturing，etc.	14 047	24 568	696 019
8	酒、饮料和精制茶制造业	Soft drink and ice manufacturing，etc.	11 835	20 699	99 886
9	烟草制品业	Tobacco product manufacturing	6 806	11 904	70 924
10	纺织业	Textile mills and textile product mills	32 653	44 424	52 438
11	纺织服装、服饰业	Apparel manufacturing	13 538	23 678	17 713
12	皮革、毛皮、羽毛及其制品和制鞋业	Leather and allied product manufacturing	8 928	13 071	8 037
13	木材加工和木、竹、藤、棕、草制品业	Wood products	9 002	11 800	56 223
14	家具制造业	Furniture and related products	5 090	8 902	60 372
15	造纸和纸制品业	Paper products	12 080	14 461	174 553
16	印刷和记录媒介复制业	Printing and related support activities	3 861	5 061	83 552
17	文教、工美、体育和娱乐用品制造业	Jewelry and silverware manufacturing，etc.	3 212	4 210	36 965
18	石油加工、炼焦和核燃料加工业	Petroleum and coal products	36 889	60 147	807 604
19	化学原料和化学制品制造业	Petrochemical manufacturing，etc.	60 825	99 174	460 746
20	医药制造业	Medicinal and botanical manufacturing，etc.	14 942	30 984	217 397
21	化学纤维制造业	Plastics material and resin manufacturing，etc.	6 674	9 080	101 527

序号	行业名称		中国		美国
	中国	美国	2011 年总产值/亿元	2015 年规划值/亿元	2011 年总产值/百万美元
22	橡胶和塑料制品业	Plastics and rubber products	22 910	37 354	199 127
23	非金属矿物制品业	Nonmetallic mineral products	40 180	52 668	92 373
24	黑色金属冶炼和压延加工业	Iron and steel mills and ferroalloy manufacturing，etc.	64 067	97 500	143 745
25	有色金属冶炼和压延加工业	Alumina refining and primary aluminum production，etc.	35 907	48 851	136 128
26	金属制品业	Fabricated metal products	23 351	30 608	328 111
27	通用设备制造业	Industrial mold manufacturing，etc.	40 993	43 525	164 364
28	专用设备制造业	Farm machinery and equipment manufacturing，etc.	26 149	27 764	201 219
29	汽车制造业	Motor vehicles，bodies and trailers，and parts，etc.	63 251	82 909	745 226
30	电气机械和器材制造业	Electrical equipment，appliances，and components	51 426	67 409	116 766
31	计算机、通信和其他电子设备制造业	Computer and electronic products	63 796	100 384	376 346
32	仪器仪表制造业	Surgical and medical instrument manufacturing，etc.	7 633	10 005	90 438
33	其他制造业	All other miscellaneous manufacturing	7 190	9 425	29 491
34	废弃资源综合利用业	Waste management and remediation services	2 624	10 000	85 294
35	电力、热力生产和供应业	Electric power generation，transmission，and distribution	47 353	56 038	166 860
36	燃气生产和供应业	Natural gas distribution	3 142	5 154	96 318

数据来源：①《中国工业经济统计年鉴》；②国民经济和社会发展第十二个五年规划；③美国经济分析局。

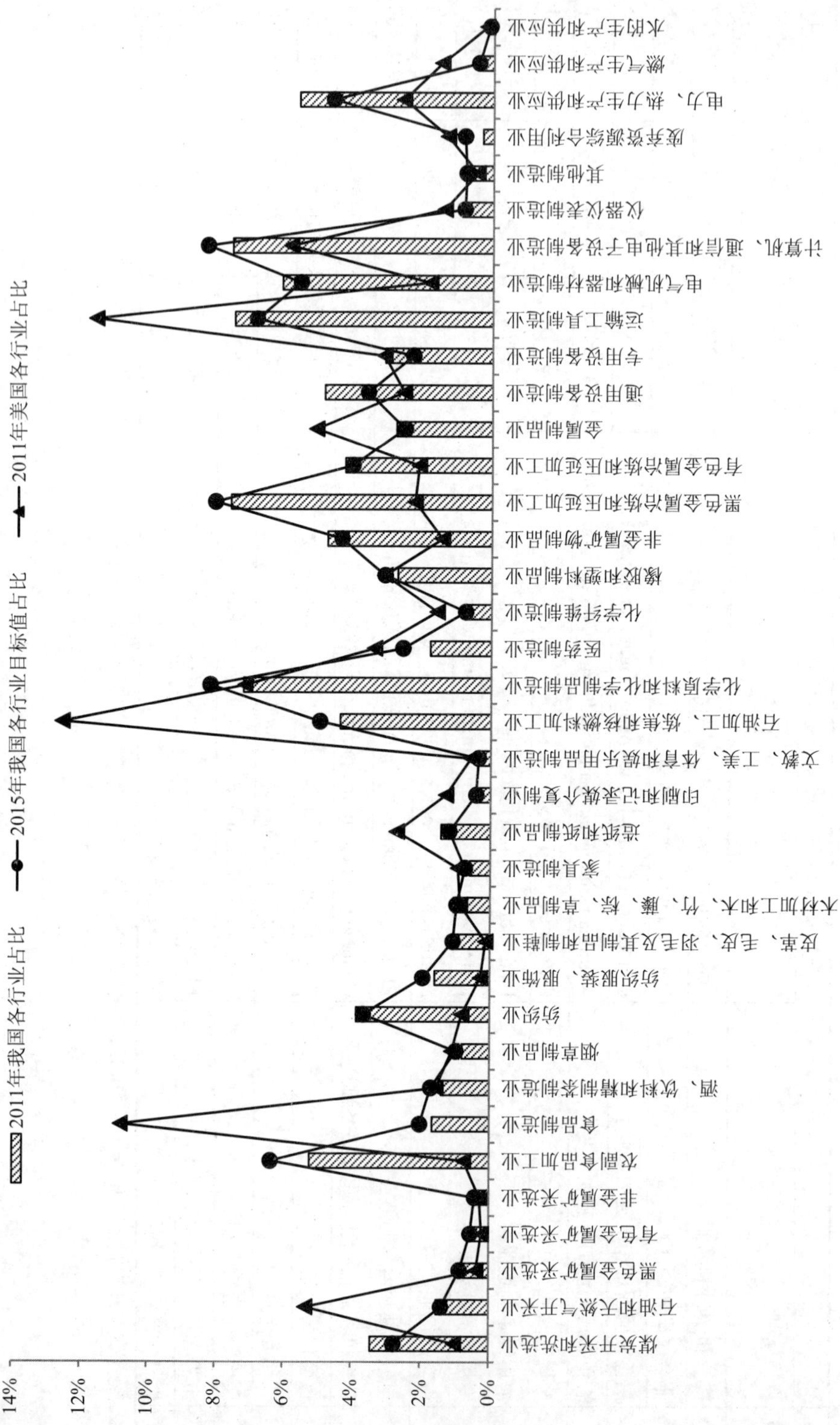

附图1　各行业总产值占比情况

第 10 章　成果与展望

自 2007 年国家环境保护总局（现生态环境部）以环境管理和宏观经济调控需要为出发点启动“双高”产品名录编制工作以来，名录工作已经历了 10 多个年头了，不管是从编制产品的数量、技术方法，还是名录工作的成效和地位，均得到了来自国家经济主管部门、地方环保部门等的认可。前述 9 章对“双高”产品名录制定的理论与方法进行了梳理和总结，经过 10 多年的研究与实践，名录制定工作摸索出一套相对完善的理论体系，同时基于方法学理论建立起“双高”产品筛选及判定方法体系，理论与方法在实践中得到了充分的应用，为名录制定工作奠定了坚实的基础。为推动名录工作更好地服务于环境保护与经济发展，本章节对名录制定及应用层面的成果与不足进行回顾总结，并结合我国环境管理形势的转变，对名录未来的发展趋势进行了展望。

10.1　“双高”名录进展

10.1.1　“双高”名录制定取得一定的成果

（1）名录中“双高”产品数量不断增多，覆盖面不断扩大。2007 年发布了第一批“双高”产品名单，之后名录以负面的“双高”产品清单为主，覆盖范围不断拓宽。2015 年发布的最新版《环境保护综合名录》已经将“双高”产品增加到了 835 项，范围拓展到了农药、无机盐、化学制药、轻工、染料、涂料以及其他化工行业等 23 个环境污染较重的主要细分行业。

（2）名录编制的科学性不断增强，编制方法由定性向定性与定量相结合发展。由于“双高”产品名录制定涉及产业发展、环境污染、环境风险等诸多因素，编制初期主要采用纯定性方法——列入条件法，借助专家经验予以判定。但是，列入条件法很容易受到专家知识经验的局限和主观因素的制约。近几年，为了不断适应名录制定工作的新需求，也为了应对外界对名录制定公平性与客观性的质疑，一方面，编制组不断加强作为主要编制方法的列入条件法的规范性、可操作性与科学性，判定标准更加明晰，使用条件更加明确，工作流程与要求更加规范；另一方面，编制组也设计构建了四种定量化水平较高的“双高”产品判定方法，具体包括基于层次分析法的“双高”判定方法、基于产排污系数的产品环境代价指数法、基于 LCA 的“双高”产品判定方法和基于 DEA 的“双高”产品判定方法。其中基于层次分析法的“双高”判定方法为定性与定量相结合的方法，产品环境代价指数法、LCA 和 DEA 均属于纯定量方法。目前，这 3 种方法均已用于“双高”产品名录的制定工作。

（3）形成了一系列规范性文件，名录编制的规范性不断提高。①管理层面，编制组已经起草完成了《环境保护综合名录管理办法（暂行）》，该文件明确规定了“双高”产品名录制定的工作范围、原则、职责分工、程序、时限和其他要求等，对外发布后将能够有效提升名录制定工作的规范化与系统化水平；②技术层面，编制完成了《环境保护综合名录制定及相关环境经济政策研究课题开题技术要求》《“高污染、高环境风险”产品名录制定技术导则（初稿）》与《“双高”产品名录判定指标体系》等文件，为名录外拨课题单位科学、规范地进行“双高”产品编制提供了有力指导；③工作机制方面，形成了公开委托—开题—中期论证—终期评审的推动机制，便于名录编制单位及时把握工作方向，保证工作质量。

10.1.2 “双高”名录助力环境保护重点工作的推进

我国环保工作千头万绪，面临解决的重大问题也是多方面的，包括重金属、持久有机污染物、化学品污染防治，以及环境风险防范等。“双高”产品名录紧扣环保工作的重点、难点和热点问题，以参与制定国家宏观经济政策为契机，对解决环保重大问题起到了 5 个方面的积极推动作用，成了环境保护的重要基础工作。

（1）“十二五”四项污染指标总量减排。环保综合名录中已经包含了 50 余种与 4 项总量控制污染物关系密切、排放量较大、减排潜力也较大的大宗产品。初步测算表明，如果将这些大宗产品的重污染工艺尽快淘汰或转为环境友好工艺，将会减排 COD 超过 50 万 t，氨氮近 8 万 t，效果非常明显。

（2）重金属污染防治。环保综合名录已经包含 200 余种与重金属相关的“双高”产品，其中绝大部分产品已经被取消出口退税，禁止加工贸易，对遏制重金属污染发挥了积极作用。

（3）有毒有害物质的污染防治。环保综合名录包含大量有毒有害、直接危害人体健康的产品，包括含有持久性有机污染物的农药产品，含致癌芳氨的染料，危害海洋生态的有机锡系列、防污涂料等。其中“双高”产品含“邻苯二甲酸酯的玩具涂料”中的邻苯二甲酸酯，就是台湾曾经闹得沸沸扬扬的有雌激素特性的塑化剂风波的主要起因。目前“双高”

名录包含了 30 多种产生大量挥发性有机污染物（VOCs）的产品。

（4）环境风险防范。环保综合名录中包含高环境风险特征的产品已达 500 余种。国家安监总局已将这些产品作为安全监管的重点对象，环保部门将联合保监会将这些产品作为推行环境污染责任保险的重点对象。通过各部门联合实施、综合整顿，将为防范环境风险提供新的途径。

（5）我国有关国际环保公约的履约工作。环保综合名录包含了在国际上主要的环保公约《蒙特利尔议定书》《鹿特丹公约》《斯德哥尔摩公约》中淘汰或限制的共计 14 种产品，对我国履行国际环境公约，树立和维护负责任大国形象起到了重要作用。

总体上看，环保综合名录的工作进展顺利，成果显著，社会影响在增大，在参与国家制定和调整各项经济政策的过程中发挥了积极作用，对环保中心工作也起到了应有的推动作用，名录已成为环境保护的重要基础工作，以及环保与经济和综合部门沟通协同的桥梁性工作。

10.1.3　“双高”名录已成为环境保护渗入经济政策的切入点

环保综合名录从诞生之时起，主要目的是为国家环境经济政策服务，在经济领域应用的有效性是名录生命力的体现。目前，有关经济和综合主管部门高度重视“双高”名录，在国家有关部门发布的多项有关政策中已经得到较为直接和深入的运用，最大程度上将“双高”名录的成果与制定国家有关经济政策紧密结合起来，在客观上推动了环境保护和节能减排，并成为经济、环保等部门推进技术进步、加快调整产业结构相关政策的实验台，这些政策措施都有利于充分体现“双高”产品生产和消费过程中的环境损害成本，利用市场机制遏制其生产、使用和出口。

（1）纳入了《国家产业结构调整指导目录（2011 年本）》。该指导目录淘汰类和限制类条目中，直接与“双高”产品及重污染工艺对应的分别是第 100 项和第 39 项。其他的“双高”产品及重污染工艺也基本包含在该指导目录相关部分中。

（2）纳入《国家外商投资产业指导目录》。原环境保护部已经向发改委提出建议，将 9 项“双高”产品及重污染工艺纳入该指导目录。

（3）纳入国家取消出口退税的商品目录。财政部近期已经明确，将取消 8 个新的“双高”产品的出口退税。目前，200 余种具有单独税号的“双高”产品都已经被取消出口退税。其他“双高”产品或者不具有单独税号，或者需要进一步区分重污染工艺和环境友好工艺的特征，将作为下一步研究的重点。

（4）纳入国家禁止加工贸易的商品目录。商务部近期已经明确将禁止 11 个“双高”产品的加工贸易。目前，200 余种具有单独税号的“双高”产品都已经被禁止加工贸易。

其他不具备单独税号的"双高"产品，有待继续研究。

（5）纳入《国家部分工业行业淘汰落后生产工艺装备和产品指导目录（2010年本）》。将环保综合名录中的染料、涂料、农药、化工等行业84项"双高"产品和重污染工艺纳入该指导目录，要求立即予以淘汰。

（6）纳入国家《农药产业政策》。工信部运用环保综合名录的研究成果，明确要求：①逐步限制淘汰高毒、高污染、高环境风险的农药产品和工艺技术；②加快高污染、高环境风险产品的替代和淘汰；③限制和禁止农药行业"双高"产品的进出口；④制定限制农药行业"双高"产品出口的相关税收政策；⑤建立和完善针对农药行业的环境污染责任保险。

（7）纳入国家信贷调控的政策。2009年、2010年，银保监会先后两次专门向各地银监局、商业银行转发环保综合名录，明确要求对生产"双高"产品企业或采用重污染工艺的企业，严格控制新增贷款，已经发放的贷款要研究压缩退出等措施。

（8）纳入国家安全生产监管范围。2009年、2010年，国家安全监管总局先后两次专门向各地安监局转发了环保综合名录，明确要求将"双高"产品名录作为制定和调整安全生产监管政策的依据。

（9）纳入国家消费税征收范围。原环境保护部先后推动和配合有关部门，出台了一系列财税政策，将涉重金属的高污染的电池、挥发性有机污染物含量较高的涂料产品纳入消费税征收范围。

10.2 "双高"名录制定和应用中存在的问题

目前名录工作取得了一定的成绩，但是由于名录工作对象是"产品"，对其研究涉及环境污染、环境风险、污染治理、行业发展等多种因素，错综复杂，目前在方法体系、成果的覆盖面、政策应用等方面还存在一些不足。

（1）名录方法体系仍有待完善。名录的工作领域的广度和深度在逐步拓展，名录的判定方法体系和成效评估方法体系仍有所欠缺，目前开发的仍多为通用型的方法，缺乏针对重点行业、重点环境问题和重点区域开发的针对性更强的名录制定方法，名录编制的基础数据的可获得性与准确性仍有所欠缺，上述均对提高名录工作的科学性产生了制约。

（2）名录的成果仍然不够丰富。名录应用的"需求"与编制质量的"供给"间矛盾日益突出。随着名录工作地位提高、影响扩大、范围拓宽、应用深入，名录现有的研究方法和工作成果，越来越不能满足国家各项相关工作对名录的需求和要求，具体体现在：①覆盖面仍不够广，很多行业的最主要、最大宗的产品仍未纳入进来，也仍有部分重点行业名录还没有涉及，同时，名录以往较多地关注基础原材料类产品，对终端消费品关注不够，这也是拓展名录覆盖面的一个着力点；②研究不深，对部分重点产品和工艺的论述、对政策建议、对转型成效评估均研究不足，显著制约了部分名录成果的政策应用。

（3）政策应用的针对性和有效性仍然有待提高。目前，名录成果应用较预期仍有一定局限性，①对各项环保重点工作支持的针对性和力度，仍有待进一步加强；②很多重要的环境政策和经济政策工具，名录成果还没有介入进来、提供技术支持；③已经参考名录成果的许多相关政策，名录在为其提供进一步、更精确的服务和支持时，遇到了不少的障碍，如贸易管理是基于税则号、基于产品的，而名录工作基于环境污染程度不同提出来的工艺区分直接应用在贸易领域就有难度。

10.3 “双高”名录制定的展望与建议

目前，我国环境管理工作中市场机制与社会力量的作用越来越强，环境管理思路与理念从注重行政管理、事前审批、指标分配，向注重事中监管、市场配置、社会共治转变。名录作为推动经济发展与环境保护工作的工具书，理应加快发展脚步，不断扩大其自身的覆盖面，提高规范性、科学性与政策应用的有效性，为环境管理的转型提供基础支撑。

10.3.1 拓宽名录覆盖范围

（1）继续丰富与优化名录中的产品种类。延续现有名录工作思路，继续以基础原材料产品为研究对象，将农药、制药、染料、涂料、石化等环境污染重点行业的主要大宗产品纳入名录。根据重点行业情况，适度将关注重点从生产领域扩大到流通和消费领域，编制提出终端消费品“双高”产品名单。不断优化名录中已有的产品体系，将已经在市场上较少流通的产品予以剔除。

（2）制定与发布环保综合名录产品手册。在以往名录工作机制重“双高”定性的基础上，基于已有名录成果进行分析整理，挑选重点、大宗“双高”产品，深入分析产品的污染节点、治理难点和监管重点，重点分析行业概况、集中区域、生产工艺与物耗水平、污染产生与治理、环境风险、治理技术、治理成本等方面问题，作为地方环保部门环保执法和政策制定的依据与参考。

（3）开展区域性综合名录的研究和制定工作。我国区域发展水平和所面临的环境问题差异巨大，制定和应用全国统一的名录，可能并不能有效地解决各地区所面临的环境问题。应针对区域的环境问题及环保管理和社会经济发展方面的需求进行详细区分、深入研究，提出编制区域性“高污染、高环境风险”产品名录和技术导则，挑选重点地区组织开展区域性名录编制和相关政策制定试点工作。

（4）针对国家重点产业发展战略需求编制名录。基于现有综合名录的工作基础和国家在战略新兴产业发展方面的要求，结合已经发布的《战略性新兴产业分类目录》，尝试编制重点战略新兴产业“双高”产品名单，并提出规范战略新兴产业发展的政策建议。积极发挥名录在供给侧改革“去产能”和“调结构”方面的作用，结合国家淘汰落后产能规模方面的具体要求，指出名录可能的政策应用领域，开展落后产能淘汰“双高”名录与重点区域、重点行业落后产能淘汰协同研究。

10.3.2 增强名录制定的科学性

（1）夯实名录制定方法体系的共同技术基础。参考国际各要素优先控制污染物筛选结果，结合国内相关产业情况与污染情况，综合考虑污染物产生排放量、污染物危害、污染物来源等因素，提出名录优先关注的污染物清单；细化提出产品环境代价、生态占用理论等的基于实物量、价值量的计算方法和理论体系，以及名录判定指标、标准体系。

（2）继续完善名录快速筛选方法体系。在目前已开发的通用型行业环境污染与环境风险评价方法的基础上，针对重点行业、重点环境问题和重点区域开发的针对性更强的名录制定方法，开发专门针对备选名录编制的产品环境污染与环境风险快速筛查方法，识别、丰富和固化名录编制的数据来源渠道。①根据产排污强度、总量、浓度、污染物毒性等，提出一套较为完整的“双高”产品定量化判定的标准，兼顾科学性与可操作性；②针对部分重点产品开展环境经济政策专项工作，建立以保护环境、优化产业增长为目的，以“产品—工艺—企业—项目—设备”为主要内容的综合分析方法，并提出有针对性的政策建议。

（3）研究提出行业绿色转型的成本与效益分析方法。重污染企业退出等奖优惩劣的政策之所以难以落实，关键制约在于没有将推动行业绿色转型的经济和社会成本、经济和环境效益弄清楚，这也是未来名录工作承上启下的重要环节。基于准确翔实的行业基础数据，开展准确的成本效益分析研究，切实推动相关政策的制定和实施。

10.3.3 提升名录制定的规范性

（1）正式出台名录编制系列规范性文件。目前，《环境保护综合名录管理办法（暂行）》《“高污染、高环境风险”产品名录制定技术导则（初稿）》等规范性文件都处于试行或刚编制完成阶段，对名录工作的约束与指导作用尚未充分发挥。下一步，应加快文件的发布工作，从工作模式、技术方法等层面固化名录已有的机制与成果，为名录编制工作提供更有利的指导。

（2）建立基于名录的“双高”产品分级分类管理制度。从环保和产业发展的综合角度出发，根据污染程度及淘汰可能带来的经济社会影响，研究淘汰和限制“双高”产品的措施和方法，对名录涉及的产品和工艺进行分级分类管理，提出哪些产品应该直接淘汰，哪些需要逐步淘汰，哪些需要限制产能扩张，哪些工艺需要升级，提高相关政策应用的针对性和有效性。

10.3.4 强化名录的政策应用性

（1）进一步增强名录制定工作的主动性与针对性。针对环保综合名录运用的重点政策，深入了解和研究提炼其编制流程、重要关切和对名录的需求，不断提升名录制定工作的主动性。①主动去研究各个应用主体的需求。针对各部委、地方环保部门、行业协会甚至企业，送服务上门；②在制定大气污染专项名录的基础上，继续针对水体污染、土壤污染等环境要素制定专项名录，提升名录成果的针对性与直接可应用性；③在编制“双高”产品名单的基础上，增加“双高”产品生产重点企业名单，同时在数据库建设中增加“双高”产品生产企业社会监督模块，在督促企业加快工艺改进或产品淘汰的同时，也能够提高名录应用效果；④将国际环保公约中的相关产品和污染物纳入名录，推动相关产品和污染物的限制与淘汰，加强名录工作与国际履约工作的结合。

（2）提升与其他领域相关管理制度的融合性与协同性。①加强与国家基础统计制度的融合衔接。与国家产业统计、环境统计、污染源普查等基础统计制度进行统合衔接，将基于产品的统计融入上述统计制度的基础分类与编码、基表参数、工作机制等方面，形成产品口径、环保导向的标准化的工具书；②加强与国家产品管理相关制度的融合衔接。汇总整理国家针对各个行业、各种产品从产品设计、产品准入、生产管理、使用销售、回收利用等方面的各种制度与要求，建立起与国家规范的产品管理制度相结合的“双高”产品全过程管理机制；③加强与国家经济管理制度的融合衔接。精准分析国家财税、信贷、保险、投融资等经济管理制度的需求与环保切入点即潜力，分析定向服务于上述政策对名录制定的要求，强化名录在国家经济管理中的应用。

10.3.5 推动名录管理到产品环境管理制度转变

（1）建立全覆盖的产品环境绩效区分与标识制度。基于国家统计局《统计上使用的产品分类目录》和质检总局《全国主要产品分类代码》中列举数万种国民经济中生产与流通的产品清单，参考产品能效标识体系，开发产品当期污染指数、产品累积污染指数、产品污染潜力指数等，探索建立覆盖全部污染物、覆盖所有产品的环境绩效标识体系。

（2）建立基于产品环境绩效标识体系的绿色产供销一体政策机制。以市场经济流通主体——产品为主体和切入点，基于产品环境绩效标示体系，突破传统以厂界内污染治理为主的管理方式，建立起覆盖资源性产品、中间产品、终端消费品，覆盖企业和消费者等主体，包含绿色采购与绿色消费在内的绿色供销政策机制和绿色产销网络，探索建立起产品导向、环境成本合理分担的环境管理新模式。